LabVIEW与学生科技创新活动

李甫成 郑剑春 编著

清華大学出版社
北京

内 容 简 介

LabVIEW 图形化编程软件广泛应用于数据采集、图形用户界面(GUI)快速搭建、自动化测试测量、信息处理、仪器控制等各个领域,是学生科技创新的重要工具之一。本书介绍了 LabVIEW 的基本编程及使用这一软件对 Arduino 兼容开源硬件 ChipKIT WF32、树莓派、Analog Discovery 2/Analog Discovery Studio 虚拟仪器及 MCCDAQ 等进行控制的方法,结合各种积木式 Pmod 传感器,以及 Python 接口,学生可以在课堂之外实现各种通用技术的创新实践,包括人工智能与机器学习的入门。本书针对各种实验的设计和开发提供了大量案例,各学科的教师也可以从中获得有益的启发,并将这一技术应用于学科的教学之中。

本书可作为高中生、大学生机器人及科技创新活动的参考用书,也可用于学校教师培训及开设相关课程的教材。

图书在版编目(CIP)数据

LabVIEW 与学生科技创新活动/李甫成,郑剑春编著. —北京:清华大学出版社,2021.6
ISBN 978-7-302-58006-5

Ⅰ. ①L… Ⅱ. ①李… ②郑… Ⅲ. ①软件工具—程序设计—教材 Ⅳ. ①TP311.56

中国版本图书馆 CIP 数据核字(2021)第 070833 号

责任编辑: 聂军来
封面设计: 刘 键
责任校对: 赵琳爽
责任印制: 丛怀宇

出版发行: 清华大学出版社
网 址: http://www.tup.com.cn, http://www.wqbook.com
地 址: 北京清华大学学研大厦 A 座 **邮 编:** 100084
社 总 机: 010-62770175 **邮 购:** 010-62786544
投稿与读者服务: 010-62776969, c-service@tup.tsinghua.edu.cn
质量反馈: 010-62772015, zhiliang@tup.tsinghua.edu.cn
印 装 者: 三河市科茂嘉荣印务有限公司
经 销: 全国新华书店
开 本: 185mm×260mm **印 张:** 14 **字 数:** 318 千字
版 次: 2021 年 6 月第 1 版 **印 次:** 2021 年 6 月第 1 次印刷
定 价: 56.00 元

产品编号:089845-01

Preface

The engineering process is characterized by balancing risk and creativity in the brainstorming stages, by using math and science in the planning stages, and by failure, iteration, and eventual success in the commercialization stages. As a result of this process, no two companies produce identical products, no product is the result of the work of a single individual, and most products continue to develop after being out on the market with sequential versions. Interestingly, the high school classroom is often completely different: the work handed in is done by an individual (with getting help from others even sometimes being characterized as cheating), the goal is to get the same answers as on the teacher's answer key, so every solution looks identical, and once handed in, the project is finished-without the opportunity to change and improve it. Luckily, high schools are starting to change. They are starting to see the value of forming multi-disciplinary teams of students, where students become experts in different parts of the problem. They are starting to see the value in students trying, failing, and trying again. They are starting to assign problems with no "right answer", requiring the students to validate their own solutions. As they move more in this direction, they are going to require more tools that allow the students to innovate without a large learning curve. LabVIEW and the LEGO MINDSTORMS are excellent examples of products that have a low entry, high ceiling, and a large workspace of possible solutions (wide walls).

In this book, the authors present a number of different ideas in how to start students off with the LabVIEW and LEGO toolsets. The goal of this book is to give students a chance to take risks, design new ideas, and acquire substantial experience in the practical skills of designing and developing robots and providing them intelligence: connecting theory with implementation. The book is meant more as a set of starting points for the teacher, from which their class can launch new ideas and inventions. In my 15 years of teaching with the MINDSTORMS products, it never ceases to amaze me the many different directions the students take (when given the chance), and the enthusiasm with which they take them. In a similar vein, the graphical interface of LabVIEW has allowed young children to write complex codes. Children as young as 3 years old (and children who do not speak English) have successfully given their robots intelligence by building up a sequence of images. I hope teachers will find this book a helpful addition to their curriculum development and hope that they will continue to share the many cool things their students invent.

Director of the Center for Engineering Education and Outreach at Tufts University
Professor of Mechanical Engineering at Tufts University
Dr. Chris Rogers

Chris Rogers

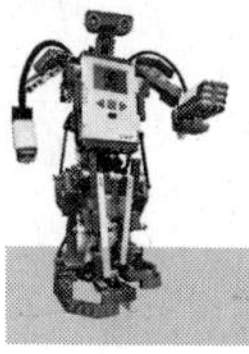

序 言

工程项目开发在不同阶段有着不同的特点：在头脑风暴阶段，主要是在创意和风险之间寻找一个平衡点；在项目规划阶段，需要使用数学工具和科学技术来完成开发；而在商品化阶段，则要经历尝试、失败、重复尝试并最终取得成功。正因为这些阶段过程，不同的公司才可能生产出不同的产品。任何产品都无法由一人单独完成，并且大多数产品在上市以后还需要不断地进行改进和更新换代。有趣的是，相对于工程项目开发，高中课堂教学项目则完全不同：提交的答卷通常必须由个人完成（甚至有时如果从别人那里获取帮助会被认为是作弊），而目的是得到与教师提供的结果一致的答案。当然，如此一来，每一份答案看起来都会一模一样，并且一旦提交，整个项目就被认为圆满结束，学生也没有机会对答案进行修正和改进。庆幸的是，高中教学现在也已经开始在慢慢地改变这种现状，他们逐渐认识到了将不同学科专长的学生组合成项目小组将更有意义，这将能使每一个学生成为问题中不同领域部分的专家。他们逐渐开始让学生进行尝试、失败、再尝试，逐渐开始给出没有所谓“正确答案”的开放性问题，需要学生自己验证他们的答案。当他们更多地向这个方向努力改变时，就会需要更多的工具来帮助学生在不需要完成复杂的前期学习的前提下，完成创新。LabVIEW 和 LEGO Mindstorms 就是这种优秀的工具，它们不需要很高的入门门槛，但是能够提供高水平的解决方案，并且可以覆盖广泛的应用领域。

本书中作者展示了一系列不同的方法，以帮助学生学习使用 LabVIEW 和 LEGO 工具集。本书的目标就是给予学生冒险的机会，让他们按照自己的创意完成新的想法，帮助他们获取丰富的机器人设计和动手开发的经验，从而带领他们完成理论联系实际的实践过程。对于教师来说，本书更应该作为一个起点，以此为契机，为他们的课堂带来更多的创造和发明。在我使用 Mindstorms 产品进行教学的 15 年里，我发现，一旦给予学生们机会，他们天马行空的思维、创意的多样性及对 Mindstorms 产品的热情就会不断地让我感到惊讶。同样，LabVIEW 图形化的编程界面也能让年幼的学生编写出复杂的代码。即使对于母语不是英语的学生，也能使用一系列的图形化代码为他们的机器人赋予智能。我希望本书能够帮助教师规划他们的课程，同时也希望他们可以与我们分享他们的学生充满创意的发明和创造。

Tufts 大学工程教育实践中心主任
Tufts 大学机械工程系教授
Chris Rogers 博士

前　言

《LabVIEW与机器人科技创新活动》自2012年出版发行以来，深受广大教师、学生、工程师及科技爱好者的好评。期间根据读者反馈，曾修订加入了包括FTC机器人比赛、LabVIEW事件结构的机器人应用、MATRIX机器人使用等当时炙手可热的实用内容。细心的读者不难发现，在该书的前言首句中提到了《国家中长期教育改革和发展规划纲要（2010—2020）》把提高科技素质，培养创新人才放在了重要位置，恰巧本书选用的正是LabVIEW 2010版本。不知不觉中时针指向了2020，科学技术的不断演进，工程创新的日新月异似乎在渐渐改变着我们身边的点点滴滴。然而我们相信，不变的是提高科技素质，培养创新人才的重要位置。本着与时俱进的精神，编者将所有原本的LabVIEW 2010版本内容均更新成全新的LabVIEW 2020版本。不仅如此，随着诸如Chip-KIT、树莓派、Beaglebone、Analog Discovery、OpenScope等开源硬件的蓬勃发展，越来越多的有关学生科技创新的活动开始围绕着上述平台展开。编者将原本相对较为陈旧的NXT机器人、myDAQ及FTC比赛等内容全部替换为大家耳熟能详的开源硬件项目。此外，为了顺应人工智能(Artificial Intelligence，AI)中“机器学习”及“深度学习”的发展趋势，《LabVIEW与学生科技创新活动》增加了全新LabVIEW版本中对Python全面支持的相关内容，更以机器学习人脸识别的实例项目展示了两者的无缝结合。

本书不仅将最新的“开源”趋势带给读者，而且从“机器人科技创新活动”内容扩展到机器人应用领域之外，扩大了LabVIEW学生科技创新活动的外延。

本书中LabVIEW 2020版本的相关软件内容由郑剑春老师负责完成，书中的开源硬件、Python及机器学习内容由李甫成老师负责完成，中国人民大学附属中学修金鹏老师为部分修改章节提供了部分程序。本书在全新的LabVIEW 2020版本发布后4个月即完稿，是一本基于LabVIEW 2020的中文书籍，赶在第一时间以飨读者。由于作者水平有限，书中不免有不妥和纰漏之处，望读者、专家批评指正。

最后，笔者想带给大家的一个好消息是LabVIEW 2020版本首次提供了社区版本选项，对于中小学基础（K-12 STEM）教育及非商业用途的用户完全免费开放使用，在进一步降低科学技术工程数学图形化编程应用使用门槛和成本的同时，也体现了NI(National Instruments)公司对于社会的责任感。让我们携手LabVIEW和那些每天都践行着Engineer Ambitiously精神的工程师、科学家们一起动手创新吧。

编者

于美国NI公司中国总部

2020年9月10日

前言

本书配套资料及 Image
镜像获取方式

目 录

第一章　虚拟仪器与 LabVIEW

20 世纪 80 年代，美国 NI 公司提出的虚拟仪器（virtual instrument，VI）概念引发了传统仪器领域的一场重大变革，使计算机和网络技术得以深入仪器领域，与仪器技术结合起来，开创了“软件即是仪器”的先河。

从这一思想出发，可以基于计算机或工作站、软件和 I/O（input/output，输入/输出）部件来构建虚拟仪器。虚拟仪器目前在各种不同的工程应用和行业测量及控制中广受欢迎，这都归功于其直观化的图形编程语言 LabVIEW。

第一节　虚拟仪器

虚拟仪器是指在计算机平台上，用户可以根据需求，自主定义和设计仪器的有关功能，实现将传统仪器硬件和计算机软件技术结合起来，从而扩展了传统仪器功能的仪器。与传统仪器相比，虚拟仪器在智能化程度、处理能力、性能价格比和可操作性等方面均具有明显的技术优势。

虚拟仪器的主要特点如下。

（1）尽可能地采用通用高性能且模块化的硬件，各种仪器的差异主要是软件。

（2）可充分发挥计算机的能力，有强大的数据处理功能，可以创造出功能更强大的仪器。

（3）用户可以根据自身需要，定义和制造各种仪器。

虚拟仪器与传统仪器的区别如表 1-1 所示。

表 1-1　虚拟仪器与传统仪器的区别

仪器名称	虚拟仪器（VI）	传统仪器
区别	软件使得开发与维护费用降至最低	开发与维护费用高
	技术更新周期短（1～2 年）	技术更新周期长

续表

仪器名称	虚拟仪器(VI)	传统仪器
区别	关键是软件	关键是硬件
	用户自定义仪器功能	厂商定义仪器功能
	开放、灵活,可与计算机同步发展	封闭固定
	与网络及其他周边设备方便互联的面向应用的系统	功能单一、互联有限的独立设备

一、LabVIEW 概述

美国 NI 公司是虚拟仪器技术的提出者和发明者,NI 公司的创新软件产品 LabVIEW 是实验室虚拟仪器工程工作台集成环境(laboratory virtual instrument engineering workbench)的简称,也是目前国际上应用极广的虚拟仪器开发环境之一,主要应用于仪器控制、数据采集、数据分析、数据显示等领域,适用于 Windows、Macintosh、UNIX 等多种不同的操作系统平台。与传统的文本程序语言不同,LabVIEW 是基于 G 语言(图形化语言)的开发环境,面向专业的工程人员,广泛地被工业界、学术界和研究实验室所接受,被视为一个标准的数据采集和仪器控制软件。它尽可能地利用了技术人员、科学家、工程师熟悉的术语、图标和概念,无须编写晦涩的文本程序代码,取而代之的是图形化节点、数据流与各种图标连线,编程非常方便,人机交互界面直观友好,具有强大的数据可视化分析和仪器控制能力。使用 LabVIEW 编写的程序称为 VI,以.vi 为扩展名。

LabVIEW 可产生独立运行的可执行文件。每一个 VI 都包括前面板(front panel)、程序框图代码(block diagram)及图标/连结器(icon/connector)三个部分。其中,前面板上有很多与传统仪器(如示波器、万用表)类似的控件,可方便地创建用户界面;使用图标和连线,可以通过编程对前面板上的对象进行控制。这就是图形化源代码,又称 G 代码。因其类似于流程图,又被称为程序框图代码。

二、LabVIEW 与学生科技创新活动

目前学习图形化编程软件是学生接触编程的入门方式,NI 公司也曾经推出过面向中学生使用的版本,如 LabVIEW 中学版与 LabVIEW for LEGO Mindstorms。同时,很多图形化编程软件也来源于 LabVIEW 编程,如曾经用于机器人比赛的 ROBOLAB 2.9 和 LEGO Mindstorms Education NXT Programming 就是在 LabVIEW 平台上开发的编程软件,如图 1-1 所示。但是以前的版本中缺少兼容适宜学生使用的硬件产品,因此学生学习这一软件有很高的门槛,应用十分有限;同时,由于它和以往其他的编程语言有很大的差距,大多数用户仅用到了 LabVIEW 的一小部分功能,并没有真正体验到 LabVIEW 功能的强大。

LabVIEW 2020 是 NI 公司最新推出的版本,它兼容针对树莓派、WF32 等多种开发

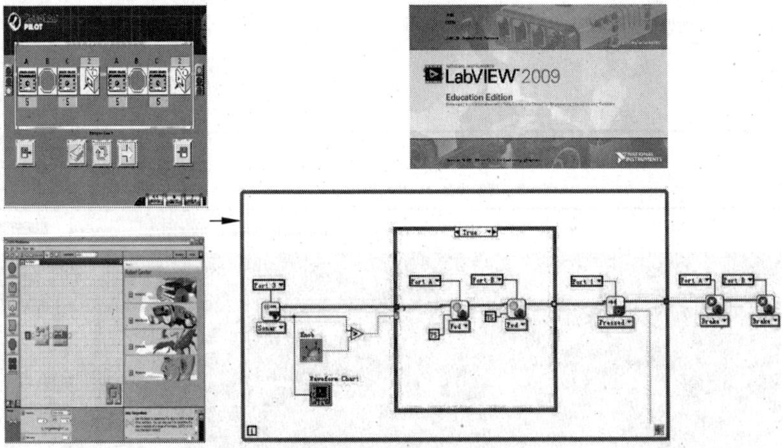

图 1-1 机器人编程环境

板的控制，同时为课堂使用进行了优化，并帮助教师将科学、技术、工程和数学(STEM)等概念通过一个个动手项目带到生活中，使用它实现创新。

与常见的文本编程语言(如 Pascal、C、Java 等)不同，打开 LabVIEW 程序后，我们看到的不是一行行的文本，而是由一条条彩色线段连接起来的、各式各样的小图形块。我们的世界是图形化的，LabVIEW 编程也是如此，并且 LabVIEW 是用来给科学家和工程师使用的语言，从小学习就能为将来打好基础。

LabVIEW 程序其中包含了对于目前主流教学硬件的支持，除本书介绍的树莓派和 WF32 外，同时还支持 NI myDAQ、FischertechnikRobo TX、通用 USB 摄像头、Vernier® SensorDAQ 等，学生还可以自由搭配各种丰富的外围硬件设备来将自己的各种想法化为现实。本书内容主要针对 LabVIEW 2020 软件开发环境以及基于该软件平台进行的设计与创新案例，学生可以通过 LabVIEW 2020 软件中直观丰富的界面来快速上手各种硬件的开发流程，进行与人工智能相关的创新活动。

三、安装 LabVIEW 2020

如果是首次使用 NI 软件，需要打开 NI 软件的官方网站，如图 1-2 所示。单击“登录”按钮，创建自己的账号，如图 1-3 所示。

输入注册信息，创建账号，并进入注册邮箱将账号激活，如图 1-4～图 1-7 所示。

进入 LabVIEW 社区，下载 LabVIEW 2020 版软件，如图 1-8 所示。

解压软件，如图 1-9 所示。

双击图标，安装软件。LabVIEW 2020 运行环境要求安装 Microsoft.NET 2015，如图 1-10～图 1-12 所示。

选中“我接受上述许可协议”单选按钮，如图 1-13 所示。

检查安装信息，如图 1-14 所示。

选择安装选项(全选)，如图 1-15 所示。

图 1-2 NI 主页

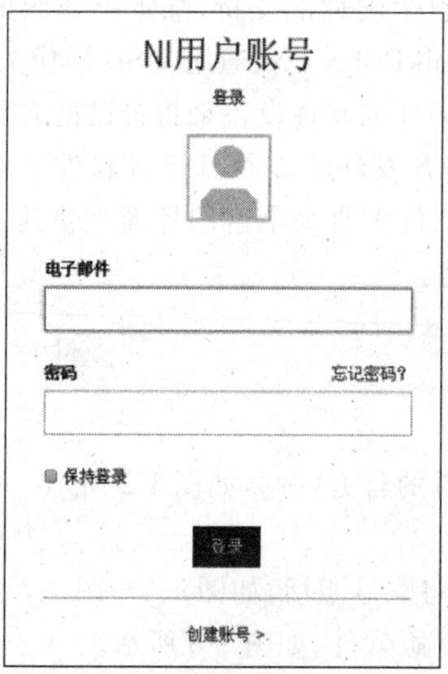

图 1-3 创建账号

图 1-4 输入注册信息

图 1-5 确认账号

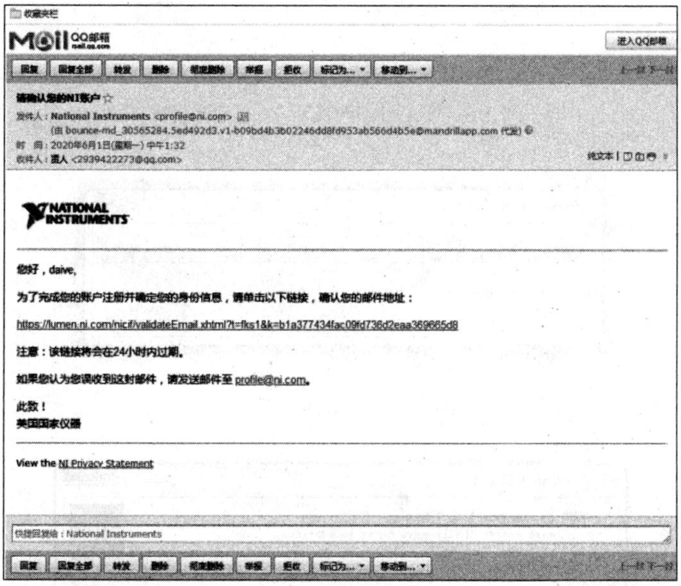

图 1-6 查看邮箱

图 1-7 激活账号

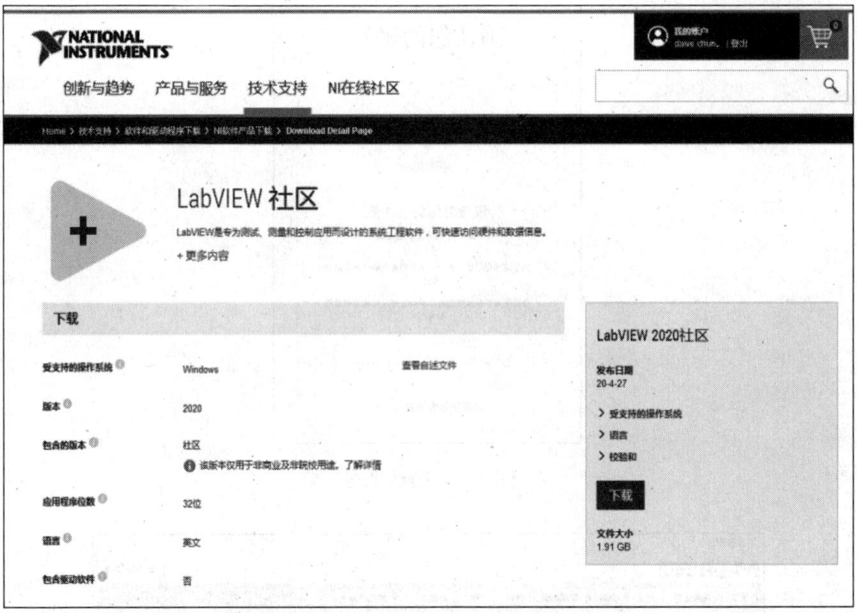

图 1-8　下载 LabVIEW 2020 版软件

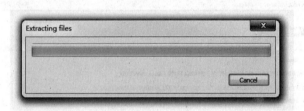

图 1-9　解压软件

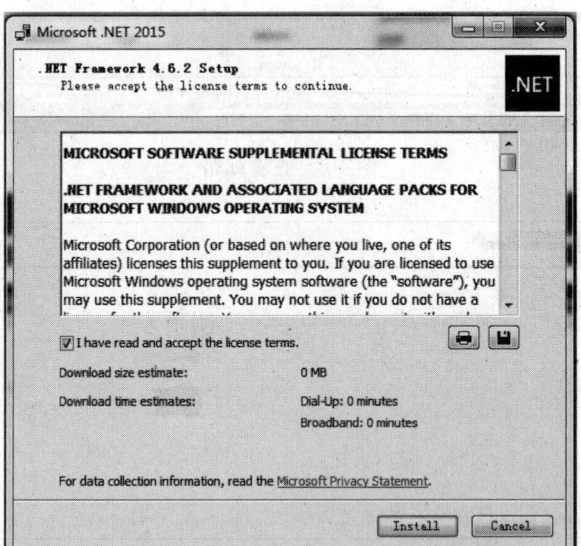

图 1-10　安装 Microsoft.NET 2015(一)

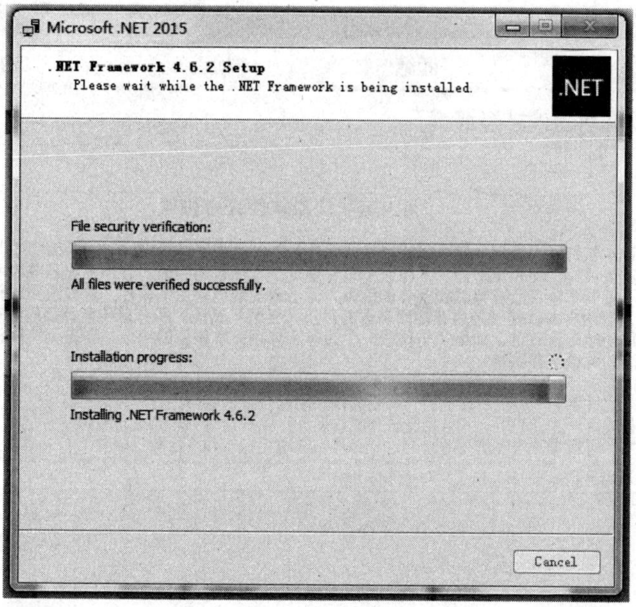

图 1-11　安装 Microsoft.NET 2015(二)

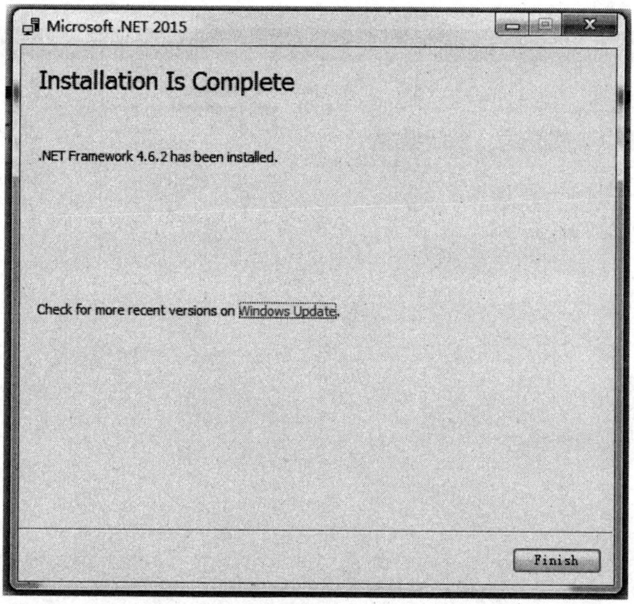

图 1-12　安装 Microsoft.NET 2015(三)

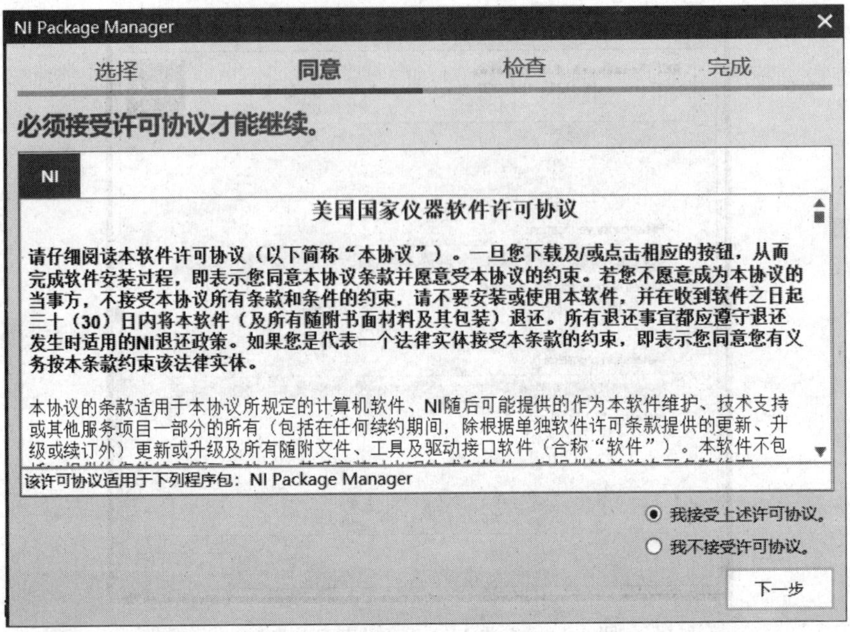

图 1-13　接受软件安装许可协议

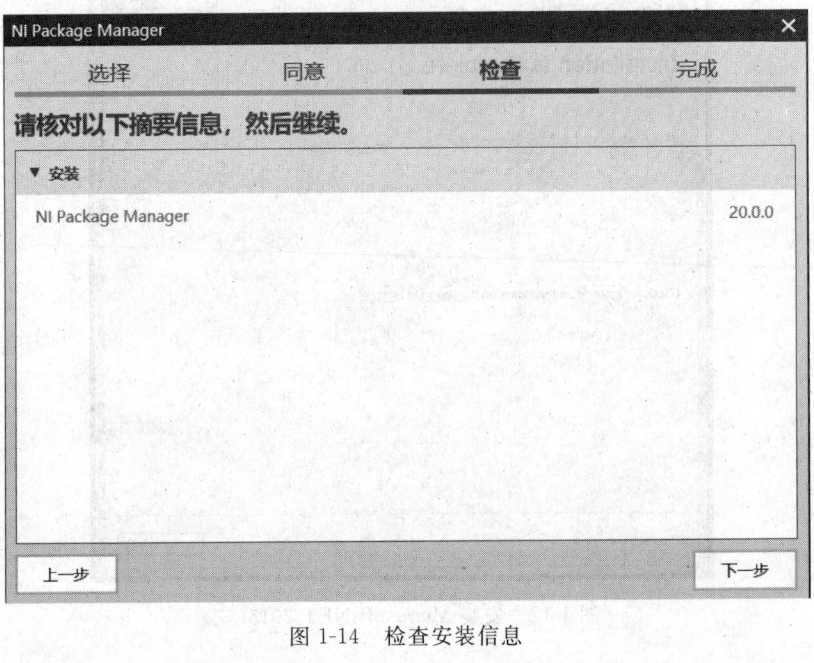

图 1-14　检查安装信息

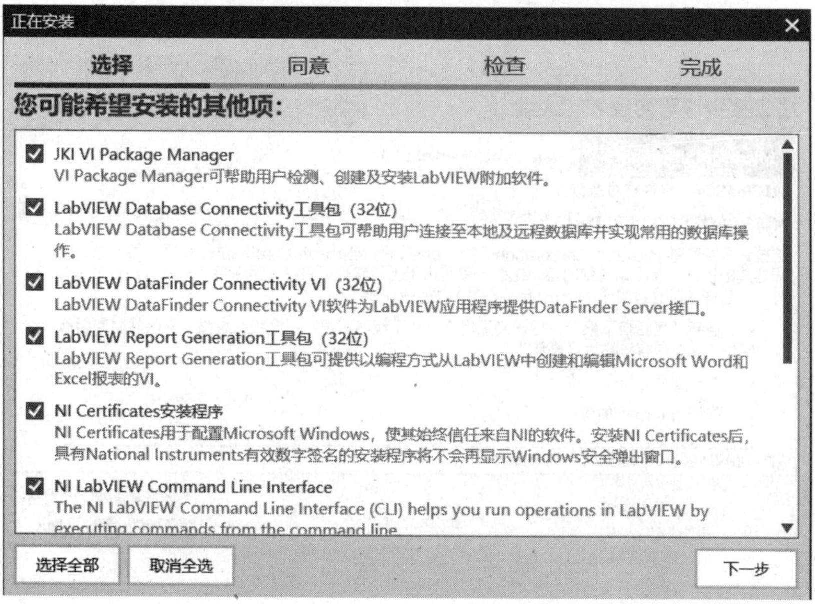

图 1-15　选择安装选项

接受协议，如图 1-16 和图 1-17 所示。

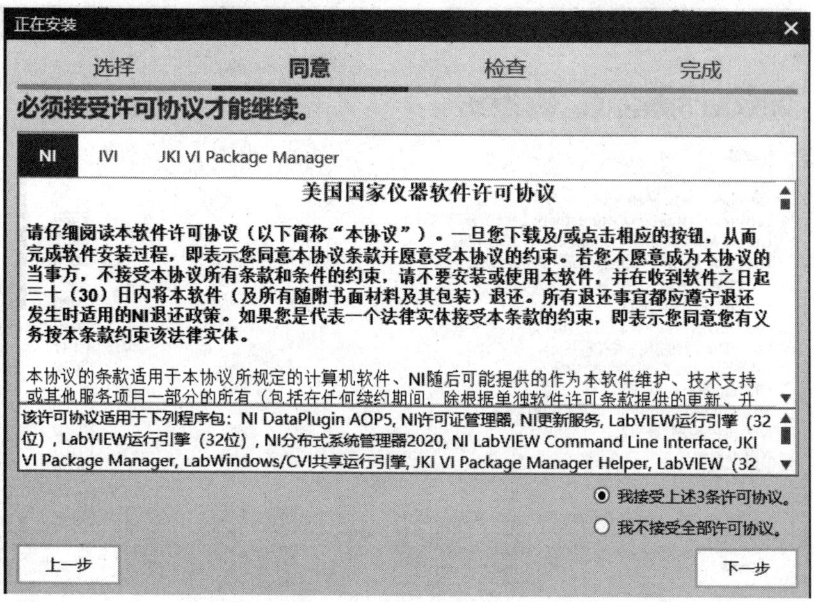

图 1-16　接受协议(一)

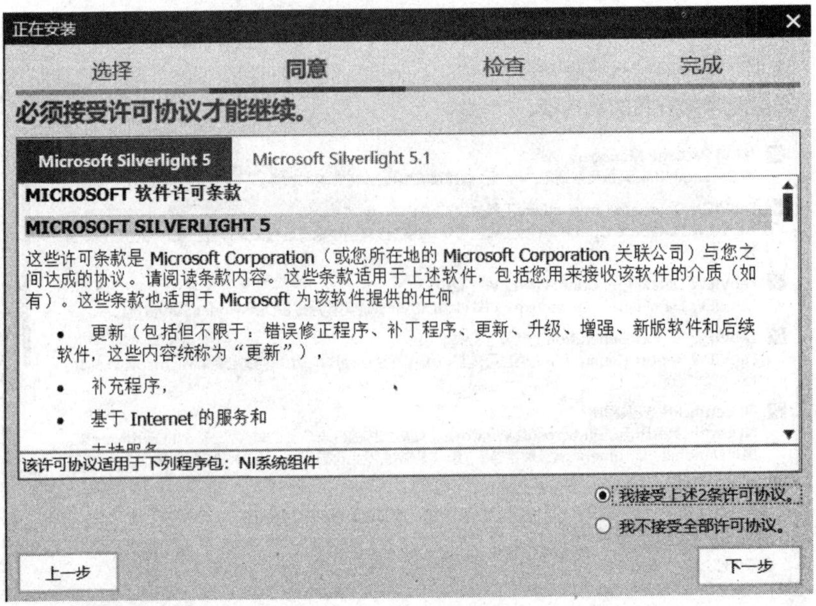

图 1-17　接受协议(二)

核对安装信息，如图 1-18 所示。

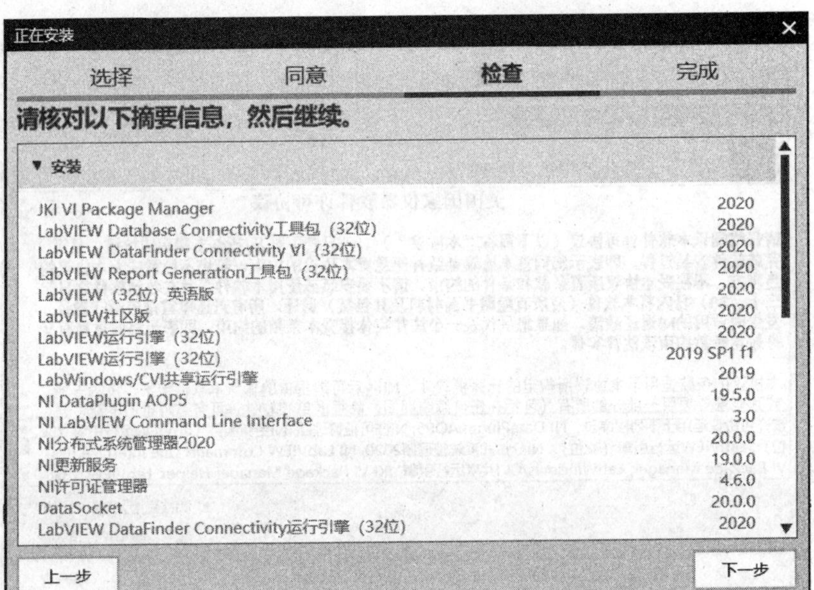

图 1-18　核对安装信息

安装软件，如图 1-19 所示。

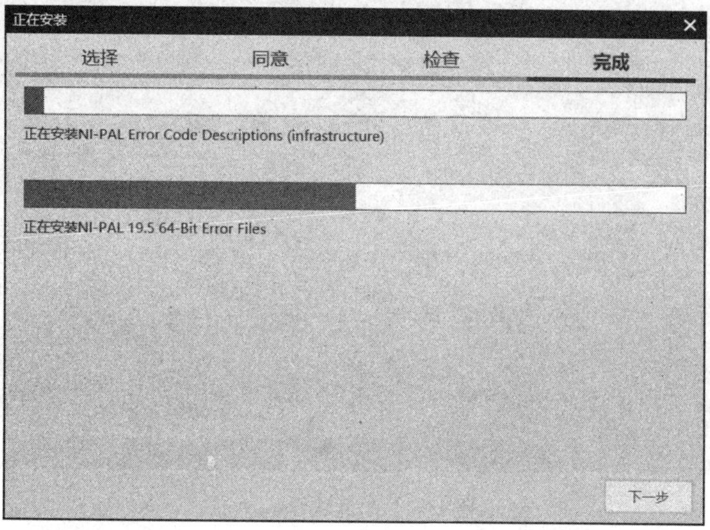

图 1-19　安装软件

选择是否检查更新，单击"是"按钮，如图 1-20 所示。

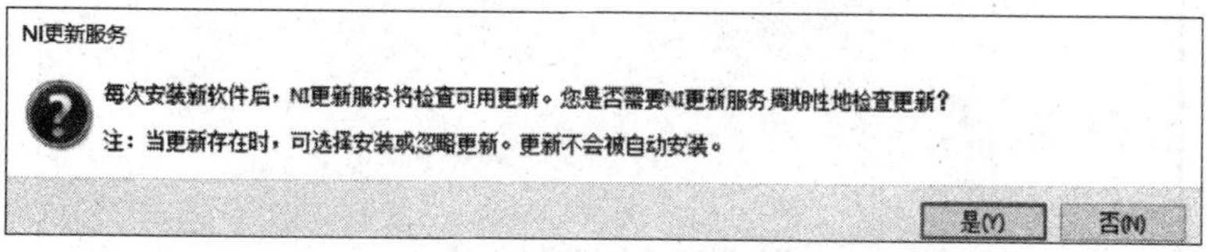

图 1-20　选择更新

激活软件，完成软件安装，如图 1-21～图 1-23 所示。

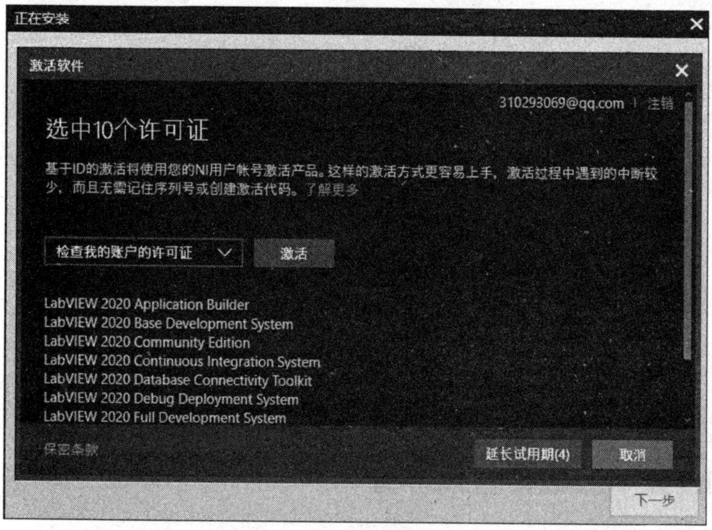

图 1-21　激活软件(一)

图 1-22　激活软件(二)

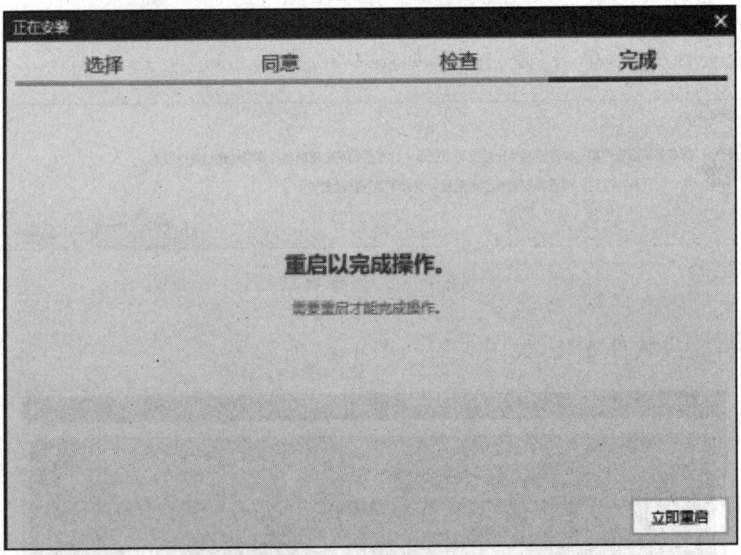

图 1-23　软件安装完成

第二节　LabVIEW 编程环境

一、LabVIEW 2020 启动界面

启动 LabVIEW 2020,界面如图 1-24 所示。

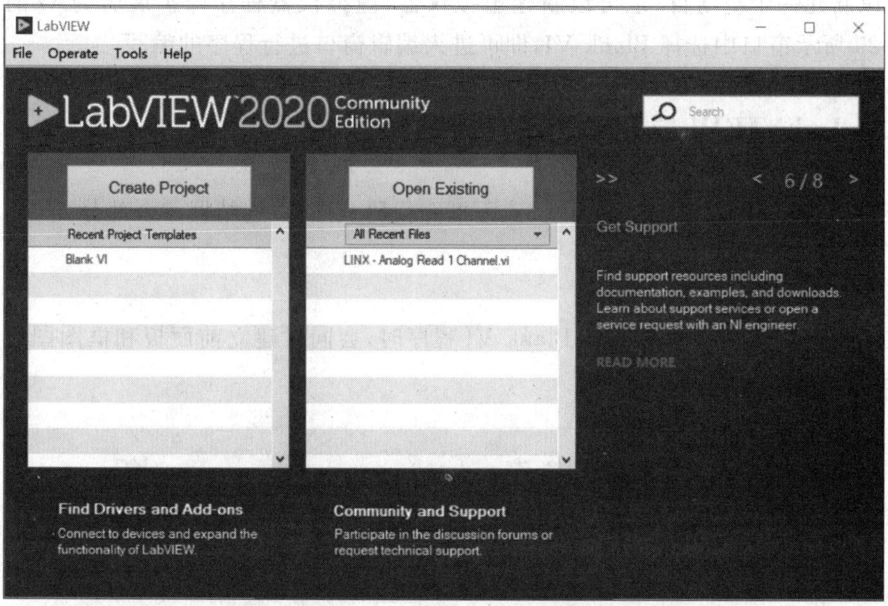

图 1-24　LabVIEW 启动界面

可以在该界面中新建项目或打开已有的项目文件，同时为初学者提供了学习、测试的内容及有关帮助资源。下面新建一个项目，单击 Create Projet 按钮，打开 Create Project 窗口，如图 1-25 所示。

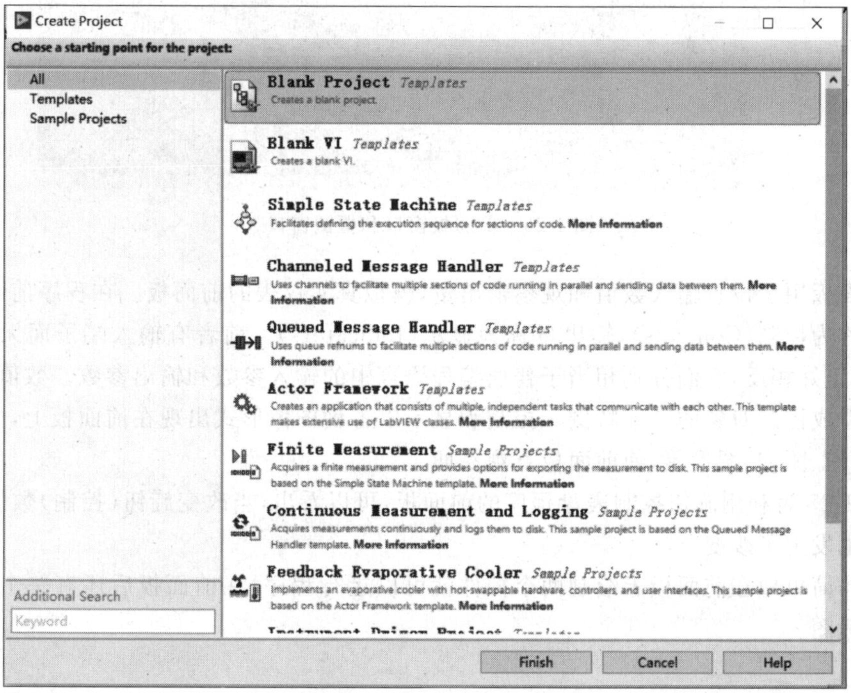

图 1-25　新建一个项目

可以新建一个空项目;也可以新建虚拟仪器,虚拟仪器程序即扩展名为.vi的程序。在图1-25所示窗口中选择Blank VI,即可进入编辑窗口进行程序的编写。

二、LabVIEW应用程序的构成

LabVIEW应用程序包括前面板、流程框图代码及图标/连结器三个部分。

1. 前面板

在LabVIEW 2020中建立新Blank VI程序时,会同时建立前面板和框图图窗口,如图1-26所示。

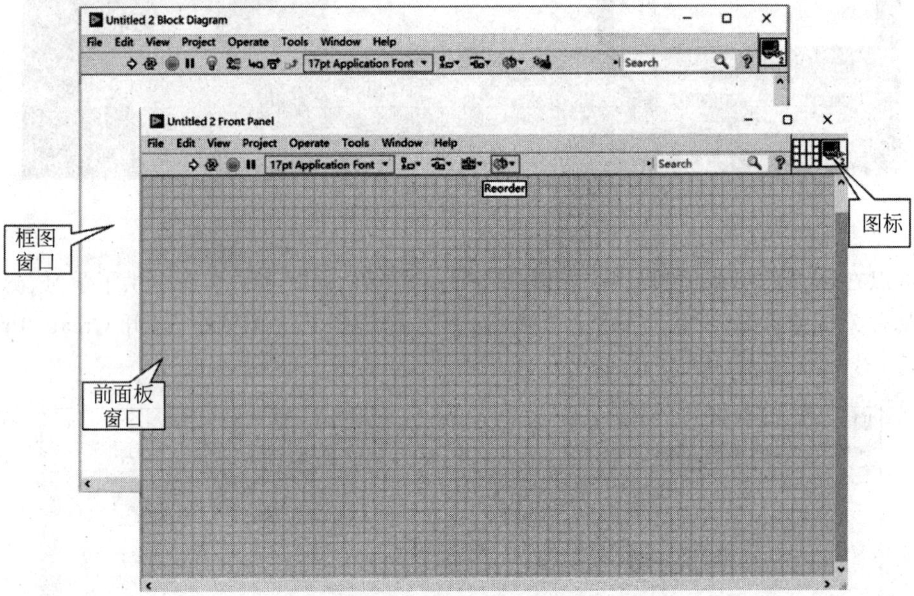

图1-26　前面板窗口和框图窗口

前面板用于设置输入数值和观察输出量,模拟真实仪表的前面板。在程序前面板上,输入量称为控制(Controls),输出量称为显示(Indicators)。前者有输入端子而无输出端子,后者正好相反,它们分别相当于普通编程语言中的输入参数和输出参数。数值常数对象可以看成控制对象的一个特例。控制和显示以各种图像形式出现在前面板上,如旋钮、开关、按钮、图表、图形等,使前面板直观易懂。

图1-27为利用旋钮控制表盘程序的前面板,可以看出,当改变旋钮(控制)数值时,表盘指针也发生了改变。

并非简单地在前面板上绘制两个控件就可以运行程序,在前面板后还有一个与之配套的流程图。

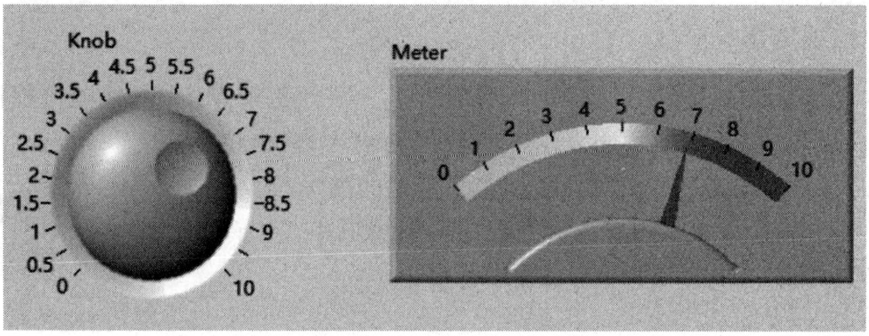

图 1-27　改变旋钮时表盘指针也发生了改变

2. 流程框图代码

在前面板窗口中选择 Window →Show Block Diagram 命令(图 1-28)按 Ctrl＋E 组合键,即可打开框图程序窗口。

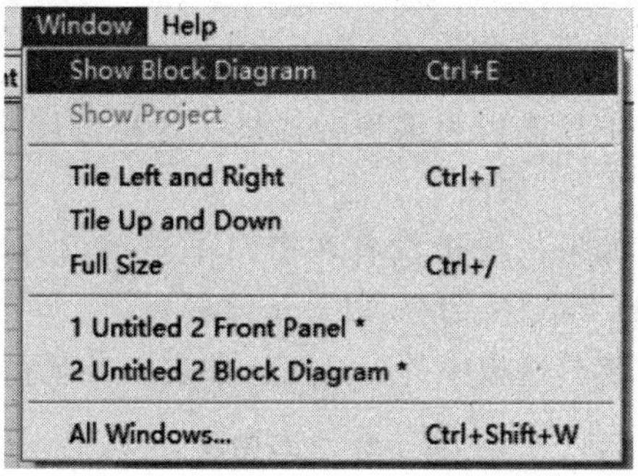

图 1-28　打开框图程序窗口

每一个程序前面板都对应着一段框图程序。框图程序用 LabVIEW 图形编程语言编写,是 VI 的图形化源程序。在流程图中对 VI 编程,以控制和操纵定义在前面板上的输入和输出功能。框图程序由端口、节点、图框和连线构成。其中,端口用来同程序前面板的控制和显示传递数据;节点用来实现函数和功能调用;图框用来实现结构化程序控制命令;而连线代表程序执行过程中的数据流,这些定义了框图内的数据流动方向。旋钮改变表盘指针的框图程序如图 1-29 所示。

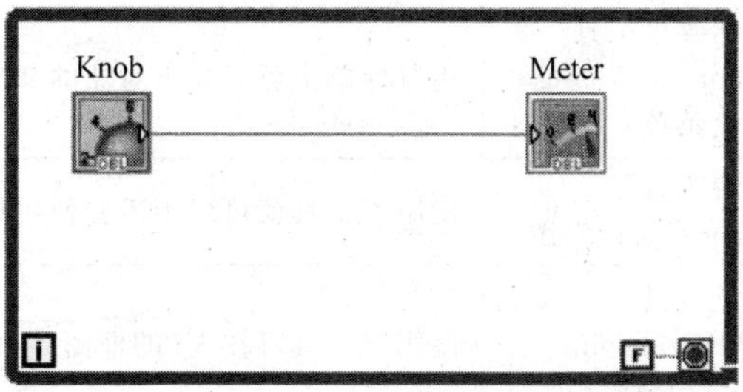

图 1-29　旋钮改变表盘指针框图程序

3. 图标/连结器

图标/连结器是子 VI 被其他 VI 调用的接口。图标是子 VI 在其他程序框图中被调用的节点表现形式；而连结器则表示节点数据的输入/输出口，类似于函数的参数。图 1-30 为表盘(Meter)子程序的图标/连结器。

在编辑程序时，只要将图标放置在程序框图窗口中，将有关图标或参数通过连结器连接，即可完成程序编辑。

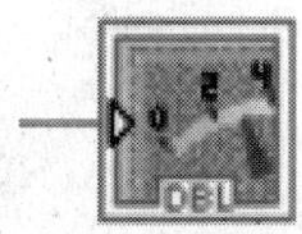

图 1-30　表盘子程序的图标/连结器

三、LabVIEW 的操作模板

LabVIEW 有多个图形化的操作模板，用于创建和运行程序。这些操作模板可以在屏幕上随意移动，并可以放置在屏幕的任意位置。操作模板共有三类，分别为工具选板(Tools Palette)、控制选板(Controls Palette)和函数选板(Functions Palette)。

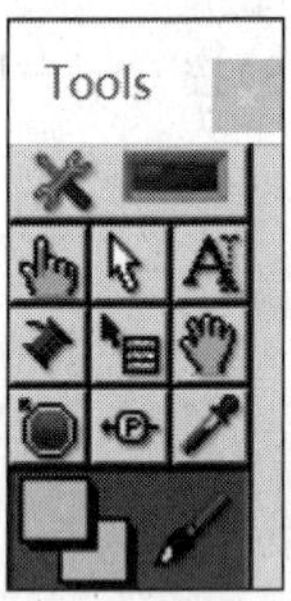

图 1-31　工具选板

1. 工具选板

工具选板为编程者提供了各种可用于创建、修改和调试 VI 程序的工具，如图 1-31 所示。

如果该模板没有在窗口中出现，则可以选择 Window→Show Tools Palette 命令，以显示该模板。

工具选板中的工具图标如表 1-2 所示。

表 1-2　工具图标

图　标	名　称	功　能
	操作工具 Operate Value(操作值)	该工具用于操作前面板的控制和显示。用它向数字或字符串控制中输入值时，工具会变成标签工具的形状
	选择工具 Position/Size/Select (选择)	选择、移动或改变对象的大小。当用于改变对象的连框大小时，它会变成相应形状
	标签工具 Edit Text(编辑文本)	用于输入标签文本或者创建自由标签。当创建自由标签时，它会变成相应形状
	连线工具 Connect Wire(连线)	用于在框图程序上连接对象。联机帮助的窗口被打开时，如果把该工具放在某一连线上，会显示相应的数据类型
	对象弹出菜单工具 Object Shortcut Menu (对象菜单)	用鼠标单击可以弹出对象的弹出式菜单
	漫游工具 Scroll Windows(窗口漫游)	使用该工具就可以不需要使用滚动条而在窗口中漫游
	断点工具 Set/ClearBreakpoint (断点设置/清除)	使用该工具可在 VI 的框图对象上设置断点

续表

图　标	名　称	功　能
	探针工具 Probe Data(数据探针)	可以在框图程序内的数据流线上设置探针。程序调试员可以通过控针窗口来观察该数据流线上的数据变化状况
	颜色提取工具 Get Color(颜色提取)	使用该工具来提取颜色,用于编辑其他的对象
	颜色设置工具 Set Color(颜色设置)	用来给对象定义颜色。它也显示出对象的前景色和背景色

与工具选板不同,控件选板和函数选板只显示顶层子模板的图标。顶层子模板中包含了许多不同的控件或函数子模板。通过这些控件或函数子模板可以找到创建程序所需的前面板元素和程序框图元素。单击顶层子模板图标,即可展开对应的控件或函数子模板,只需按下控件或函数子模板左上角的大头针,就可以把该子模板变成浮动板留在屏幕上。

2. 控件选板

控件选板可以给前面板添加输入控制和输出显示。每个图标代表一个子模板。如果控件选板没有显示在屏幕上,可以选择 View→Controls Palette 命令打开它,也可以在前面板的空白处右击,通过右键的快捷菜单弹出控件选板。

注意: 只有当打开前面板窗口时才能调用控件选板。

控件选板如图 1-32 所示。

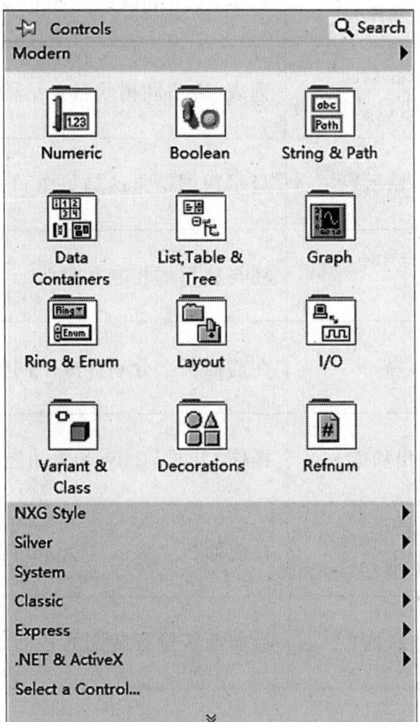

图 1-32　控件选板

控件选板按不同设计风格与用途分为现代(modern)模板、系统(system)模板、经典(classic)模板、快捷(express)模板、.NET及控件(.NET &activet)模板等,软件安装时选择安装的组件不同,或者是否下载过插件都会使控件选板有所不同,其中各模板中有很多内容都是相互交叉的,因而初学者不易弄清其中的相互关系与作用。这里仅以现代模板为例,说明各子模板的功能。如果掌握了现代模板中这些模块的功能,那么其他模板中的各子模板也就易于理解了。

每一级模板的左上方都有一个图标,它用于在屏幕上锁定模板。当鼠标指针置于这一图标上时,它将变为,单击就可将这一模板锁定。

现代模板中包括的子模板如表1-3所示。

表1-3 现代模板包括的子模板

图标	子模板名称	功 能
	Numeric(数值量)	数值的控制和显示,包含数字式、指针式显示表盘及各种输入/输出框
	Boolean(布尔量)	逻辑数值的控制和显示,包含各种布尔开关、按钮及指示灯等
	String & Path(字符串和路径)	字符串和路径的控制和显示
	Array, Matrix Cluster(数组、矩阵和簇)	数组、矩阵和簇的控制和显示
	List, Table & Tree(列表、表格和树状目录结构)	列表、表格和树状目录结构的控制和显示
	Graph(图形显示)	显示数据结果的趋势图和曲线图
	Ring &Enum(环与枚举)	环与枚举的控制和显示
	Layout(布局)	在前面板上分别存放不同种类的组件
	I/O(输入/输出功能)	操作OLE、ActiveX等功能
	Variant & Class(变体和类别)	在前面板上放入Variant与LabVIEW Object
	Decorations(修饰)	给前面板进行装饰的各种图形对象
	Refnum(参考方)	参考数

在前面板中利用控件选板的输入控件可以输入相应的数据，如数字、布尔量、字符串和文件路径等，如图 1-33 所示。

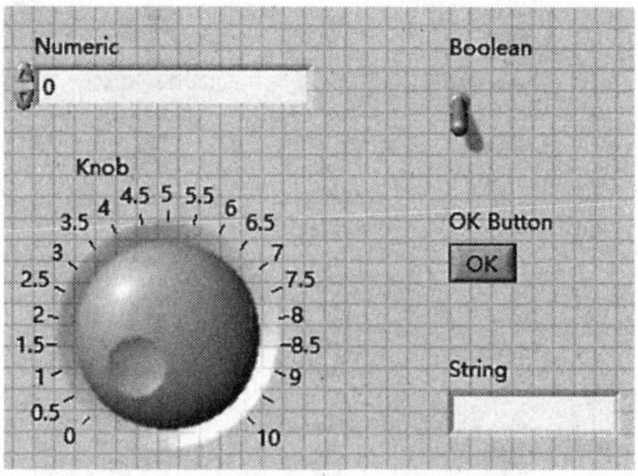

图 1-33　前面板输入控件

前面板显示控件用来显示数据，包括数字、温度计、LED 指示灯、文本和波形图(waveform graph)等，如图 1-34 所示。

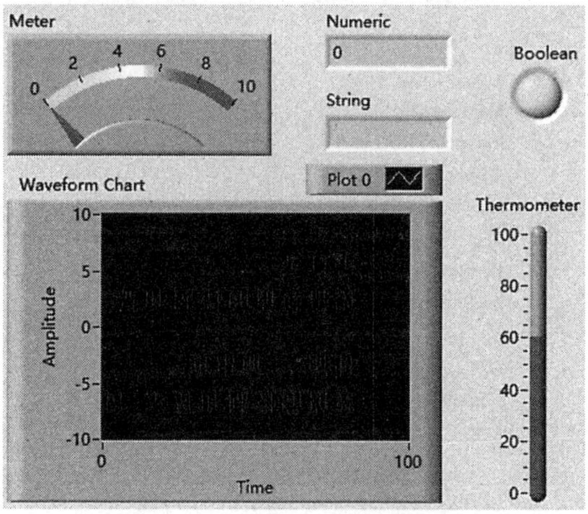

图 1-34　前面板显示控件

前面板中的一些控件既可作为输入控件，也可作为显示控件。选中控件，右击，在弹出的快捷菜单中选择 Change to Indicator 或 Change to Control 命令，即可进行输入控件与显示控件之间的切换。

3. 函数选板

函数选板是创建框图程序的工具。该模板上的每一个顶层图标都表示一个子模板。若函数选板不出现，则可以选择 Window→Show Functions Palette 命令打开它，也可以在框图程序窗口的空白处右击，通过右键快捷菜单弹出函数选板。

注意：只有打开了框图程序窗口，才能出现函数选板。

函数选板如图 1-35 所示。

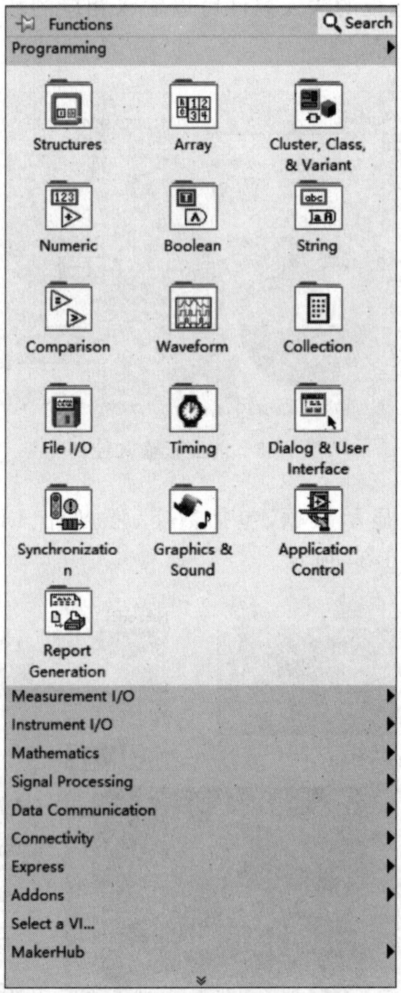

图 1-35　函数选板

函数选板的主要模块及子模板如表 1-4 所示。

表 1-4　主要模板及各子模板

模 板 分 类	模 板 图 示
Programming	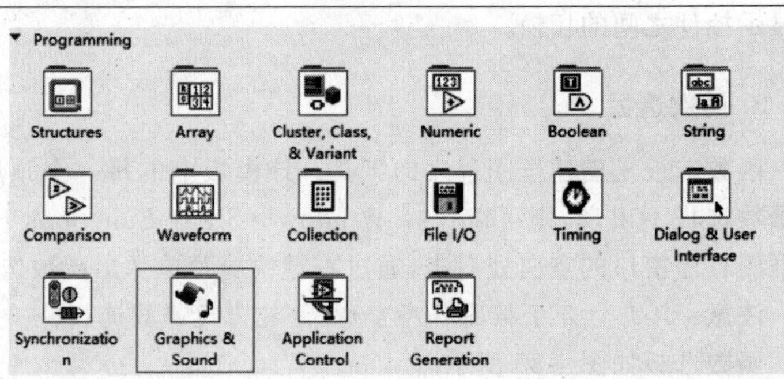

续表

模板分类	模板图示
Measurement I/O	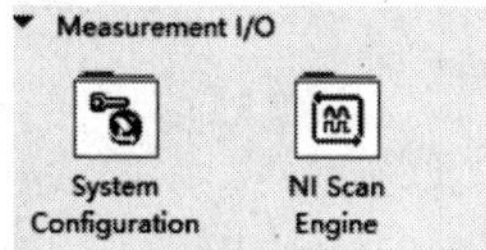
Instrument I/O	
Mathematics	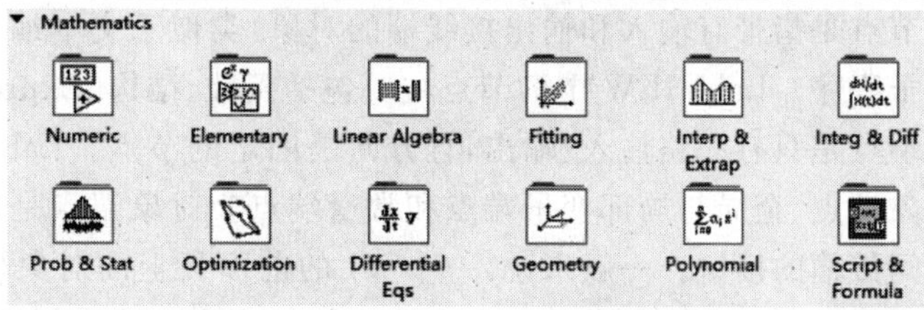
Signal Processing	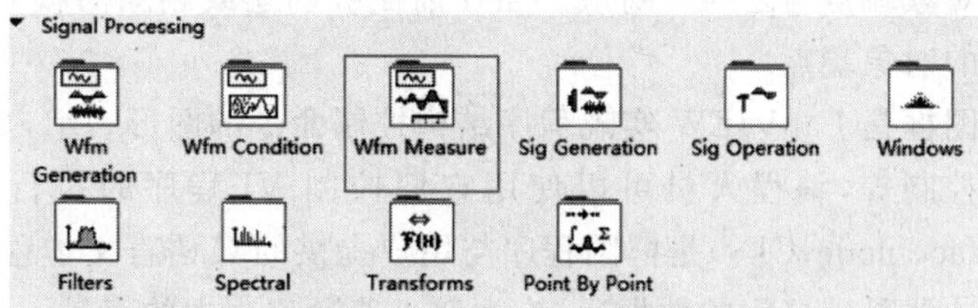
Data Communication	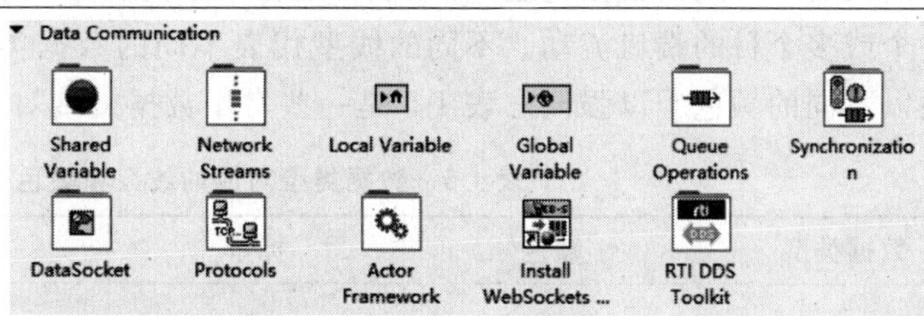
Connectivity	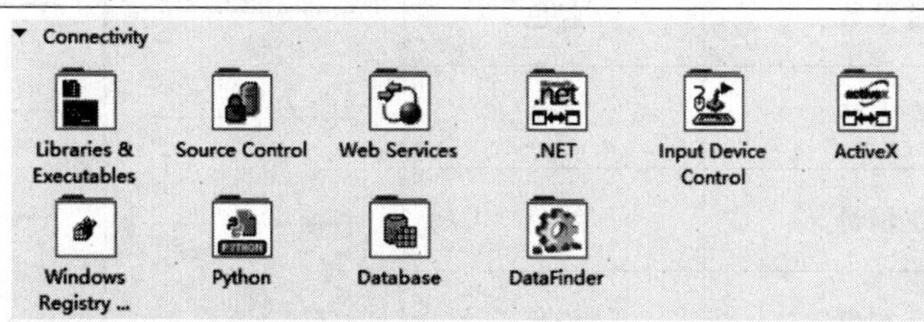
Express	
Addons	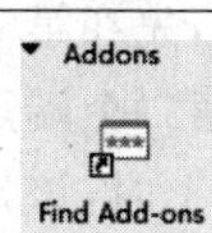

续表

模板分类	模板图示
MakerHub	

表1-4中模块的功能将在以后的课程中逐渐介绍。

程序框图是图形化源代码的集合，这种图形化的编程语言也称为G语言。框图程序是由节点、端点、图框和连线四种元素构成的。

节点是指带有输入和输出接线端的对象，类似于文本编程语言中的语句、运算符、函数和子程序。LabVIEW中的节点主要包括函数、结构、Express VI、子VI等。

端点是只有一路输入/输出，且方向是固定的节点。LabVIEW有三类端点——前面板对象端点、全局与局部变量端点和常量端点。对象端点是数据在框图程序部分和前面板之间传输的接口。一般来说，一个VI的前面板上的对象（控制或显示）都在框图中有一个对象端点与之一一对应。当在前面板创建或删除面板对象时，可以自动创建或删除相应的对象端点。

图框是LabVIEW实现程序结构控制命令的图形表示，如循环控制、条件分支控制和顺序控制等，编程人员可以使用它们控制VI程序的执行方式。代码接口节点（code interface node，CIN）是框图程序与用户提供的C语言文本程序的接口。

连线是端口间的数据通道，类似于普通程序中的变量。数据是单向流动的，从源端口向一个或多个目的端口流动。不同的线型代表不同的数据类型。在彩显上，每种数据类型还以不同的颜色予以强调。表1-5是一些常用数据类型对应的线型和颜色。

表1-5　数据类型对应的线型和颜色

数据类型	颜色	标量	一维数组	二维数组
整型数	蓝色			
浮点数	橙色			
逻辑量	绿色			
字符串	粉色			
文件路径	青色			

当需要连接两个端点时，先在第一个端点上单击连线工具（从工具选板中调用），然后移动到另一个端点，再单击第二个端点。端点的先后次序不影响数据流动的方向。

当把连线工具放在端点上时，该端点区域会闪烁，表示连线将会接通该端点。当把连线工具从一个端口接到另一个端口时，不需要按住鼠标左键。当需要连线转弯时，单击可以正交垂直方向弯曲连线，按空格键可以改变转角方向。

第三节　建立一个 VI 程序

VI 程序具有前面板、框图程序和图标/连结器三个要素，因此在编写程序时，必须从这三个方面来考虑。

本节通过练习来说明如何创建一个 VI 程序。

【练习 1-1】

根据物理学气体定律，理想气体状态方程为

$$pV = nRT$$

其中，p 的单位为 Pa，V 的单位为 m^3，n 的单位为 mol，T 的单位为 K，R = 8.314kJ/(kmol·K)。利用旋钮控制温度，同时输入体积值，观察 p 的变化并绘图。

(1) 选择 File→New NI 命令，打开一个新的前面板窗口。

(2) 在前面板上放置 Knob、Slide、Numeric、Numeric2 四个控件，如图 1-36 所示。

(3) 选中 Knob 控件，右击，在弹出的快捷菜单中选择 Properties 命令，如图 1-37 所示，进行控件的属性设置。

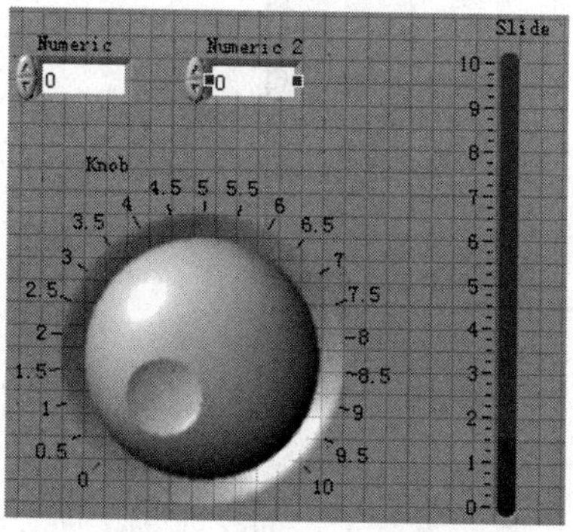

图 1-36　前面板上的控件

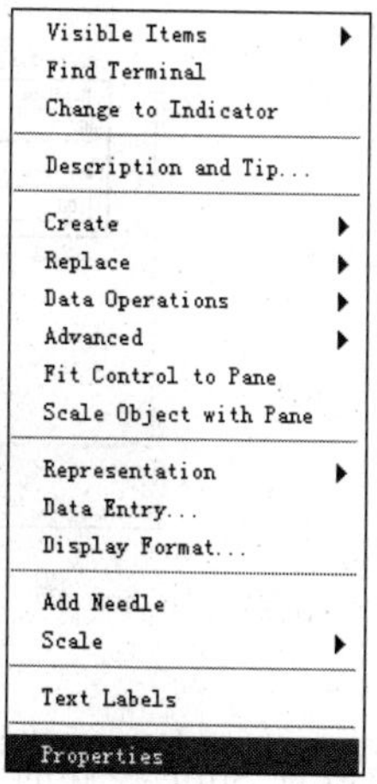

图 1-37　选择 Properties 命令

(4) 设置 Knob 控件属性，如图 1-38 和图 1-39 所示。

上述属性的设置也可以使用更为方便的方法，如下。

① 使用文本编辑工具 A，在标签文本框中输入“温度：摄氏度”，并在前面板中的其他任何位置单击。

② 使用文本编辑工具 A，双击容器坐标的 10 标度，使其高亮显示。

③ 在坐标中输入 100，并在前面板中的其他任何地方单击，这时 0～100 的增量将被

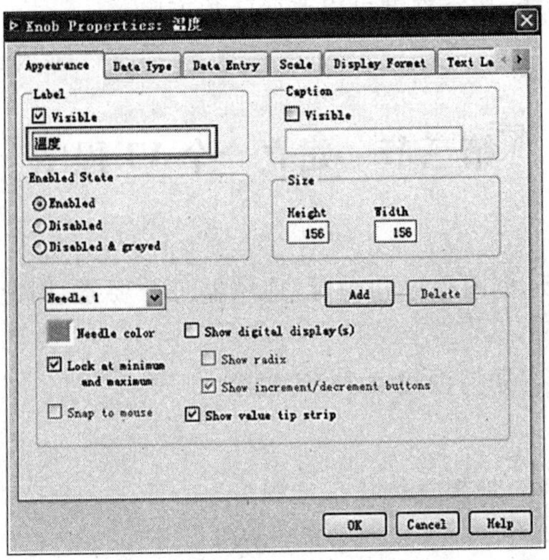

图 1-38　设置 Knob 控件的标签可见性

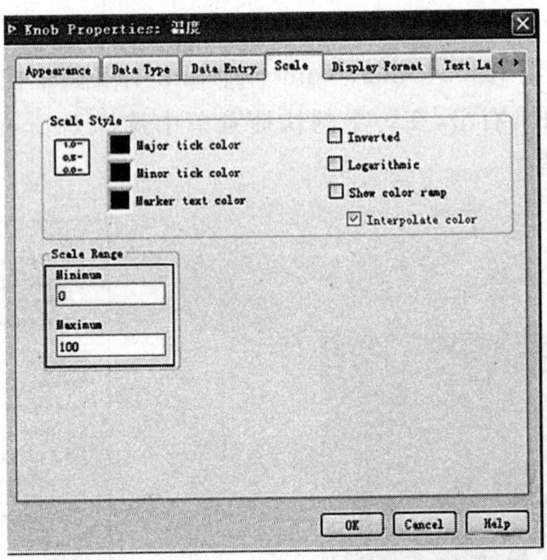

图 1-39　设置 Knob 控件的数值范围

自动显示。

(5) 同样设置 Slide 控件的上述两个属性。

(6) 将 Numeric 控件的标签改为“体积：立方米”。

(7) 将 Numeric2 控件的标签改为“摩尔数”。

按 Ctrl+E 组合键，或者在前面板中选择 Window →Show Block Diagram 命令，打开框图程序窗口，会发现其中有三个模块，即、和，这就是前面板中的控件在程序框图中对应的控件接线端。将鼠标指针停留在任意一个接线端上并双击，LabVIEW 将自动以高亮方式找到与该程序框图接线端相对应的前面板控件对象。三个接线端右侧都有一个向右的箭头，表示这三个控件接线端都是输入控件接线端。但是，这里希望设定体积数值后，转动温度旋钮时，温度计会随之变化，显然体积和温度旋钮都是输入量，而温度计

应是显示控件,因此需要将 Slide 的属性更改为“显示控件”(Indicator)。

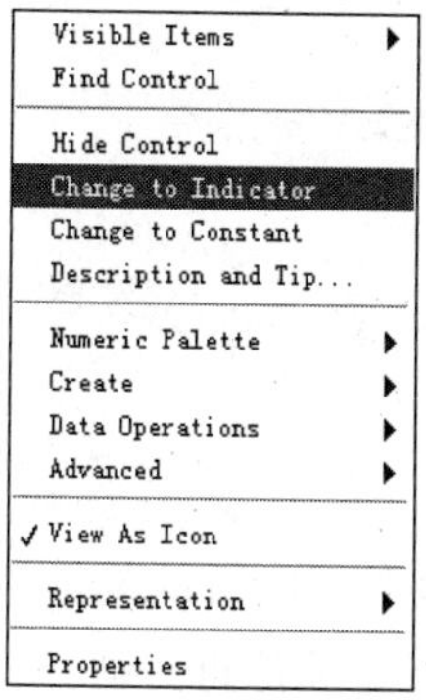

图 1-40　更改属性为显示

在框图程序窗口中选中,右击,在弹出的快捷菜单中选择 Change to Indicator 命令,如图 1-40 所示,将该模块改为显示控件,图标变为。注意,小箭头在图标左侧,说明这一接线端变为显示接线端。

(8) 考虑到输入和输出的数学关系,在程序框图中加入(Add)、(Multiply)和(Divide)三个运算函数。

(9) 加入数值常数。用连线工具在、和连线端子上右击,在弹出的快捷菜单中选择 Create Constant 命令,创建一个数值常数对象,输入所需数值。

(10) 用连线工具将各对象按规定连接,完成的框图程序如图 1-41 所示。

(11) 运行程序。在工具选板中选择工具,在前面板中调节旋钮刻度,单击工具栏中图标,即可运行程序,如图 1-42 所示。

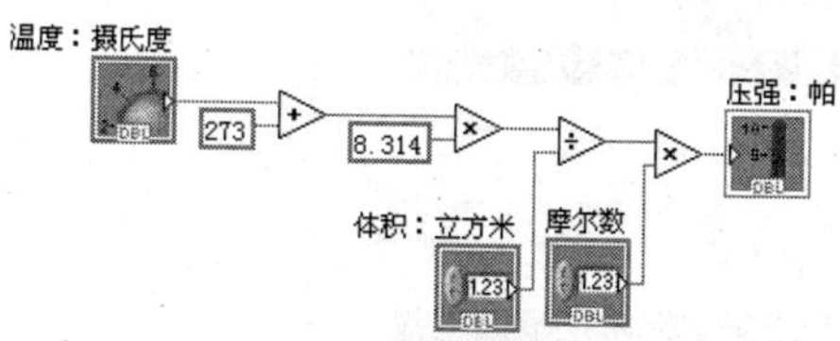

图 1-41　框图程序

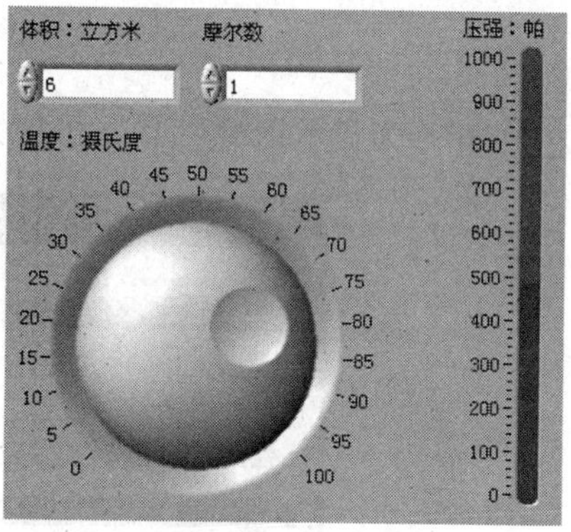

图 1-42　程序运行效果

可以看到,每改变一次旋钮值,都要运行,温度计值才会有变化。为了更好地观察这一程序中体现的输入与显示的关系,也可以循环运行的方式进行测试,在工具栏中选择,单击运行,即可看到随着旋钮的转动,温度计会显示不同的数值。

选择 File→Save 命令,把该 VI 程序保存为“温度压强和体积.vi”。选择 File→Close 命令,关闭该 VI 程序。

在练习 1-1 中可以注意到,初学者会很难记住系统提供的大量控件与模块的功能,这时可以使用即时帮助(Context Help)功能。如果屏幕上没有显示 Context Help,则选择 Help→Show Context Help 命令时,这一帮助就会显示在屏幕上。当要查看某个功能函数或者 VI 程序的输入/输出时,将鼠标指针置于该功能函数或者 VI 程序即可。例如,除法函数 VI 程序的 Context Help 窗口如图 1-43 所示。

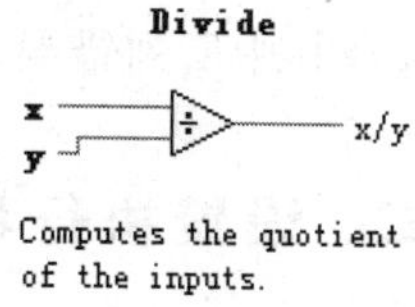

图 1-43　除法函数 VI 程序的 Context Help 窗口

本书附录中给出了一些常用函数的详细帮助信息，供初学者查阅和参考。

第四节 程序调试

一、语法或逻辑错误

如果一个 VI 程序存在语法错误，程序不能被执行，则运行按钮会变成折断的箭头。如图 1-44 所示，程序中除法模块只有被除数，没有除数，因此 LabVIEW 无法进行运算。

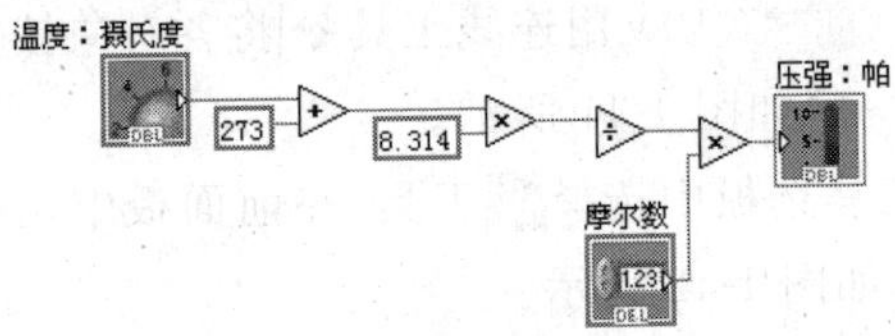

图 1-44 错误的程序

按钮称为显示错误列表。单击该按钮，则弹出错误清单窗口，如图 1-45 所示。

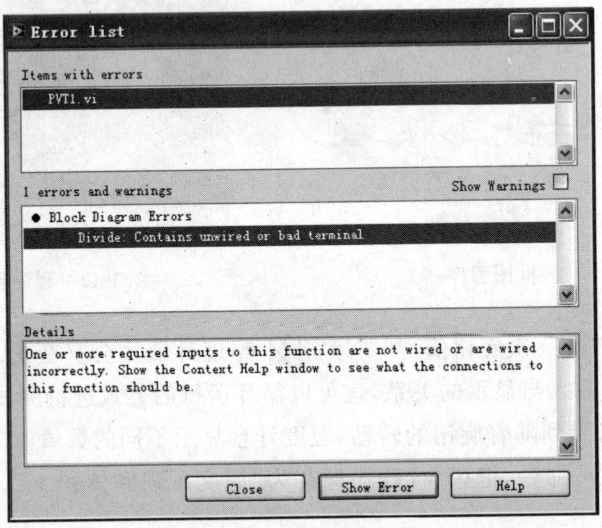

图 1-45 错误清单窗口

选择其中所列错误，单击 Show Error 按钮，则出错的对象或端口就会变成高亮显示。

二、设置执行程序高亮

在框图程序窗口工具条上有一个灯泡形状的按钮，称为高亮执行按钮。单击该按钮，使其变成高亮形式，再单击运行按钮，VI 程序就会以较慢的速度运行，没有被执行的代码灰色显示，执行后的代码高亮显示，并显示数据流线上的数据值，此时就可以根据数据的流动状态跟踪程序的执行（数据流是 LabVIEW 中非常重要的概念）。

三、单步执行与断点

为了查找程序中的逻辑错误，有时希望框图程序一个节点一个节点地执行。这时可以使用程序窗口工具条上的单步执行按钮，每按一次，程序就会通过一个节点。

使用断点工具可以在程序的某一地点中止程序执行，以便于查看数据。

设置或者清除断点的方法如下。

1. 设置断点

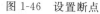

选中设置断点的控件或连线，右击，在弹出的快捷菜单中选择 Breakpoint→Set Breakpoint 命令，如图 1-46 所示选择的节点或者图框会显示为红色（如），对于连线则显示为红点。当 VI 程序运行到断点处时，程序暂停在将要执行的节点，以闪烁表示。

2. 清除断点

清除断点有以下两种方法。

（1）选中要清除断点的控件或连线，右击，在弹出的快捷菜单中选择 Breakpoint→Clear Breakpoint 命令，如图 1-47 所示，即可清除断点。

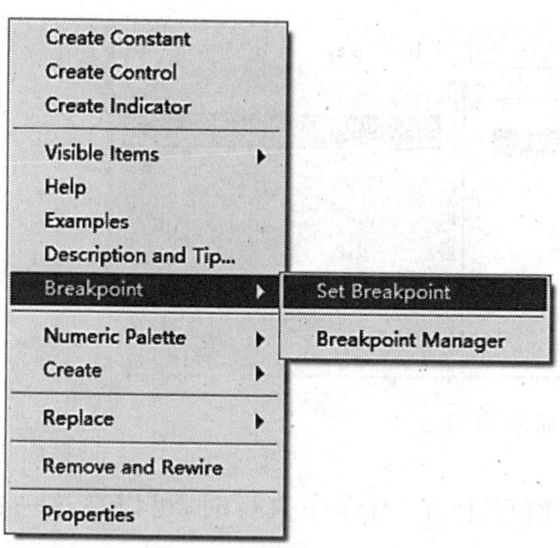

图 1-46　设置断点

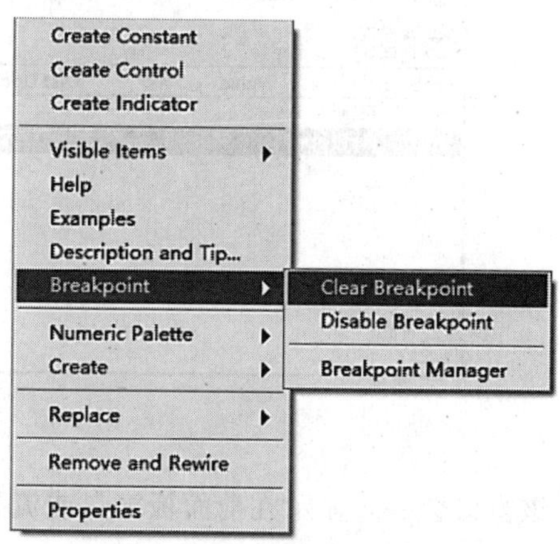

图 1-47　清除断点

（2）使用 Breakpoint Manager 窗口。选中要清除断点的控件或连线，右击，在弹出的快捷菜单中选择 Breakpoint→Breakpoint Manager 命令，打开 Breakpoint Manager 窗口，如图 1-48 和图 1-49 所示，删除选中的断点。

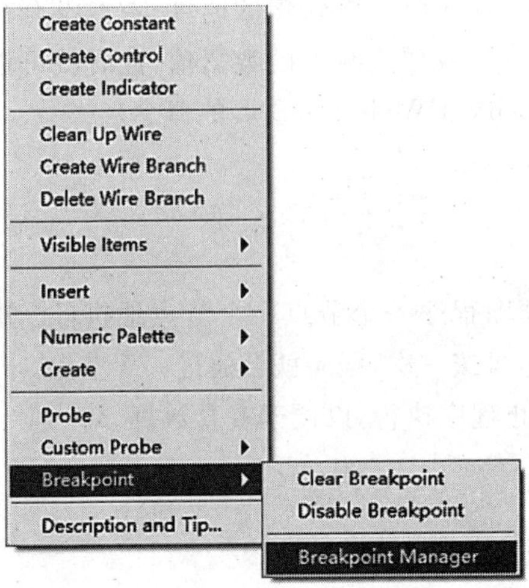

图 1-48 选择 Breakpoint Manager 命令

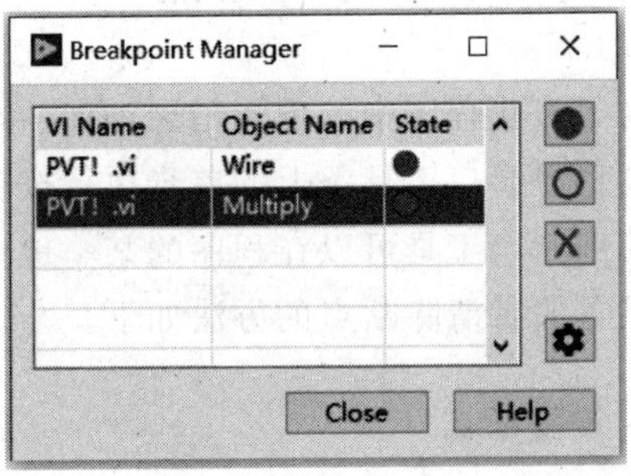

图 1-49 选择要删除的断点

四、探针

探针工具可查看当流程图程序流经某一根连接线时的数据值。在工具选板中选择探针工具,单击要放置探针的连接线,这时显示器上会出现一个探针显示窗口,如图 1-50 所示。

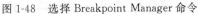

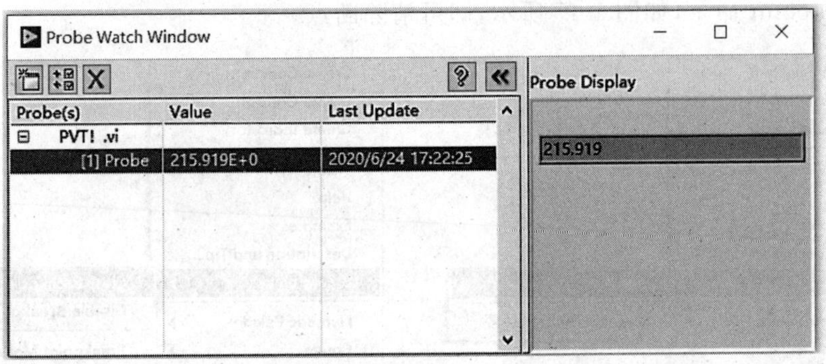

图 1-50 探针显示窗口

该窗口会一直显示在前面板窗口或流程图窗口上方,当程序执行时,可以在这一窗口中看到检测数据的变化。

第二章 LabVIEW 的数据分类与运算

第一节 数据类型

LabVIEW 中的控件按其传递的数据类型可分为数值型(numeric)、字符串型(string)、布尔型(boolean)、枚举型(enum)、时间型(time stamp)等,按其作用范围可分为局部变量(local variable)和全局变量(global variable)。这一点与其他编程软件大同小异。LabVIEW 是一个图形化编程环境,各控件端口间需要通过连线连接以完成程序的设计,连线就是数据通道,起到了形象直观的传输数据的作用。第一章中介绍过,在 VI 程序框图中,接线端以不同的图标和颜色来表示不同的数据类型,只有相同类型的数据才可进行交换与传递。在框图程序窗口中,模块既可以图标形式出现,也可以其数据类型符号的形式出现。控件与数据类型如表 2-1 所示。

表 2-1 控件与数据类型

输入控件	显示控件	数据类型	默认值
I32	I32	32 位无符号整数 (32-bit unsigned integer numeric)	0
I64	I64	64 位无符号整数 (64-bit unsigned integer numeric)	0
		<128>位时间标示 (128-bit time stamp)	当地时间
		枚举类型 (Enumerated type)	
TF	TF	布尔 (Boolean)	Flase
abc	abc	字符串 (String)	空字符串

一、字符串型控件

字符串是 ASCII 字符的集合，如同其他语言一样，LabVIEW 也提供了各种处理字符串的功能。在前面板中，字符串控件包括输入控件、显示控件和下拉框，如图 2-1 所示（Controls→Modern→String & Path）。

图 2-1　字符串控件

图 2-1 中控件从左向右依次为字符输入控件、字符显示控件和下拉框。

字符串型数据在编程中会频繁用到，在框图程序窗口上右击，在弹出的快捷菜单中可以看到 LabVIEW 在函数选板中提供了用于处理字符串型数据的各种函数，如图 2-2 所示（Functions→Programming→String）。

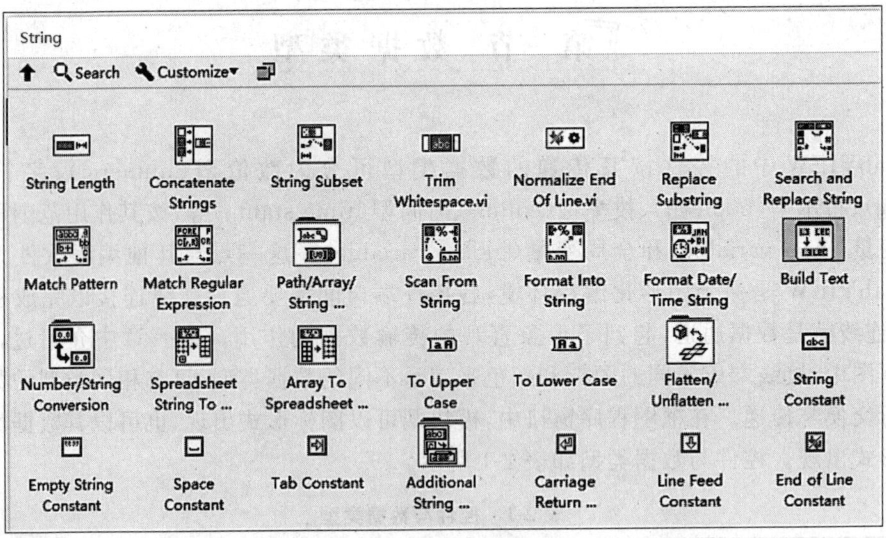

图 2-2　字符串型函数

【练习 2-1】

在前面板中建立一个字符输入控件和一个数字显示控件，当要求输入字符时，显示控件会自动显示输入字符的长度。

(1) 在前面板中放置一个字符输入控件 String Control(Controls→Modern→String & Path)和一个数字显示控件 Numeric Control(Controls→Modern→Numeric)，如图 2-3 所示。

(2) 在框图程序窗口放置 String Length 控件（Functions→Programming→String），并完成程序，如图 2-4 所示。

(3) 运行效果如图 2-5 所示。

图 2-3 字符输入控件与数字显示控件

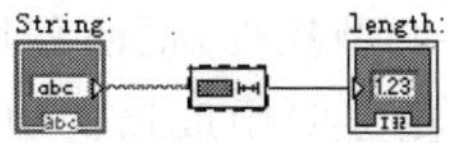

图 2-4 参考程序

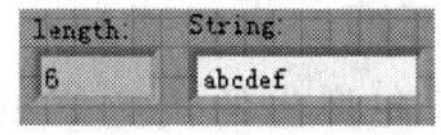

图 2-5 运行效果

二、数值型控件

数值型控件的外观在前面板上可以是多种多样的，如图 2-6 所示。

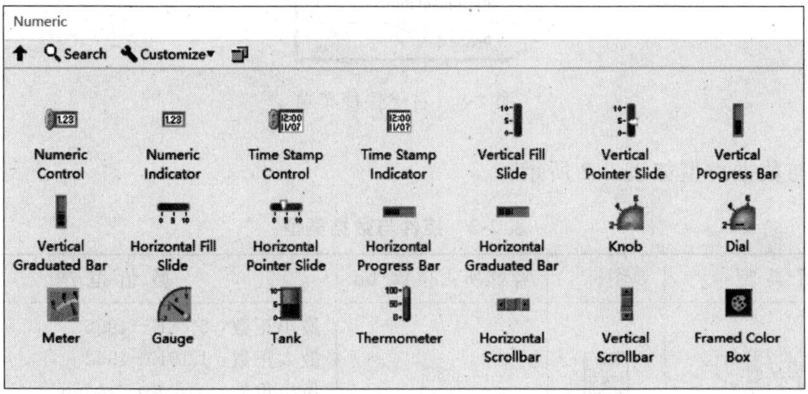

图 2-6 数值型控件

在程序框图中，其操作以数值型控件代表的数据类型为准。

当在前面板上放置某数值型控件后，可以在框图程序窗口中查看或更改控件的数值类型。查看数值型控件的数据类型与更改数据类型的方法如下。

(1) 选中数值型控件，右击，弹出快捷菜单。

(2) 选择 Representation 命令，在其级联菜单中可以查看默认的数据类型或进行更改，如图 2-7 所示。

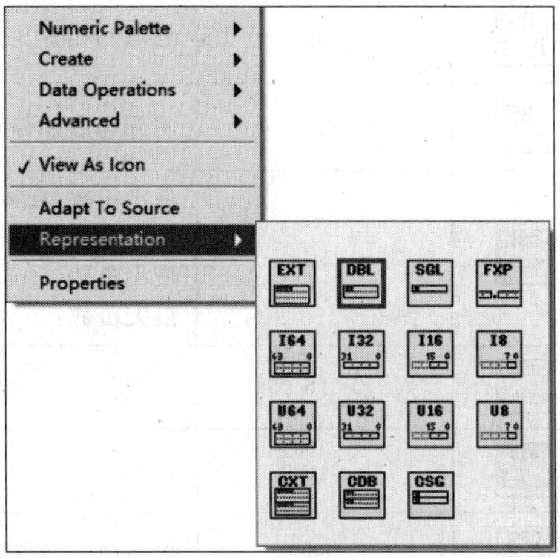

图 2-7 查看或更改数据类型

在前面板中放入一个数值型控件，框图程序窗口中会出现图标。选中这一图标，右击，在弹出的快捷菜单（见图 2-8）中取消选中 View As Icon，将变成I64，这样不管控件的形状与功能如何，只会显示数据类型的特点。

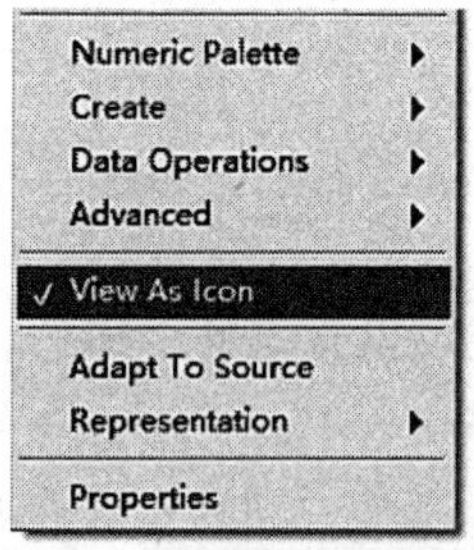

图 2-8　右键快捷菜单

控件与数据类型如表 2-2 所示。

表 2-2　控件与数据类型

数值类型	图标	存储所占位数/bit	数值范围
扩展精度浮点型	EXT	128	最小正数：6.48E−4966 最大正数：1.19E+4932 最小负数：−6.48E−4966 最大负数：−1.19E+4932
有符号 64 位整数	I64	64	−18446744073709551616～ +18446744073709551615
无符号 64 位整数	U64	64	0～18446744073709551615
复数扩展精度浮点型	CXT	256	实部与虚部分别与扩展精度浮点型相同
有符号 32 位整数	I32	32	−2147483648～+2147483647
无符号 32 位整数	U32	32	0～4294967295
复数双精度浮点型	CDB	128	实部与虚部分别与双精度浮点型相同
单精度浮点型	SGL	32	最小正数：1.40E−45 最大正数：3.40E+38 最小负数：−1.40E−45 最大负数：−3.40E+38
有符号 16 位整数	I16	16	−32768～+32767
无符号 16 位整数	U16	16	0～65535
复数单精度浮点型	CSG	64	实部与虚部分别与单精度浮点型相同

续表

数值类型	图标	存储所占位数/bit	数值范围
定点数		8	
有符号 8 位整数		8	－128～＋127
无符号 8 位整数		8	0～255
双精度浮点型		64	最小正数：4.49E－324 最大正数：1.79E＋308 最小负数：－4.94E－324 最大负数：－1.79E＋308

一般来说，存储所占位数(字节长度)越长，可以表示的数值范围就越大，精度也就越高，但计算速度越慢，占用存储空间就越大。选择数据类型时应首先考虑是否能够满足程序需要。

三、布尔型控件

布尔型控件代表一个布尔值，只能是 True 或 False，它既可以代表按钮输入，也可以当作 LED 指示灯显示，如图 2-9 所示。

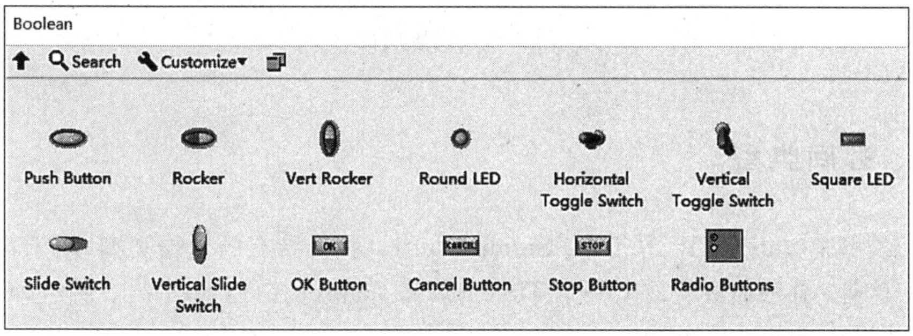

图 2-9 布尔型控件

四、枚举类型

LabVIEW 中的枚举类型和 C 语言中的枚举类型定义相同。它提供了一个选项列表，其中每一项都包含一个字符串标识和数字标识，数字标识与每一选项在列表中的顺序一一对应，如图 2-10 所示。

在前面板中放入一个(Modern→Ring & Enum→Enum)，在框图程序窗口中就会出现图标。选中该图标，右击，在弹出的快捷菜单中选择 Properties 命令，弹出 Enum Properties：Enum 对话框，设置其属性，如图 2-11 所示。单击 OK 按钮，返回前面板窗口，运行程序，单击上下箭头就可以显示枚举的内容。

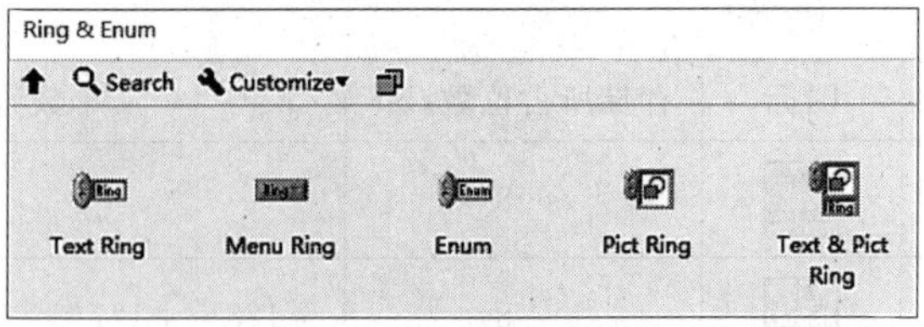

图 2-10　枚举类型

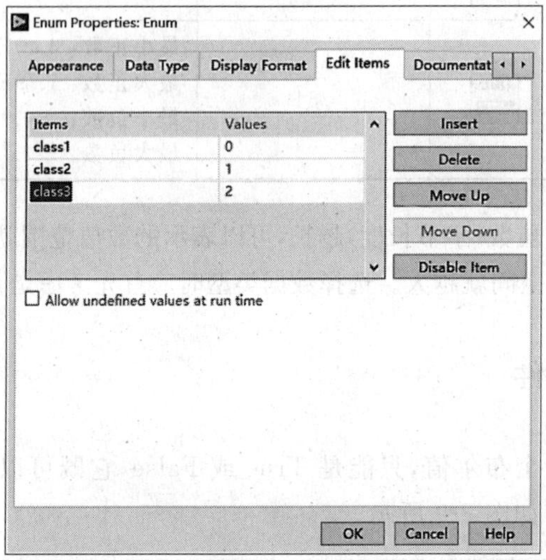

图 2-11　设置属性

五、时间类型

时间类型是 LabVIEW 中 Time Stamp Control 控件特有的数据类型，用于输入与输出时间和日期。在前面板上放上一个 Time Stamp Control 控件，如图 2-12 所示(Modern→Numeric→Time Stamp Control)。

运行程序，单击图标，弹出 Set Time and Date 对话框，单击 Set Time to Now 按钮，则会显示当前时间，如图 2-13 所示。

图 2-12　Time Stamp Control 控件

图 2-13　设置时间

六、局部变量和全局变量

在很多情况下需要在同一 VI 程序的不同位置或不同的 VI 程序中访问同一个控件对象，这时控件对象之间的连线就无法实现，就需要用到局部变量或全局变量，通过局部变量或全局变量可以在程序框图中的多个地方读写同一个控件。

1. 局部变量

局部变量只能在同一程序内部使用，每个局部变量都对应前面板上的一个控件，一个控件可以创建多个局部变量。读写局部变量等同于读写相应控件，读写局部变量的方法与读写控件对象的方法是完全一样的。创建局部变量的方法如下。

（1）从函数选板的 Structures 子模板中选择 Local Variable（Functions→Programming→Structures→Local Variable）模块，如图 2-14 所示。

（2）在前面板或程序框图中选中需要创建的局部变量的控件，右击，在弹出的快捷菜单中选择 Create→Local Variable 命令，如图 2-15 所示，创建该控件的局部变量。

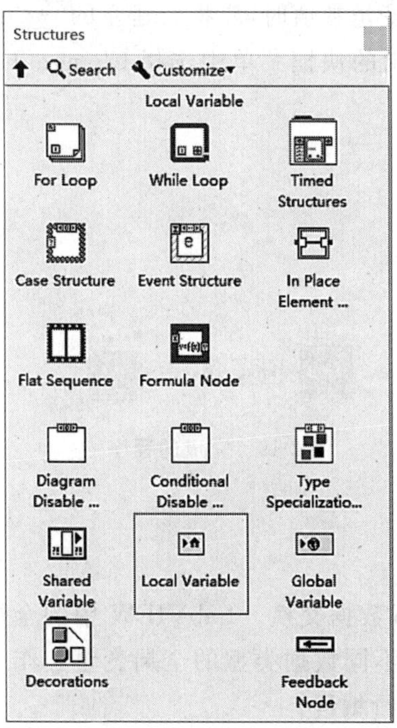

图 2-14　局部变量

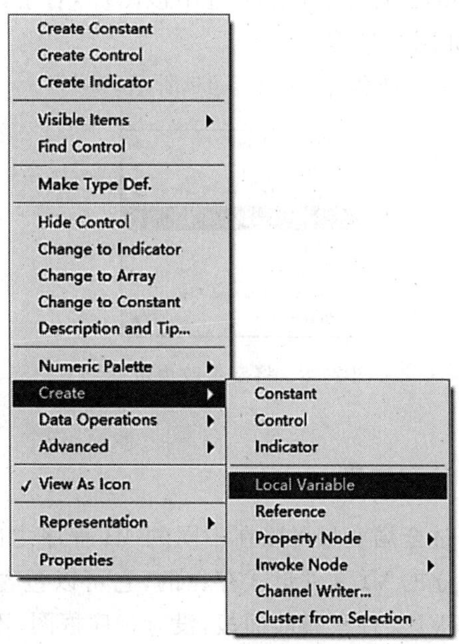

图 2-15　创建控件的局部变量

【练习 2-2】

通过建立一个局部变量，使用 Numeric Control 控件改变局部变量的值，用另外一个控件读取这一局部变量并显示出来。

（1）在前面板中加入两个控件（Modern→Numeric→Numeric Control），将标签改为

A1(Modern→Numeric→Meter),如图 2-16 所示。

(2) 使用上述创建局部变量的方法建立变量 A1。

(3) 通过创建局部变量的方法再建立一个局部变量,图标显示为[▸⌂?]。

(4) 在变量图标[▸⌂?]上右击,在弹出的快捷菜单中选择 Select Item→AI 命令,如图 2-17 所示,图标[▸⌂?]变为[▸⌂A1]。

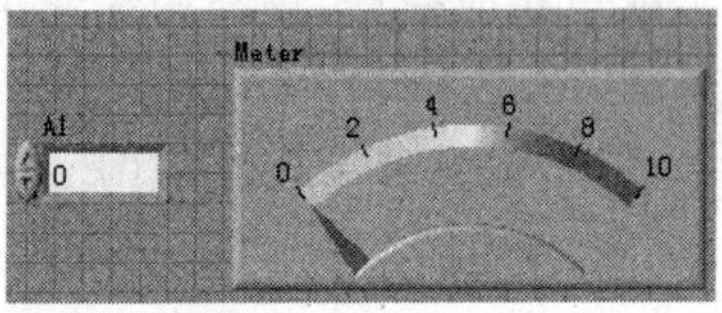

图 2-16 前面板控件

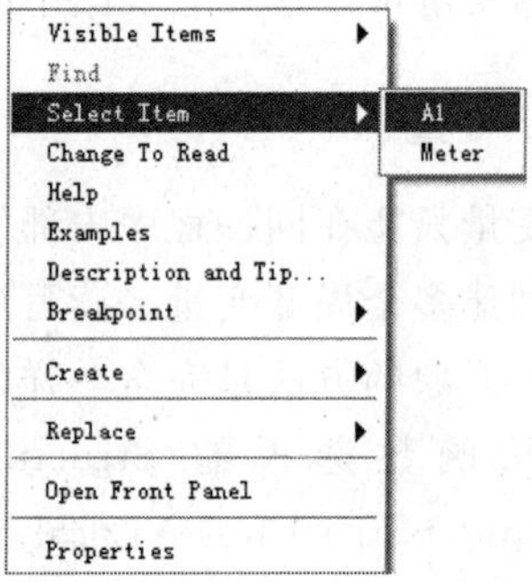

图 2-17 选择 Select Item→AI 命令

(5) A1 变量属性是可写(Write)的,当要读取变量数值时,要将新建立的[▸⌂A1]改为可读(Read)。操作方法为:选中该图标,右击,在弹出的快捷菜单中选择 Change To Read 命令,如图 2-18 所示。

(6) 完成程序,如图 2-19 所示。

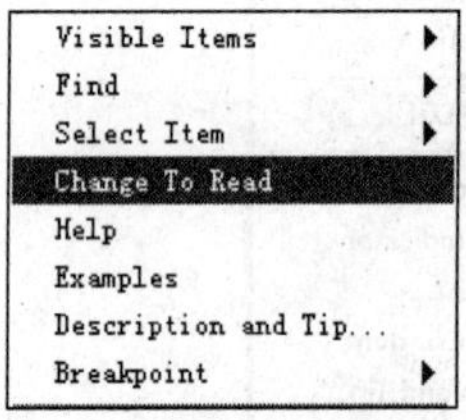

图 2-18 将变量改为可读

图 2-19 完成的程序

2. 全局变量

通过全局变量可以在不同的 VI 程序之间进行数据交换。LabVIEW 中的全局变量是以独立的 VI 文件形式存在的,它可以包含多个不同数据类型的全局变量。作为全局变量的 VI 文件只有前面板,没有程序框图,不能进行编程。

创建全局变量的方法如下。

从函数选板的 Structures 子模板中选择 Global Variable(Functions→Programming→Structures→Global Variable)模块,如图 2-20 所示。

注意:在程序的不同地方如果同时写同一个对象的局部变量或全局变量,会产生竞争现象,这时变量的值无法预期。编写程序时要注意程序的执行顺序,避免局部变量和全局变量竞争。

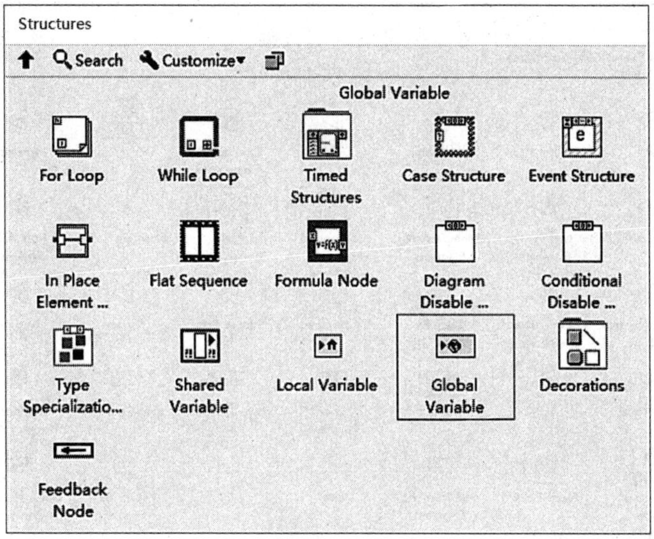

图 2-20 全局变量

第二节 数据运算

LabVIEW 中提供了丰富的数据运算功能，除了基本的数据运算符外，还有许多功能强大的函数可供使用，甚至可以通过编写一些简单的文本脚本进行数据运算。

LabVIEW 图形化编程中，运算按照从左到右沿数据流的顺序执行。

数据运算符包含函数选板的 Numeric 模块，如图 2-21 所示（Functions→Mathematics→Numeric），该模块中有类型转换（Conversion）节点、复数（Complex）节点、数学常数（Math Constants）节点等。

【练习 2-3】

建立一个输入三个数据，输出平均数的程序。

（1）在前面板中放入三个 Numeric Control 控件（Modern→Numeric→Numeric Control）和一个 Numeric Indicator 控件（Modern→Numeric→Numeric Indicator）。

（2）使用前面板工具栏中的工具调整各个控件的位置，如图 2-22 所示。

（3）在框图程序窗口中加入和。

（4）选中图标并右击，在弹出的快捷菜单中选择 Create→Constant 命令，如图 2-23 所示，建立常量。

（5）利用 Edit Text 工具输入常量值 3。

（6）用 Connect Wire 工具将各模块按一定顺序连接起来，使用工具栏中的优化工具进行框图程序的优化。

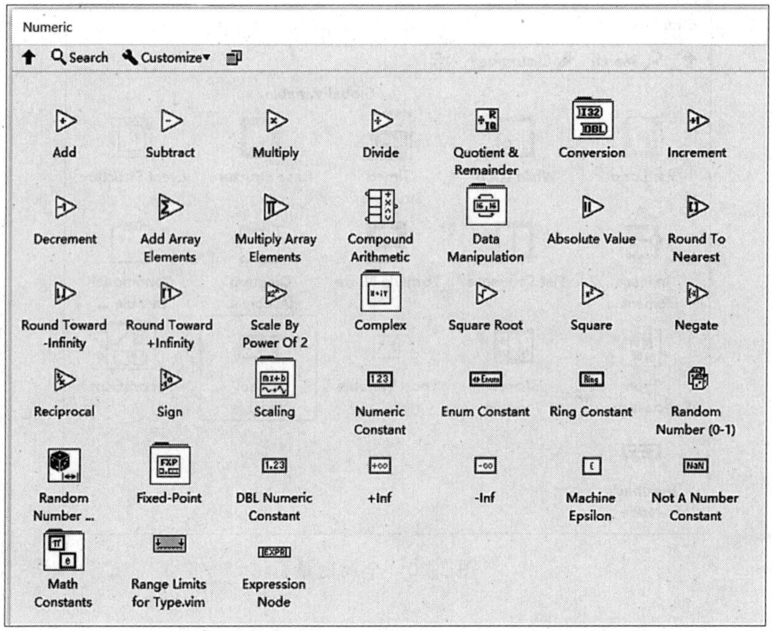

图 2-21　数据运算符

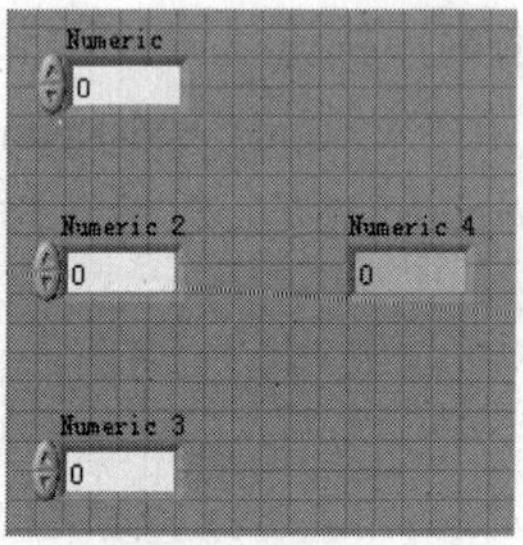

图 2-22　调整控件位置

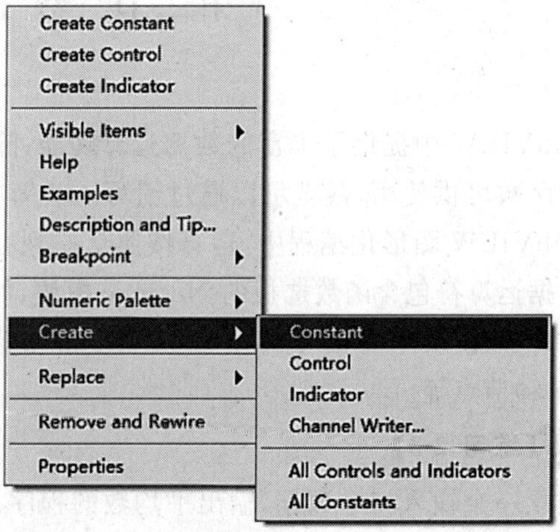

图 2-23　建立常量

（7）完成的程序如图 2-24 所示。

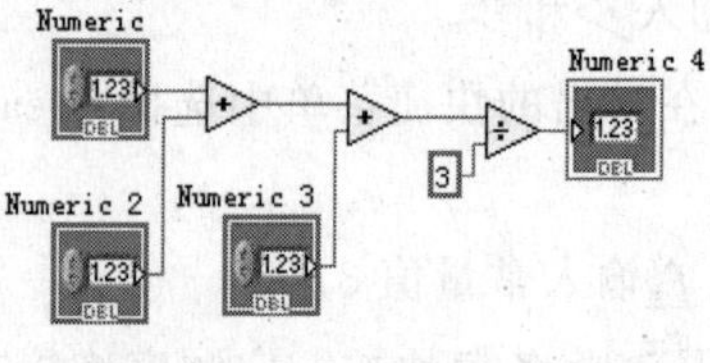

图 2-24　完成的程序

一、关系运算

关系(Comparison)运算也称比较运算,用于判断数据间的大小、等于、不等于、大于或等于、小于或等于等关系。关系运算模块在函数选板的 Comparison(Functions→Programming→Comparison)子模板中,如图 2-25 所示。

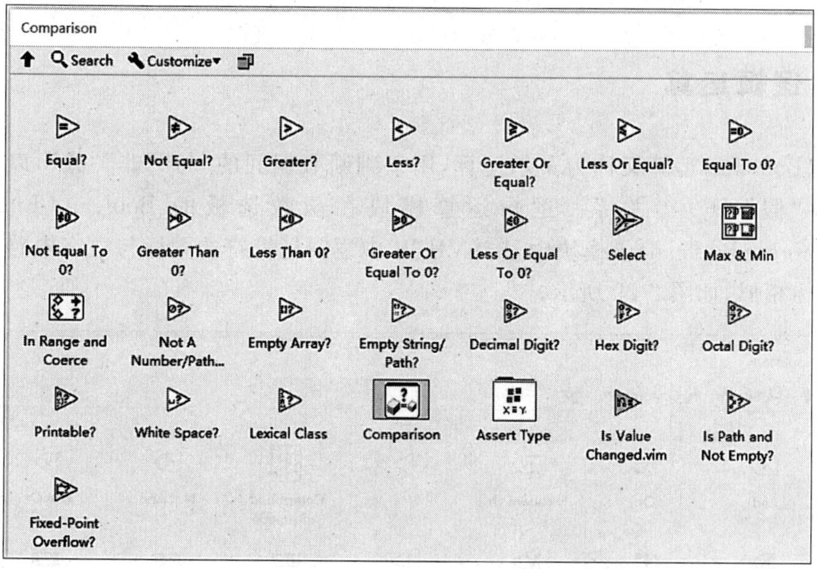

图 2-25　关系运算模块

【练习 2-4】

建立一个 VI 程序,该程序用于比较两个输入数值的大小,并且输出较大数值的平方值。

(1) 新建一个 Blank VI。

(2) 在前面板中放入两个 Numeric Control 控件(Modern→Numeric→Numeric Control)和一个 Numeric Indicator 控件(Modern→Numeric→Numeric Indicator),并更改标签为“X:”“Y:”“较大值的平方:”,如图 2-26 所示。

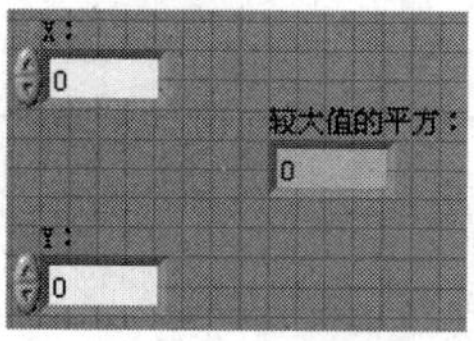

图 2-26　前面板控件

(3) 进入框图程序窗口,加入(Functions→Programming→Numeric→Square)、(Functions→Programming→Comparison→Select)和(Functions → Programming → Comparison → Greater)。

(4) 如图 2-27 所示,连接各控件。

(5) 运行程序,前面板中的程序运行效果如图 2-28 所示。

(6) 保存程序,退出。

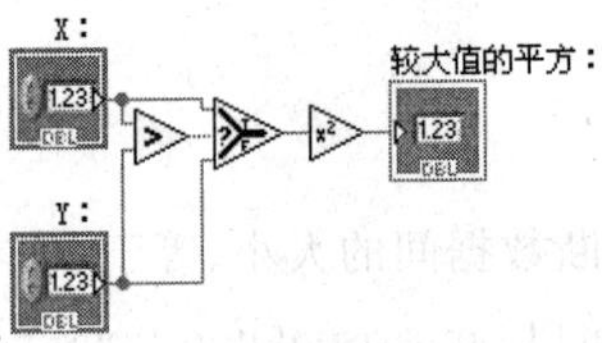

图 2-27　连接各控件

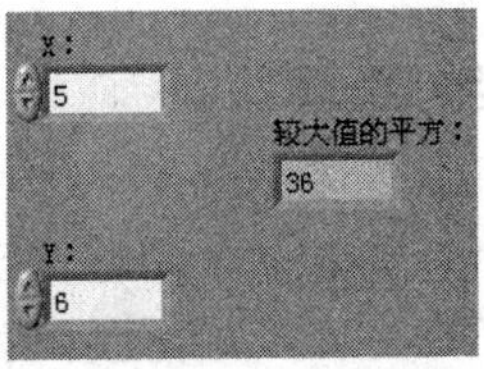

图 2-28　程序运行效果

二、逻辑运算

逻辑(Boolean)运算又称为布尔运算,用于判断数据间的"与""非""或",以及数据的"真"(T)"假"(F)等关系。逻辑运算模块在函数选板的 Boolean(Functions→Programming→Boolean)子模块中,LabVIEW 中逻辑运算符的图标与数字电路中逻辑运算符的图标相似,如图 2-29 所示。

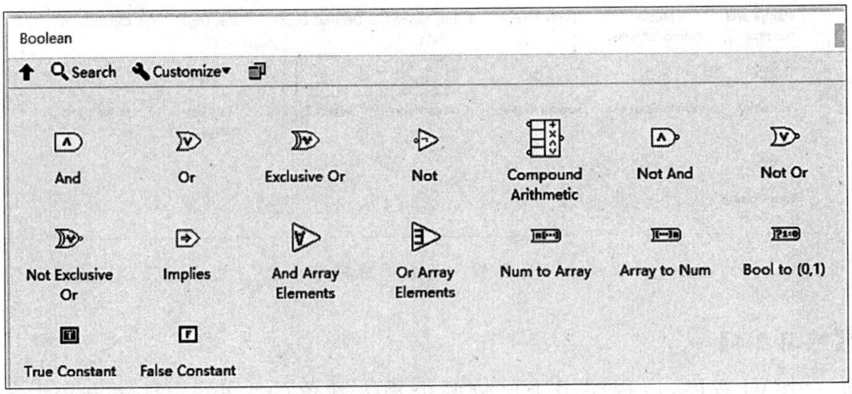

图 2-29　逻辑运算模块

逻辑运算中的常用逻辑关系介绍如下。

(1) And :两个输入条件都为"真"时,输出为"真",否则为"假",如表 2-3 所示。

表 2-3　And 真值表

X(输入)	Y(输入)	输出
T	T	T
T	F	F
F	T	F
F	F	F

(2) Or :两个输入条件有一个为"真"时,输出为"真",否则为"假",如表 2-4 所示。

表 2-4 Or 真值表

X(输入)	Y(输入)	输出
T	T	T
T	F	T
F	T	T
F	F	F

(3) Exclusive Or：两个输入条件有一个为“真”，一个为“假”时，输出为“真”；两个输入条件相同时，输出为“假”，如表 2-5 所示。

表 2-5 Exclusive Or 真值表

X(输入)	Y(输入)	输出
T	T	F
T	F	T
F	T	T
F	F	F

(4) Not：输出与输入值相反，如表 2-6 所示。

表 2-6 Not 真值表

X(输入)	输出
T	F
F	T

(5) Not And：只有两个输入条件都为“真”时，输出为“假”，否则输出全部为“真”，如表 2-7 所示。

表 2-7 Not And 真值表

X(输入)	Y(输入)	输出
T	T	F
T	F	T
F	T	T
F	F	T

(6) Not Or：只有两个输入条件都为“假”时，输出为“真”，否则输出全部为“假”，如表 2-8 所示。

表 2-8　Not Or 真值表

X(输入)	Y(输入)	输出
T	T	F
T	F	F
F	T	F
F	F	T

(7) Not Exclusive Or：两个输入条件相同时为“真”，不同时为“假”，如表 2-9 所示。

表 2-9　Not Exclusive Or 真值表

X(输入)	Y(输入)	输出
T	T	T
T	F	F
F	T	F
F	F	T

【练习 2-5】

编写一个用于判断数值大小的程序，当两个数值都大于等于 100 时绿指示灯亮，有一个数值大于 100 时红指示灯亮。

(1) 在前面板上放置控件，如图 2-30 所示。

(2) 更改控件效果，选中 Boolean 2 控件，右击，弹出 Boolean Properties：Boolean 2 对话框，如图 2-31 所示。

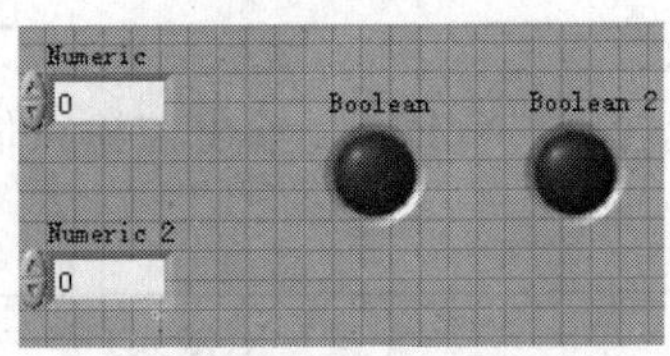

图 2-30　前面板控件

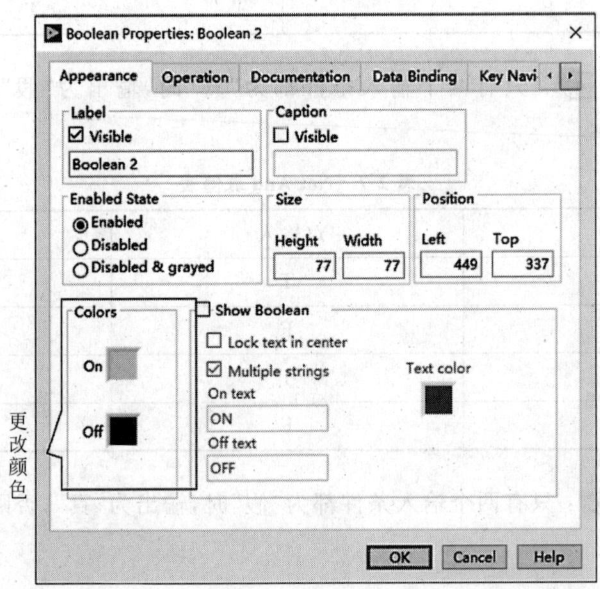

图 2-31　Boolean Properties：Boolean 2 对话框

(3) 单击 或 ，会出现颜色窗口，如图 2-32 所示，选择不同的颜色即可完成 On 和 Off 两种情况下的颜色设置。参考程序如图 2-33 所示。

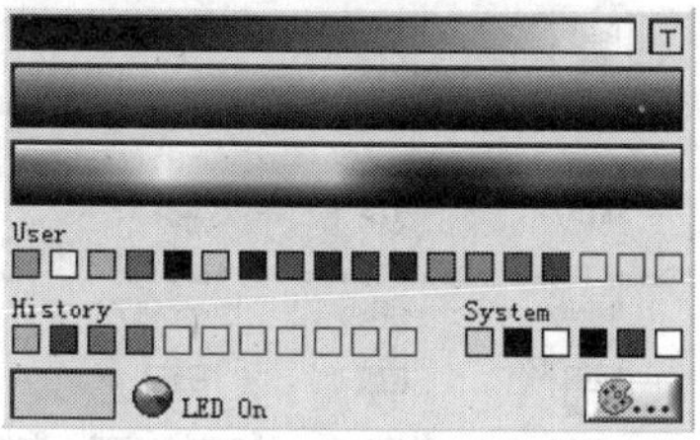

图 2-32　颜色窗口

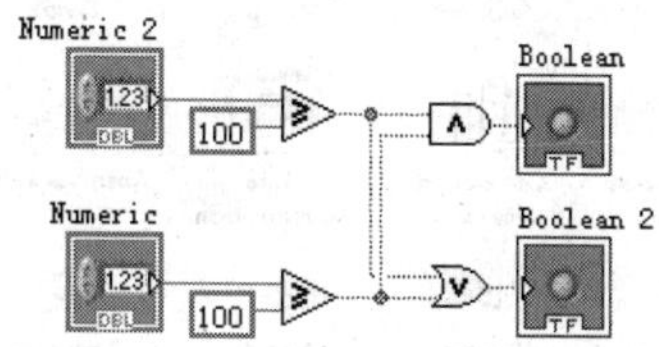

图 2-33　参考程序

(4) 程序运行效果如图 2-34 所示。

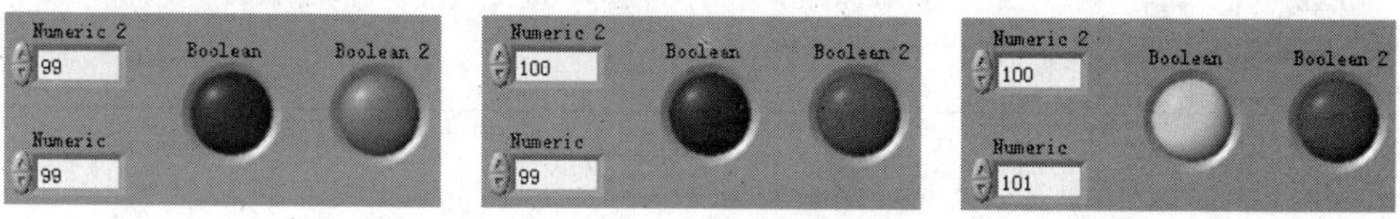

图 2-34　程序运行效果

【练习 2-6】

编写一个可以判断两个数大小的程序，当 A>B 时，指示灯亮。操作过程略，运行效果与参考程序如图 2-35 所示。

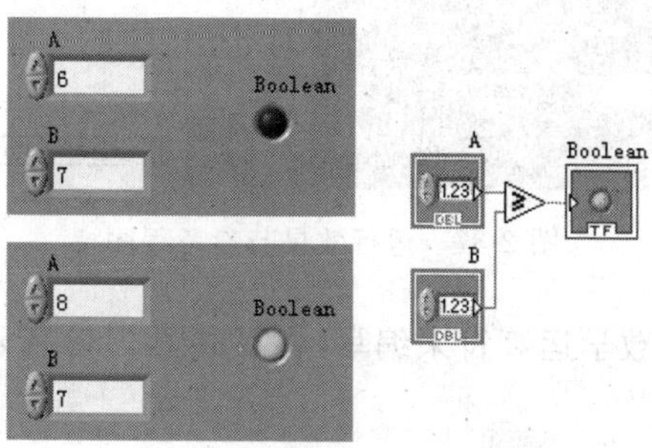

图 2-35　运行效果与参考程序

三、表达式节点

表达式节点(Expression Node)在函数选板的 Numeric(Functions→Programming→Numeric→Expression Node)子模块中，如图 2-36 所示。

使用表达式节点可以计算包含一个变量的数学表达式，该节点允许使用除复数外的任何数字类型。

在表达式节点中可以使用的函数有 abs、acos、acosh、asin、asinh、atan、atanh、ceil、cos、cosh、cot、csc、exp、expml、floor、getexp、getman、int、intrz、ln、lnpl、log、log2、max、

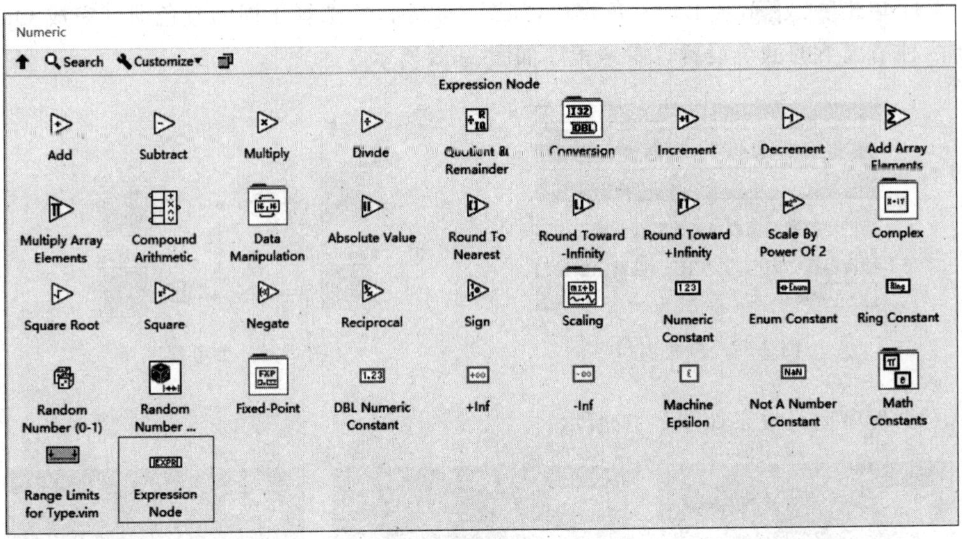

图 2-36　表达式节点

min、mod、rand、rem、sec、sign、sin、sinc、sinh、sqrt、tan、tanh。

【练习 2-7】

利用表达式节点编辑公式 $x^2+33(x+5)$，输入 X，显示结果 Y。操作过程略，运行效果与参考程序如图 2-37 所示。

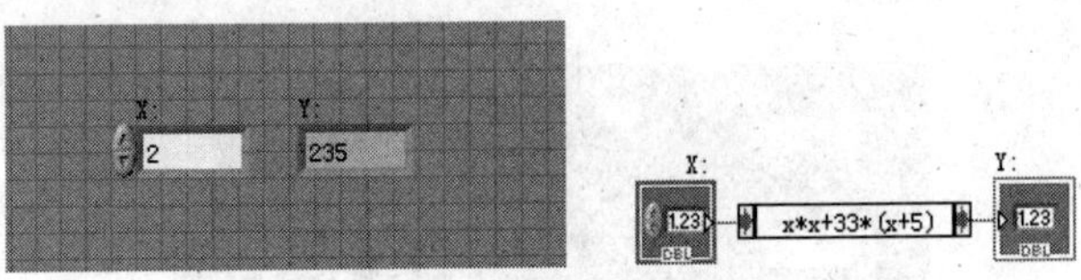

图 2-37　运行效果与参考程序

以上框图程序如果用数学运算符来编写，将写成图 2-38 所示形式。

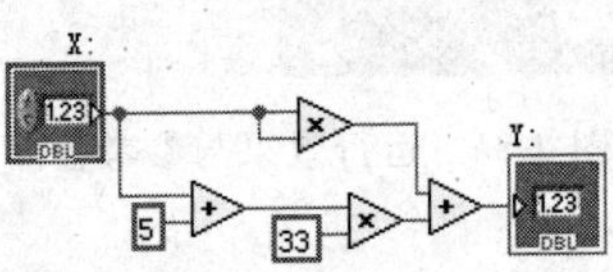

图 2-38　利用数学运算符编写的程序

通过以上两个框图程序的对比，可以看出采用表达式节点编辑公式更加简捷，易于调试和分析，这对于较为复杂的程序来说显得尤为重要。

【练习 2-8】

给定任意 X，求表达式 $Y=2X^2+\mathrm{COX}(X)$的值。操作过程略，运行效果与参考程序如图 2-39 所示。

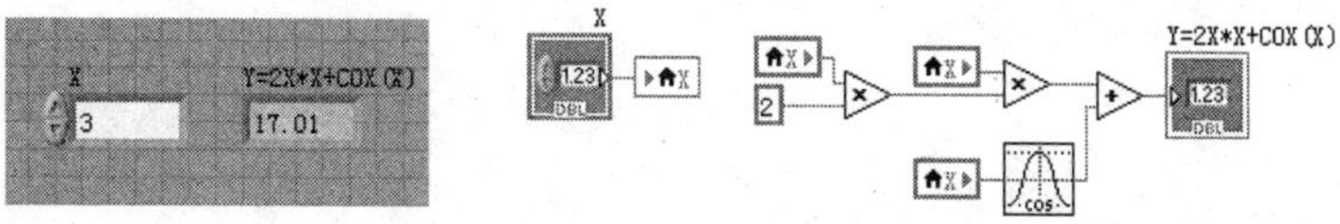

(a) 运行效果　　　　(b) 参考程序

图 2-39　运行效果与参考程序

【练习 2-9】

编写一个温度监测器，设置报警上限。开启报警时，若温度超过报警上限，则报警灯点亮。温度值是由随机数发生器产生的。运行效果与参考程序如图 2-40 所示。

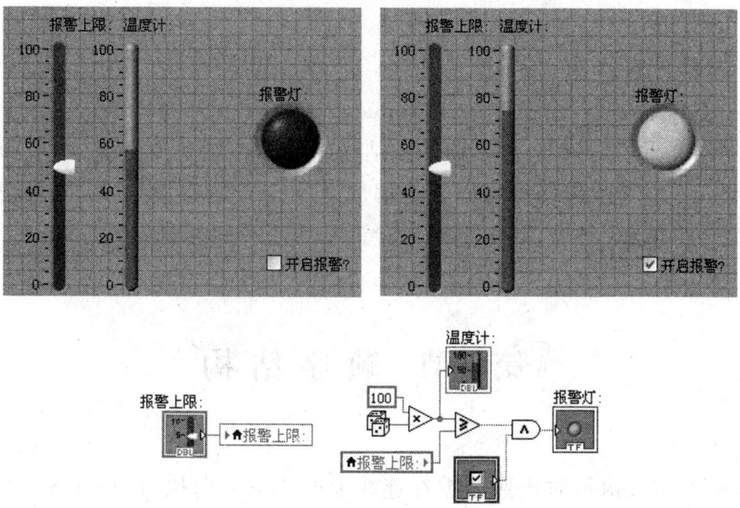

图 2-40　运行效果与参考程序

【练习 2-10】

利用随机数模块产生三个 1～6 的随机数，如果这三个随机产生的数相等，则指示灯亮。在前面板放置控件，如图 2-41 所示。

参考程序如图 2-42 所示。

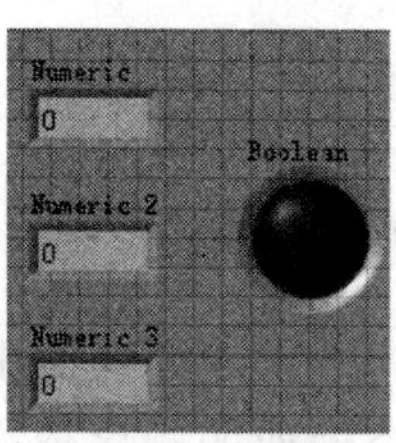

图 2-41　前面板控件

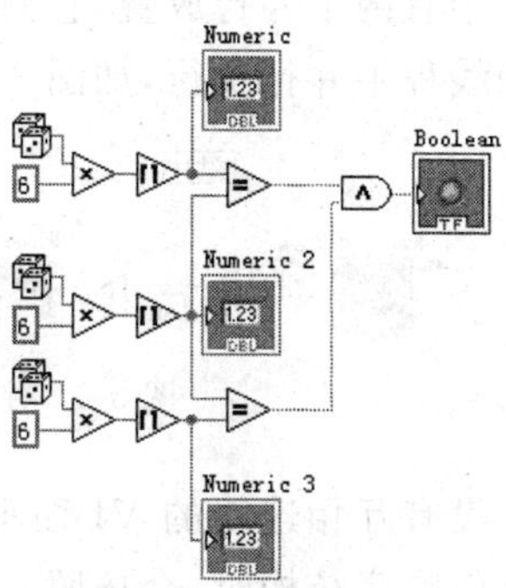

图 2-42　参考程序

第三章　程序结构

任何复杂的算法都可以由顺序结构(Sequence Structure)、循环结构(Loop Structure)和选择(分支)结构(Case Structure)三种基本结构组成。在构造算法时,也仅以这三种结构作为基本单元。一个复杂的程序可以被分解成若干个结构以及若干层子结构,从而使程序的结构层次分明、清晰易懂,易于正确性验证和纠正程序中的错误。

第一节　顺序结构

LabVIEW 程序在执行时按照数据在连线上的流动方向执行,如图 3-1 所示。其整个过程就是一个从左向右的顺序过程。

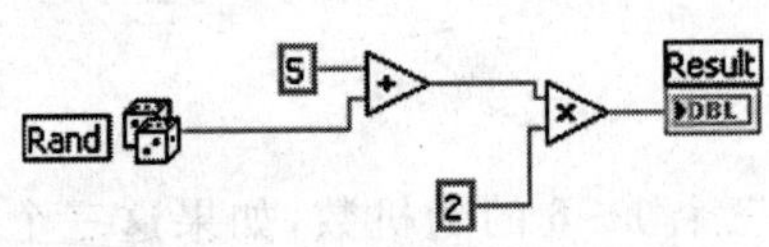

图 3-1　数据在连线上的流动方向

如果在程序中有两个并行放置,它们之间没有任何连线的模块,则 LabVIEW 会把它们放置到不同的线程中并行执行,如图 3-2 所示。

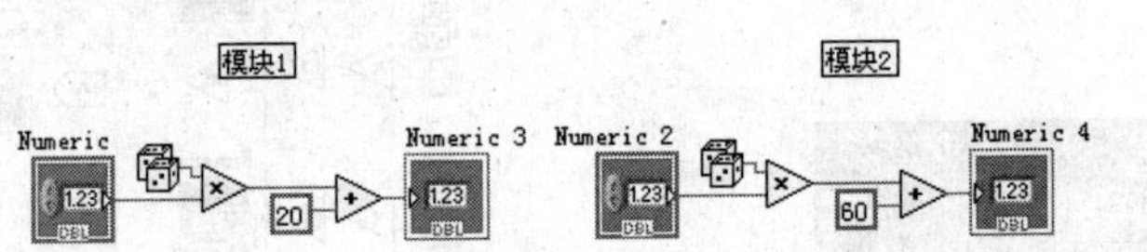

图 3-2　并行执行的两个程序

如果让几个没有互相连线的 VI 程序按照一定的顺序执行,可以使用顺序结构来完成。当程序运行到顺序结构时,会按照一个框架接着一个框架的顺序依次执行。每个框架中的代码全部执行结束时,才会再开始执行下一个框架。把代码放置在不同的框架中,即可保证它们的执行顺序。

LabVIEW 有平铺式顺序结构和层叠式顺序结构两种形式，这两种顺序结构功能完全相同。平铺式顺序结构把所有的框架按照从左到右的顺序展开在 VI 的框图上；而层叠式顺序结构的每个框架是重叠的，只有一个框架可以直接在 VI 的框图上显示出来。

当图 3-2 中的两个模块运行时，如果要先执行模块 1，再执行模块 2，就可以使用 Flat Sequence Structure 顺序结构，通过 Functions → Programming → Structures → Flat Sequence Structure 可以将结构框架放在框图程序窗口，如图 3-3 所示。

在结构框架上右击，在弹出的快捷菜单中选择 Add Frame After 或 Add Frame Before 命令，可以增加框架数量，如图 3-4 所示。将模块 1 和模块 2 分别放入两个框架中，如图 3-5 所示，程序将先执行模块 1，再执行模块 2。

图 3-3　结构框架

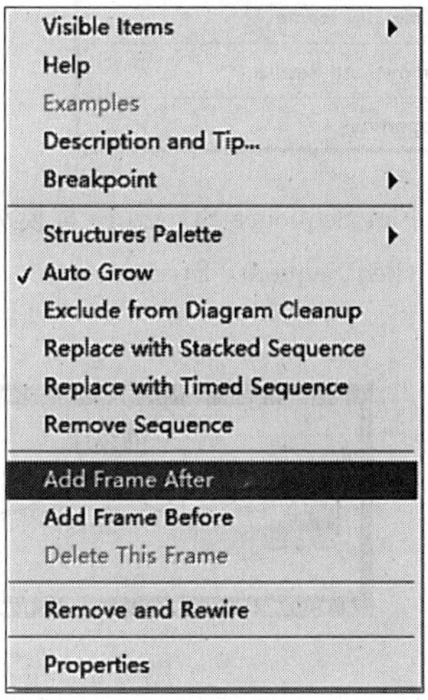

图 3-4　增加结构框架数量

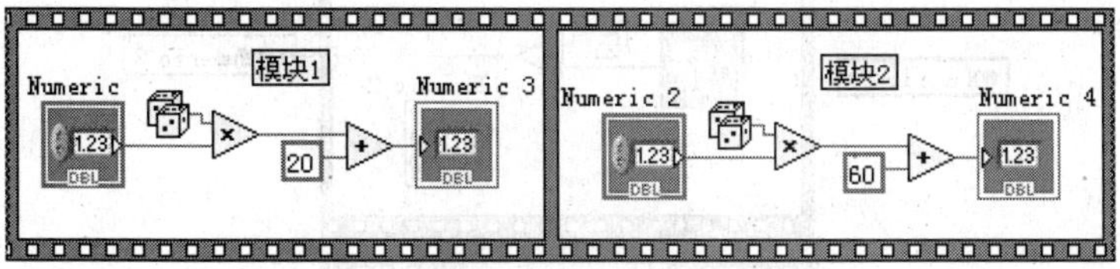

图 3-5　先执行模块 1，再执行模块 2

也可以使用 Stacked Sequence Structure 结构。在结构框架上右击，在弹出的快捷菜单中选择 Replace with Stacked Sequence 命令，如图 3-6 所示。使用 Stacked Sequence Structure 结构的程序如图 3-7 所示。

平铺式顺序结构只需通过数据线连接就可以在不同框架中传递数据，如图 3-8 所示；而层叠式顺序的不同框架之间如需传递数据，就需要使用局部变量，如图 3-9 所示。

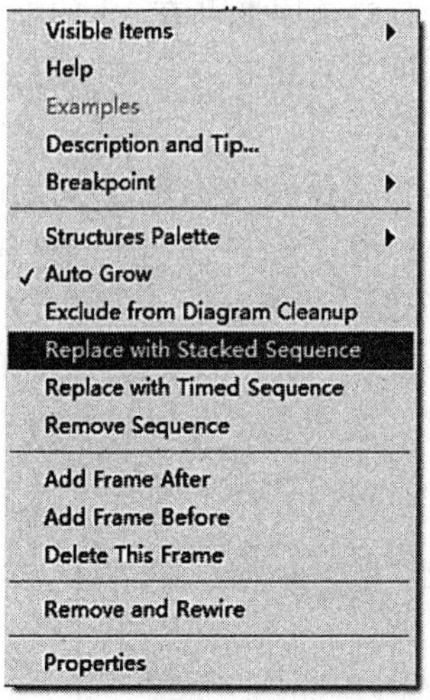

图 3-6 将 Flat Sequence Structure 替换为 Stacked Sequence Structure

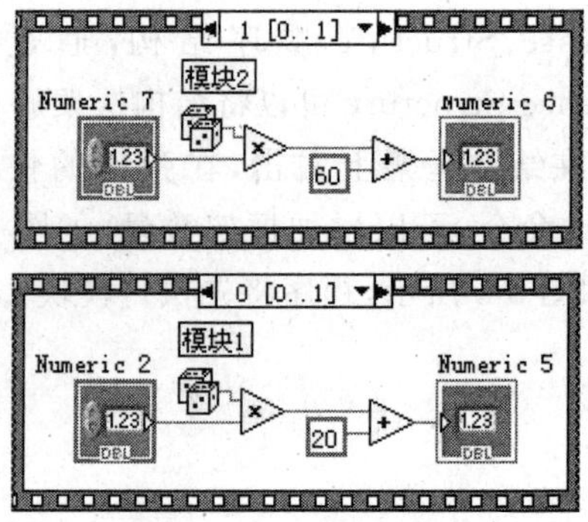

图 3-7 使用 Stacked Sequence Structure 结构的程序

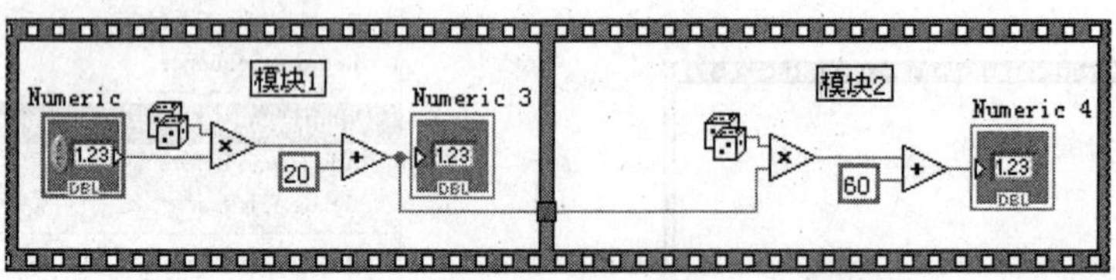

图 3-8 在不同框架中通过数据线传递数据

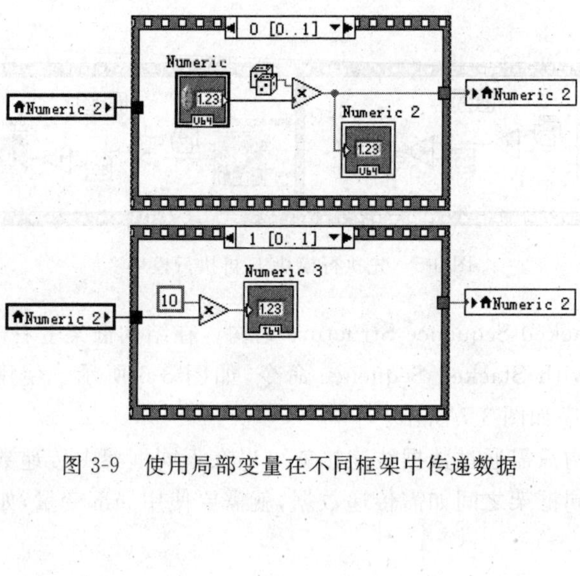

图 3-9 使用局部变量在不同框架中传递数据

第二节 循环结构

一、while 循环

while 循环可以反复执行循环内的框图程序，直至到达某个指定条件。它类似于文本编程语言中的 do 循环。

```
do
    {
     循环体；
    } while (条件判断)
```

while 循环模块是一个大小可变的方框(Functions→Programming→Structures→while Loop)，用于执行框中的程序，直到条件端子接收到的布尔值为 False。

while 循环有如下特点。

(1) 计数从 0 开始(i=0)。

(2) 先执行循环体，而后 i+1。如果循环只执行一次，那么循环输出值 i=0。

(3) 条件端口用于判断循环是否继续执行。

(4) 循环至少要运行一次。

while 循环如图 3-10 所示。

条件端子对循环的控制有多种方式。虽然图 3-10 所示的循环默认布尔为 True 时停止，但也可以改变为布尔为 True 时继续，方法如下。

(1) 选中条件端子。

(2) 右击，在弹出的快捷菜单中选择 Continue if True 命令，如图 3-11 所示，确定循环执行的条件。

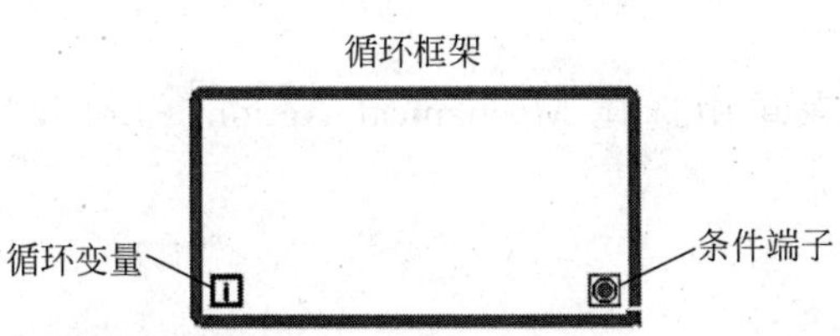

图 3-10 while 循环

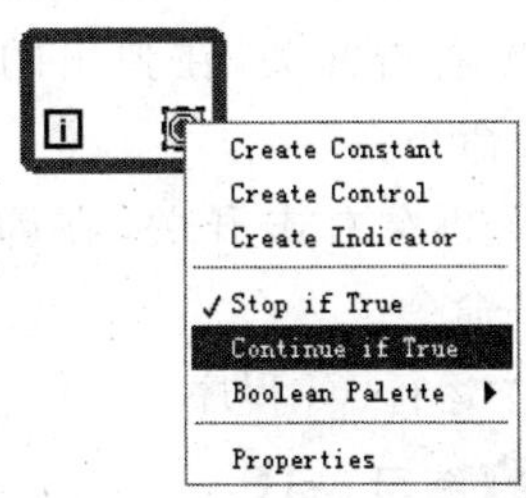

图 3-11 确定循环执行的条件

【练习 3-1】

使用 while 循环显示随机数序列，当布尔开关为 True 时停止。操作过程略，运行效果与参考程序如图 3-12 所示。

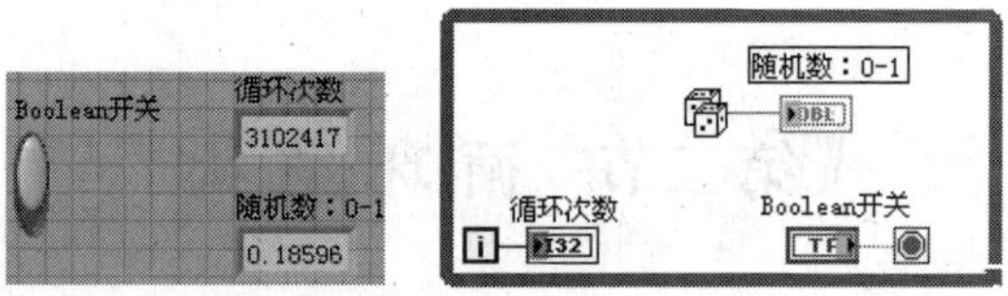

图 3-12　运行效果与参考程序

布尔开关有六种机械动作属性可供选择，在前面板上右击开关，在弹出的快捷菜单中选择 Mechanical Action 命令，在其级联菜单中即可看到这些可选动作，如图 3-13 所示。

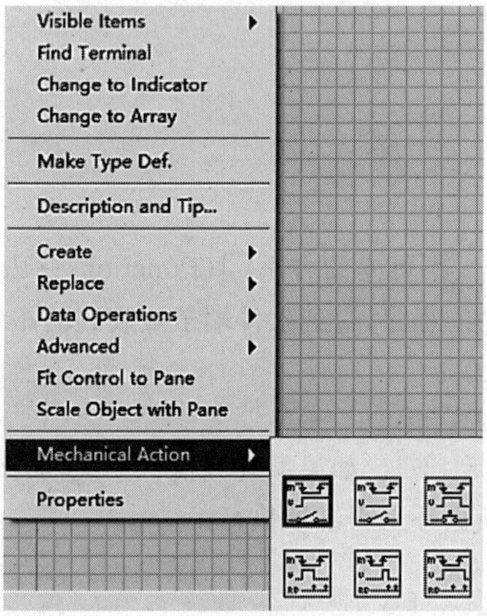

图 3-13　布尔开关机械动作属性

【练习 3-2】

VI 程序中的布尔开关默认值为 False，现修改垂直开关的属性，使每次运行 VI 程序时无须先打开关。

(1) 用操作工具接通垂直开关(ON 位)。

(2) 右击开关，在弹出的快捷菜单中选择 Data Operations→Make Current Value Default 命令。

(3) 再次右击开关，在弹出的快捷菜单中选择 Mechanical Action→Latch When Pressed 命令。

(4) 运行 VI 程序。

【练习 3-3】

制作一个投票表决器，当打开开关的数量不同时，光柱长度也会随之改变。布尔开关的机械动作设置如图 3-14 所示。

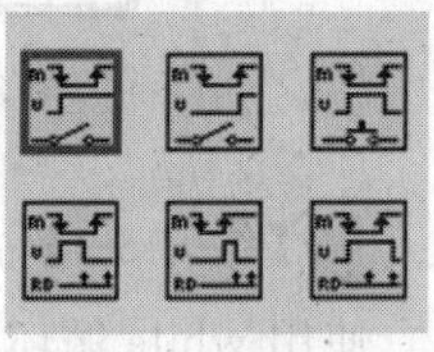

图 3-14　机械动作设置

程序运行效果与参考程序如图 3-15 所示。

前面板操作步骤如下。

(1) 选择 File→New 命令，创建一个新的 VI 程序。

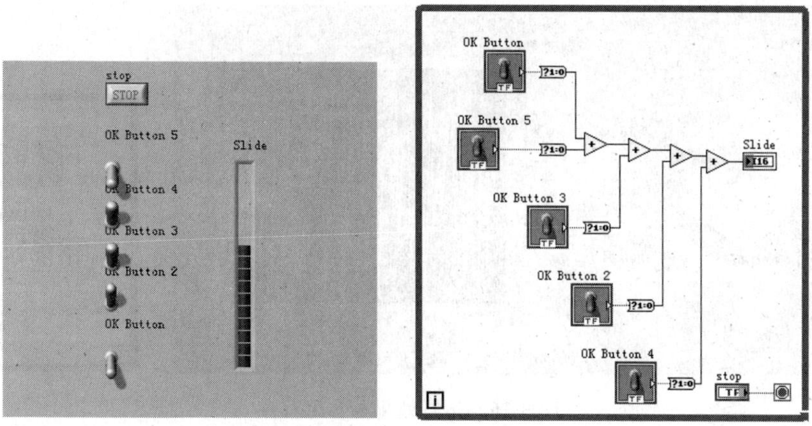

图 3-15　运行效果与参考程序

(2) 在前面板中放置五个开关(Controls→Modern→Boolean→Vertical→Toggle→Switch)和一个滑块(Controls→Modern→Numeric→Vertical Progress Bar)。

(3) 调整好各控件的位置。

框图程序窗口操作步骤如下。

(1) 从 Functions→Structures 中选择 while 循环,将其放置在流程图中,调整大小并将相关对象移到循环圈内。

(2) 在框图程序窗口中加入四个加法运算模块(Functions→Programming→Numeric→Add)。

(3) 在框图程序窗口中加入五个 Boolean To(0-1)模块(Functions→Programming→Boolean→Boolean To(0-1))。模块当为"真"时输出 1,否则输出 0。

(4) 参照框图程序连线。

(5) 运行该程序,只要设置的条件为"真",循环程序就会持续运行。当改变的状态时,就会看到随着发生变化。

(6) 把该程序保存为"表决器.vi"。

【练习 3-4】

使用 while 循环和图表获得数据,并实时显示。创建一个可以产生并在图表中显示随机数的程序。前面板有一个控制旋钮,可在 0～10s 调节循环时间;还有一个开关,可以中止程序运行。运行效果与参考程序如图 3-16 所示。

前面板操作步骤如下。

(1) 选择 File→New 命令,创建一个新的 VI 程序。

(2) 在前面板中放置一个开关(Controls→Modern→Boolean→Push Button),并设置开关的标签为"开关:"。

(3) 在前面板中放置一个波形图(Controls→Modern→Graph→Waveform Chart),并设置波形图的标签为"随机信号:"。该图表用于实时显示随机数。

(4) 用标签工具把图表纵坐标最大值改为 1.0。

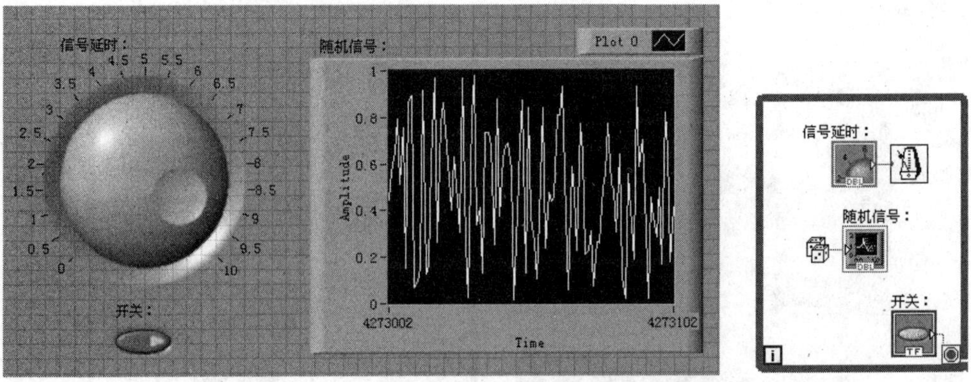

图 3-16　运行效果与参考程序

(5) 在前面板中放置一个旋钮(Controls→Modern→Numeric→Knob)，并设置旋钮的标签为“循环延时：”。该旋钮用于控制每次 while 循环结构的循环时间。

框图程序窗操作步骤如下。

(1) 从 Functions→Structures 中选择 while 循环，将其放置在流程图中，调整大小并将相关对象移到循环圈内。

(2) 将随机数功能函数(Functions→Programming→Numeric→Random Number(0-1))放到循环内。

(3) 在循环中放入 (Functions→Programming→Timing→Wait Until Next ms Multiple)。该函数的时间单位是 ms，按前面板旋钮的标度，可以将每次执行时间延迟 0～10ms。

(4) 参照框图程序连线。

(5) 返回前面板，调用操作工具后单击垂直开关并将它打开。

(6) 执行该程序。while 循环的执行次数是不确定的，只要设置的条件为“真”，循环程序就会持续运行。在该练习中，只要开关打开(True)，框图程序就会一直产生随机数，并将其在图表中显示。

(7) 单击垂直开关，中止该 VI 程序。关闭开关这个动作会给循环条件端子发送一个 False 值，从而中止循环。

(8) 右击图表，在弹出的快捷菜单中选择 Data Operations→Clear Chart 命令，清除显示缓存，重新设置图表。

(9) 把该程序保存为“随机信号.vi”。

【练习 3-5】

计算 e 的近似值。

$$e \approx 1 + \frac{1}{1!} + \frac{1}{2!} + \cdots + \frac{1}{n!} \quad \text{精确到：} \quad \frac{1}{n!} < 10^{-5}$$

(1) 在前面板中放置两个数值型控件，分别命名为“e 近似值”和“临界阶次 N”。

(2) 在框图程序窗口中引入 while 循环，并在内部创建一个 for 循环，将 while 循环的 i 加 1 后作为 for 循环的循环次数，给 for 循环添加一个移位寄存器，使初始化值为 1。

(3) 利用 Reciprocal (Functions→Programming→Numeric→Reciprocal)计算各个数阶乘的倒数。

(4) 利用将 n! 的倒数与 1.00×10^{-5} 比较,输出值作为 while 循环结构的循环条件。

(5) 创建一个 for 循环,对各个数阶乘的倒数求和,并将结果输出给“e 近似值”。

(6) 将 while 循环的索引功能设为 Enable Indexing,如图 3-17 所示。完成的程序如图 3-18 所示。

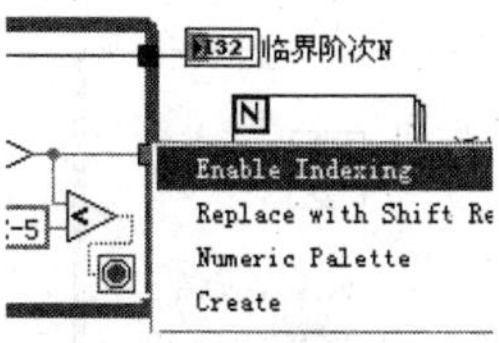

图 3-17 设置索引功能

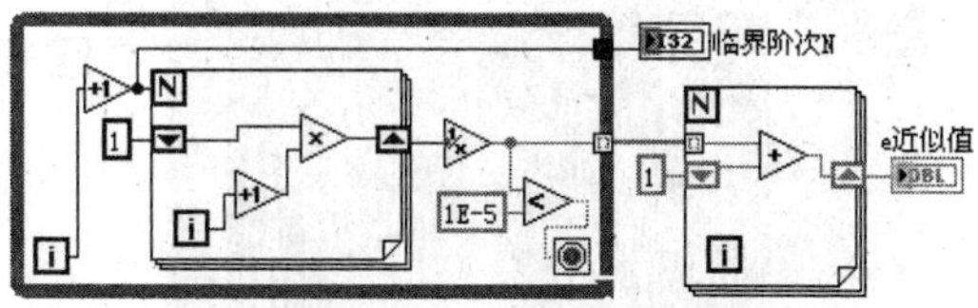

图 3-18 完成的程序

运行程序效果如图 3-19 所示。

图 3-19 程序运行效果

二、for 循环

如果预先知道某程序段重复执行的次数,就可以使用 for 循环。它类似于文本编程语言中的 for... next 循环。

```
for (循环初始值;终值;循环变量)
{
  循环体
}
```

构建 for 循环时首先会出现一个小的图标,其大小和位置可以修改。修改方法如下:将鼠标指针放在图标上,当鼠标指针离开图标时,图标会变成,出现八个控制柄,拖曳任一控制柄时,即可创建一个指定大小和位置的 for 循环,如图 3-20 所示。

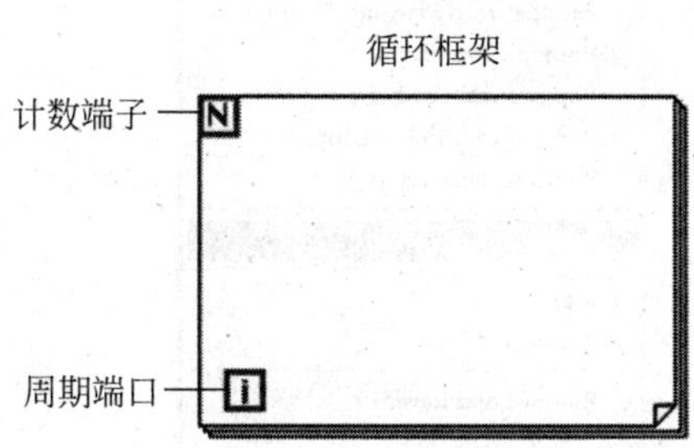

图 3-20 for 循环结构

for 循环将它的框图中的程序执行指定的次数。for 循环具有计数端子和周期端子两个端子。计数端子(输入端子),用于指定循环执行的次数;周期端子(输出端子),含有循环已经执行的次数。

【练习 3-6】

使用 for 循环,在图表上显示产生的 100 个随机数。操作过程略,运行效果与参考程序如图 3-21 所示。

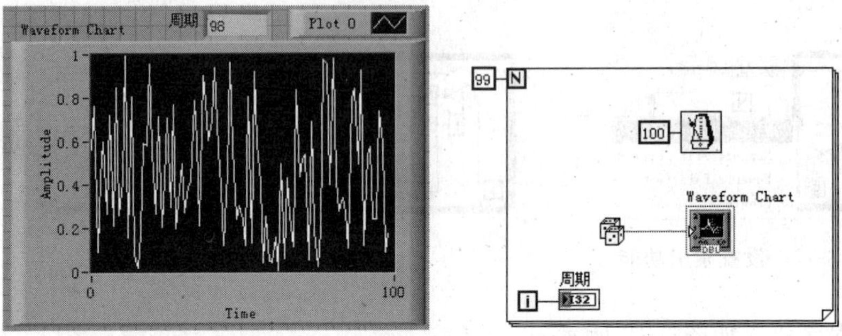

图 3-21　运行效果与参考程序

三、移位寄存器

移位寄存器(Shift Register)用于 while 循环和 for 循环。使用移位寄存器,可在循环体的循环之间传递数据,其功能是将上一次循环的值传递给下一次循环。创建移位寄存器的方法如下:在循环框架的左或右右击,在弹出的快捷菜单中选择 Add Shift Register 命令,如图 3-22 所示。

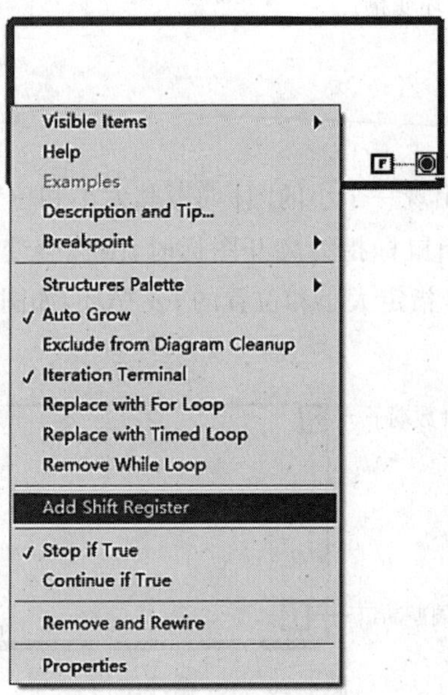

图 3-22　创建移位寄存器

在流程图中移位寄存器常用在循环边框上的一对端子来表示。右边的端子中存储了一个周期完成后的数据，这些数据在该周期完成后将被转移到左边的端子，赋给下一个周期。移位寄存器可以转移各种类型的数据，如数值、布尔数、数组、字符串等，它还会自动适应与它相连接的第一个对象的数据类型。移位寄存器的工作过程如图 3-23 所示。

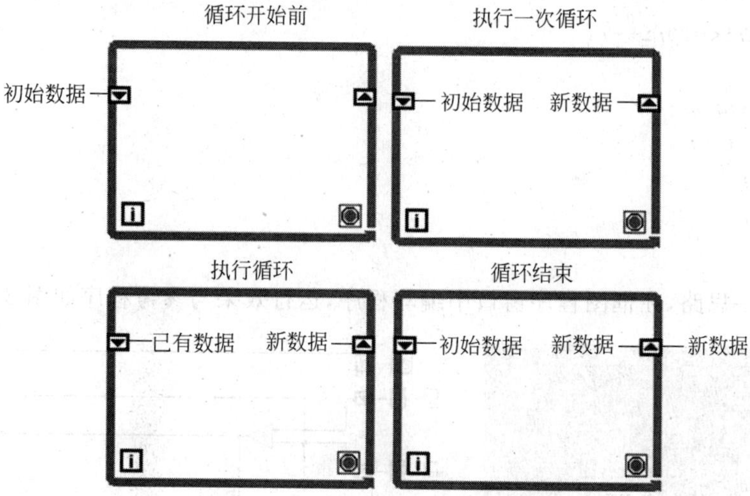

图 3-23 移位寄存器的工作过程

【练习 3-7】

设计一个秒表程序，在屏幕上显示程序运行的时间。操作过程略，运行效果与参考程序如图 3-24 所示。

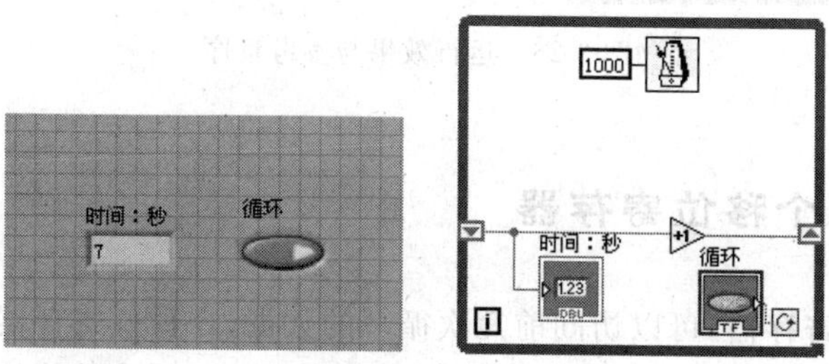

图 3-24 运行效果与参考程序

【练习 3-8】

求序列 1,2,3,4,5,…,20,前 20 项之和。操作过程略，运行效果与参考程序如图 3-25 所示。

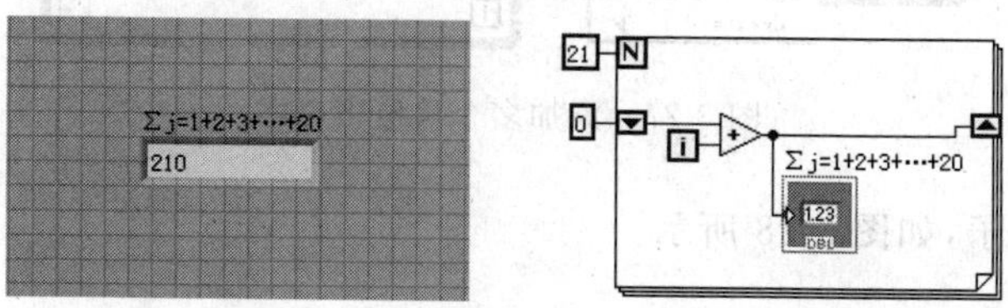

图 3-25 运行效果与参考程序

【练习 3-9】

求分数序列 2/1,3/2,5/3,8/5,13/8,…,前 20 项之和。

算法分析：该序列中每一项的分母都是前一项的分子，而分子又是前一项的分子与分母之和。根据这一特点，可以在文本中将程序写成如下形式：

```
for(i=1;i<=20;i++)
{
    t=m+n;
    s=s+t/n;
    m=n;
    n=t;
}
```

根据这一思路，在框图程序窗口中编写程序，运行效果与参考程序如图 3-26 所示。

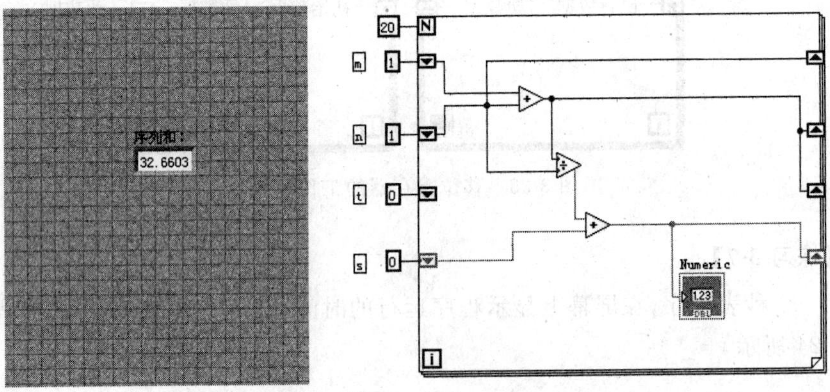

图 3-26　运行效果与参考程序

四、建立多个移位寄存器

添加多个移位寄存器，可以访问前几次循环的数据，令移位寄存器记忆前面多个周期的数值。该功能对于计算数据均值是非常有用的。也可以创建其他的端子访问先前的周期数据。添加多个移位寄存器的方法如图 3-27 所示。

图 3-27　添加多个移位寄存器

删除寄存器端子，如图 3-28 所示。

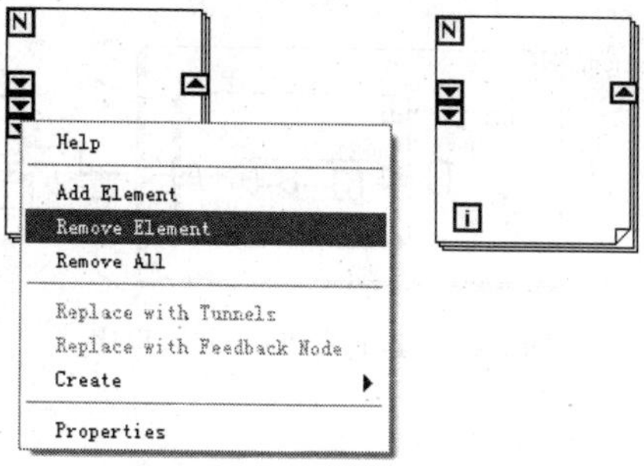

图 3-28　删除寄存器端子

【练习 3-10】

使用 for 循环与移位寄存器实现 n！的运算。这一问题在文本语言程序中可以写成如下形式：

```
void main()
      { int a =1, i, n;
        scanf (" %d ", &n);
        for ( i=0; i<n ; )
        {
          i++;
          a=a * i;
        }
      printf ("n! =%d",a );
      }
```

在 LabVIEW 中编写程序的运行效果与参考程序如图 3-29 所示。

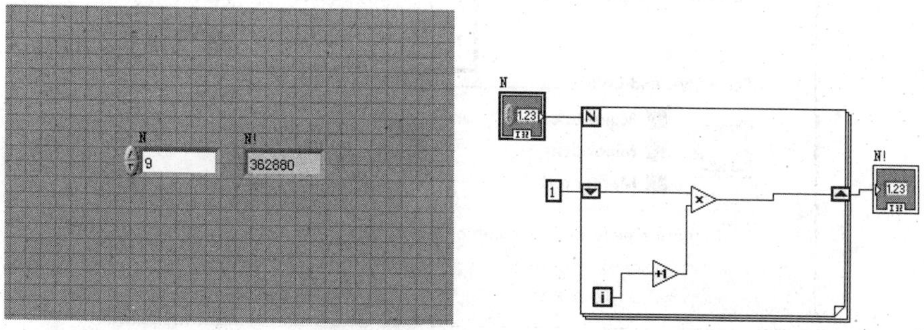

图 3-29　运行效果与参考程序

上面的练习中对移位寄存器设置了初值 1。如果不设该初值，则默认初值是 0。

【练习 3-11】

计算 1～n 所有数的阶乘之和。操作过程略，运行效果与参考程序如图 3-30 所示。

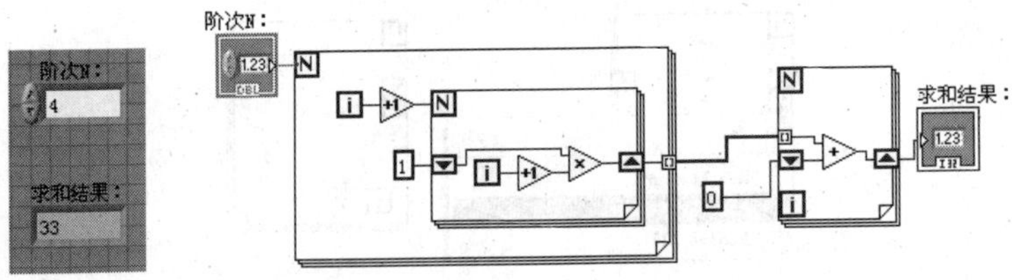

图 3-30 运行效果与参考程序

【练习 3-12】

创建一个可以在图表中显示运行平均数的 VI 程序。

前面板操作步骤如下。

(1) 选择 File→New 命令,创建一个新的 VI 程序。

(2) 在前面板中放置一个波形图表(Controls→Modern→Graph→Waveform Chart),用于显示平均数。

(3) 打开波形图的属性对话框,进行图 3-31 所示设置。

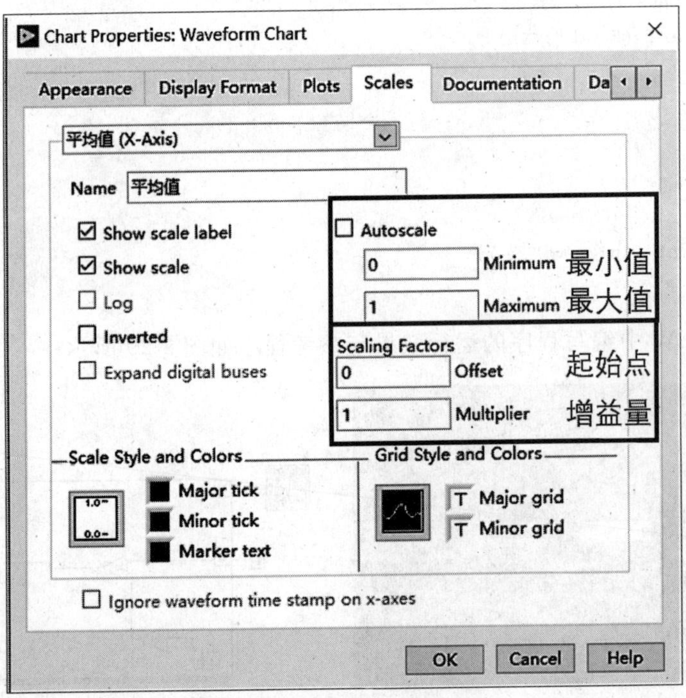

图 3-31 设置波形图的属性

根据框图程序窗口操作步骤如下。

(1) 从 Functions→Structures 中选择 while 循环,将其放置在流程图中,调整大小并将相关对象移到循环圈内。

(2) 右击 while 循环的左边或者右边,在弹出的快捷菜单中选择 Add Shift Register 命令。

(3) 右击寄存器的左端子，在弹出的快捷菜单中选择 Add Element 命令，添加一个寄存器。用同样的方法创建第三个元素。

(4) 加入 Random Number (0-1) 函数 (Functions→Programming→Numeric→Random Number(0-1))，产生 0～1 的某个随机数。

(5) Compound Arithmetic 函数 (Functions→Programming→Numeric→Compound Arithmetic)。

(6) 除法函数模块(Functions→Programming→Numeric)之外。本练习中，它用于返回最近四个随机数的平均值。

(7) Wait Until Next ms Multiple 函数(Functions→Time & Dialog)。本练习中，它将确保循环的每个周期不会比毫秒输入快。本练习中毫秒输入的值是 500。

(8) 右击 Wait Until Next ms Multiple 功能函数的输入端子，在弹出的快捷菜单中选择 Create Constant 命令，出现一个数值常数，并自动与功能函数连接。

(9) 将 Constant 设置为 500，这样连接到函数的数值常数即设置为 500ms 的等待时间，因此循环每半秒执行一次。

(10) 设置移位寄存器端子的初始值为 0.5。

(11) 运行该 VI 程序，观察过程。

(12) 把该 VI 程序保存为"Random Average.vi"。

注意：如果没有设置移位寄存器端子的初始值，其就会含有一个默认数值 0，或者上次运行结束时的数值。本练习中只有循环完三次后移位寄存器中的过去值才会填满，因此第四次循环之前得到的平均数则并不正确。

程序运行效果与参考程序如图 3-32 所示。

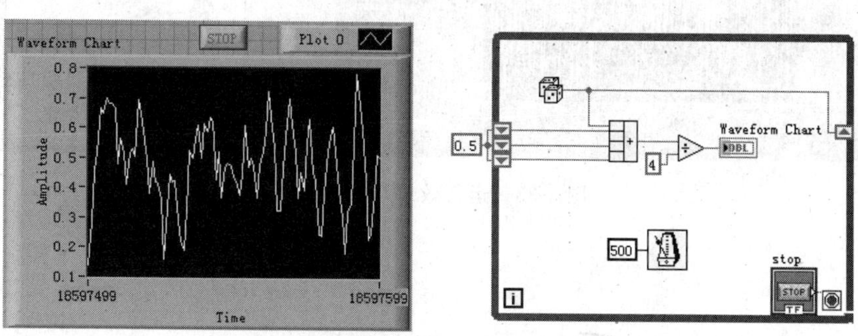

图 3-32　运行效果与参考程序

【练习 3-13】

用 for 循环和移位寄存器计算一组随机数的最大值和最小值。

前面板操作步骤如下。

(1) 打开一个新的前面板，按照图 3-33 所示内容创建对象。

(2) 将三个数字显示对象放在前面板中，设置其标签为 max、min 和"循环次数"。

(3) 将一个波形图表放在前面板中，将图表的纵坐标范围改为 0～1。

框图程序面板操作步骤如下。

(1) 在流程图中放置一个 for 循环(Functions→Structures)。

(2) 在 for 循环的边框处右击,在弹出的快捷菜单中选择 Add Shift Register 命令。

(3) 将下列对象添加到流程图中。

① Random Number (0-1) 函数(Functions→Numeric):产生 0~1 的某个随机数。

② 数值常数(Functions→Numeric):该练习中需要将移位寄存器的初始值设成 0.5。

③ Max&Min 函数(Functions→Comparison):输入两个数值,再将它们的最大值输出到右上角,最小值输出到右下角。

④ 数值常数(Functions→Numeric):设置 for 循环的执行次数,本练习中是 100 次。

框图程序窗口操作步骤如下。

(1) 按照图 3-32 所示参考程序创建连接各个端子。

(2) 设置最小值的输出与显示。

(3) 运行该 VI 程序。

(4) 将该 VI 程序保存为"min max.vi"。

程序运行效果与参考程序如图 3-33 所示。

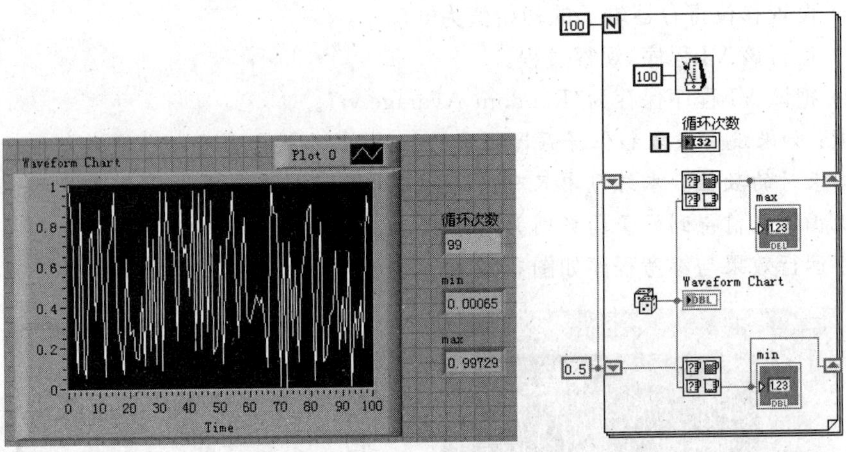

图 3-33　运行效果与参考程序

第三节　分支结构

case 结构是一个可以改变大小的方框(Functions→Programming→Structures→Case Structure)。case 结构中含有两个或者更多的子程序(Case),执行哪一个子程序取决于与选择端子,或者选择对象的外部接口相连接的某个整数、布尔数、字符串或标识的值,所以必须选择一个默认的 case 以处理超出范围的数值,或者直接列出所有可能的输入数值。case 结构如图 3-34 所示,各个子程序占有各自的流程框,在其上沿中央有相应的子程序标识:Ture、False 或 1、2、3…按钮,用来改变当前显示的子程序(各子程序重叠放在屏幕同一位置上)。

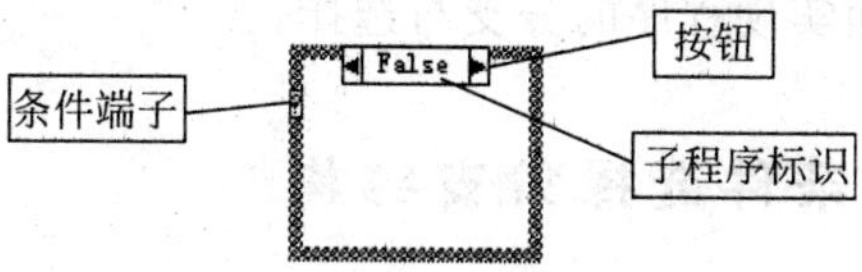

图 3-34　case 结构

LabVIEW 2020 版提供的分支结构包括两种：布尔类型的条件选择分支结构和其他数据类型的多分支结构，类似文本编程中的 if 结构和 case 结构两种情况。如果是文本编程语言，这一结构可以写成如下形式：

```
if(条件 1)
{
    语句 1;
}
else if(条件 2)
{
    语句 2;
}
    …
else
{
    语句 3;
}
```

或

```
switch(表达式)
{
    case 常量表达式 1:
    语句 1;
    break;

    case 常量表达式 2:
    语句 2;
    break;
    ……
    case 常量表达式 n:
    语句 n;
    break;
    default :
    语句 n+1;

}
```

利用 LabVIEW 中 case 结构可以很方便地对不同状态进行判断，并依据判断的情况执行相应的子程序，从而实现程序的分支与选择。

一、布尔类型的条件选择分支结构

布尔类型的条件选择分支结构首先是比较某个数据，其次是把比较结果传递给分支选择器。条件结构中的两个分支分别是比较结果为“真”“假”时需要执行的两个代码。

【练习 3-14】

首先输入一个百分制成绩，要求输出等级 A、B、C、D、E，其中 90 分以上为 A，80～89 分为 B，70～79 分为 C，60～69 分为 D，60 分以下为 E，运行效果如图 3-35 所示。

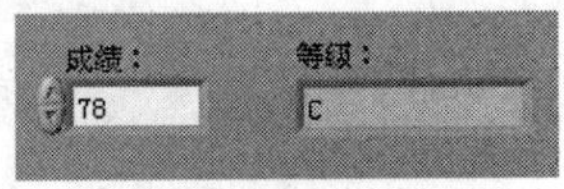

图 3-35　运行效果

算法分析如下。

（1）这是一个对输入数据进行判断的题型，要用到 case 结构。首先判断输入数据是否大于或等于 60，如果判断结果为“假”，则输出低于 60 分的成绩等级为 E；如果为“真”，则继续判断是否大于或等于 70。

（2）如果判断结果为“假”，则输出 60～69 分的成绩等级为 D；如果为“真”，则继续判断是否大于或等于 80。

（3）重复上述过程，直到判断输入数据是否大于或等于 90。

成绩大于 90 分或 80～89 分的参考程序，如图 3-36 所示。

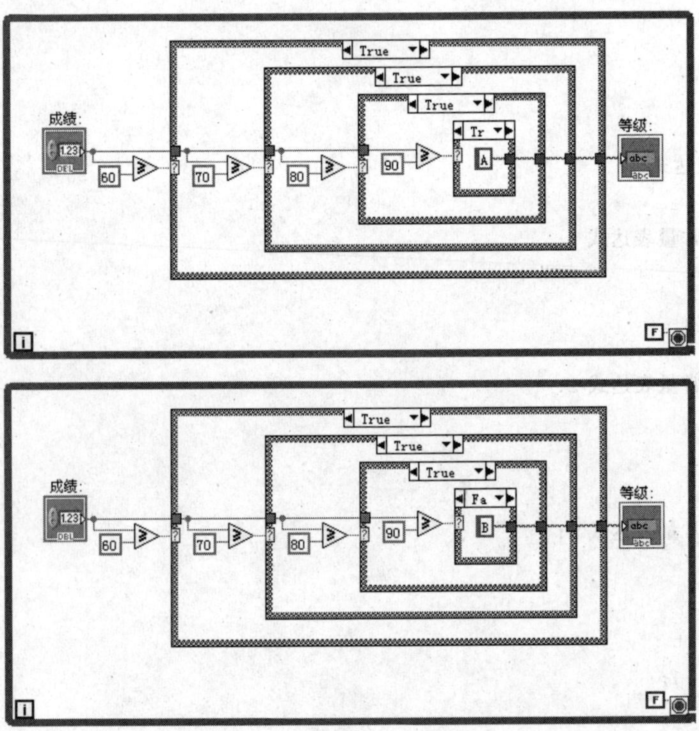

图 3-36　成绩大于 90 分或 80～89 分的参考程序

其他情况：略。

【练习 3-15】

输入一个值，如果输入值等于偶数时，则输出加 2，否则输出加 1。操作过程略，运行效果与参考程序如图 3-37 所示。图 3-37 中，÷R IQ为商与余数模块，可以输出两数相除的商和余数。

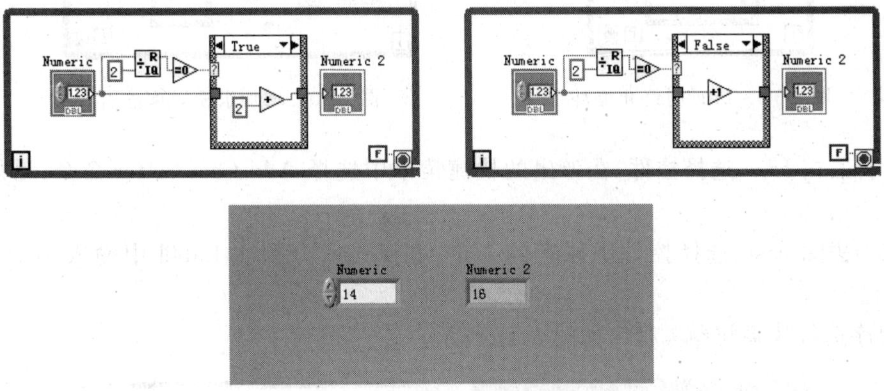

图 3-37 运行效果与参考程序

二、其他数据类型的多分支结构

字符串、整数和枚举类型的数据也可以作为条件结构的条件。其与布尔数据类型的区别在于，布尔数据类型只可能有“真”和“假”两种，而字符串、整数、枚举这三种类型数据可能值可能有多种。

需要注意的是，在使用这些数据类型作为条件时，条件结构中必须选择一个分支作为默认分支。如果数据不满足其他分支条件，则执行默认分支的代码。多分支结构中一般应有 Defaul 条件分支，否则编译程序则会出错。

【练习 3-16】

利用多分支结构设计一个程序，当输入考试分数时，程序会显示成绩的等级，即 90～100 分为 A，70～89 分为 B，60～69 分为 C，59 分及以下为 D。

算法分析如下。

(1) 要求用多分支结构设计程序。

(2) 对输入数据进行除 10 运算，小数部分将会舍去，获得到整数结果。

(3) 判断整数结果，若为 10 或 9，则输出成绩等级 A；若为 7 或 8，则输出成绩等级 B；若为 6，则输出成绩等级 C；其他情况输出成绩等级 D。

操作过程如下。

(1) 在前面板上放置控件，如图 3-38 所示。

图 3-38 前面板控件

(2) 在框图程序窗口加入一个 while 循环和一个 case 选择结构，并且在循环结构的图标上右击，在弹出的快捷菜单中选择 Create Constant 命令，程序变为图 3-39 所示。

(3) 在while循环结构内增加求模运算过程，其中▷为获取小于运算结果的整数，并将运算结果连接到分支选择器(带问号的小矩形)上，程序变为图3-40所示。

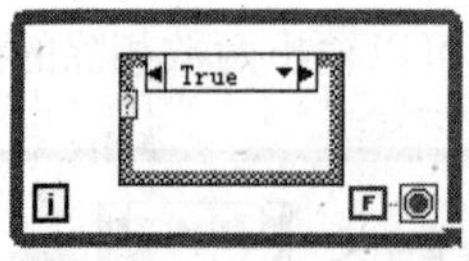

图3-39　True时终止循环

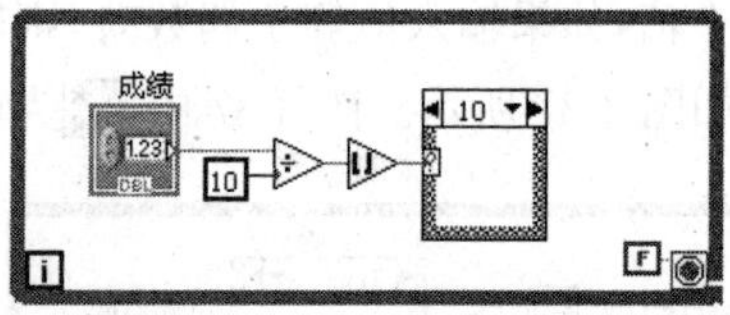

图3-40　增加求模运算过程

(4) 右击case选择控件，在弹出的快捷菜单中选择Add Case After命令，增加一个选择。

(5) 去除case选择控件中原有的True和False，分别在Label中输入10、9、8、7、Default。

程序运行效果与参考程序如图3-41所示。

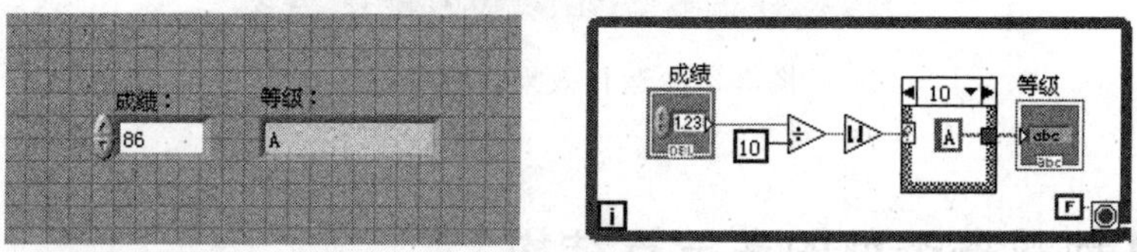

图3-41　运行效果与参考程序

【练习3-17】

设计一个程序，有两个输入数据如A和B，一个输出数据C。当A=1，同时B=2时，C输出A+B；当A=2同时B=1时，C输出A−B；其他情况C输出10000。

算法分析如下。

在文本编程语言中，if语句可以很方便地实现这一功能。例如，VB中的编程如下：

```
If  A = 1 And  B = 2 Then C = A + B
If  A = 2 And  B = 1 Then C = A - B
Else:C = 10000
End If
```

在LabVIEW 2020中，可以通过重复调用条件模块▢来实现这一功能。

操作过程如下。

(1) 在前面板上放置控件，如图3-42所示。

(2) 在框图程序窗口中加入条件模块▢，并将A输入模块并与分支选择器连接，则判断条件会自动改为0 Default和1。在条件模块上右击，在弹出的快捷菜单中选择Add Case After命令，增加一个条件状态2，如图3-43所示。

(3) 在A取值的前提下，加入对B取值的判断，如图3-44所示。

(4) 根据要求，当A=1同时B=2时，C输出A+B。要实现这一要求，就必须要在这一状态下将A、B、C的关系确定为C=A+B，如图3-45所示。

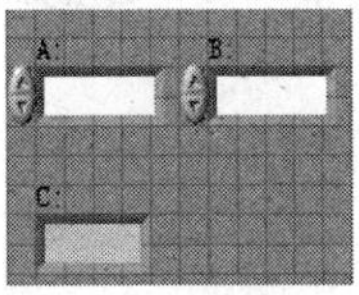

图 3-42　前面板控件

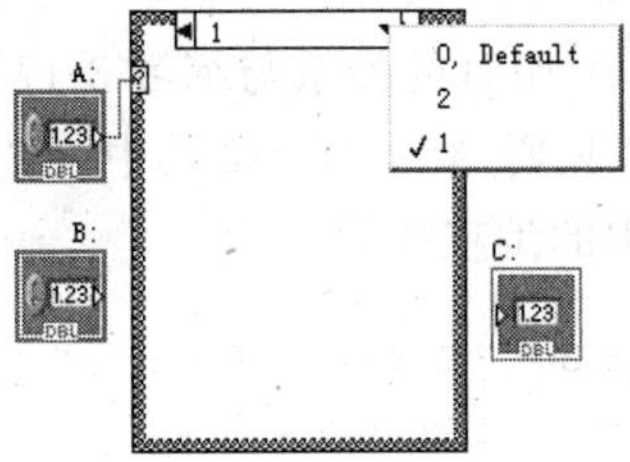

图 3-43　增加条件状态

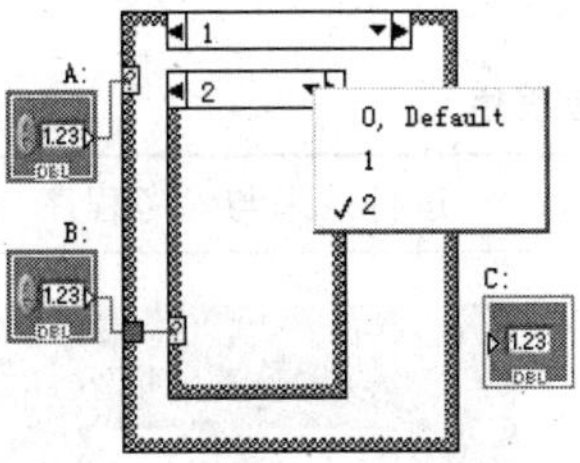

图 3-44　判断 B 取值

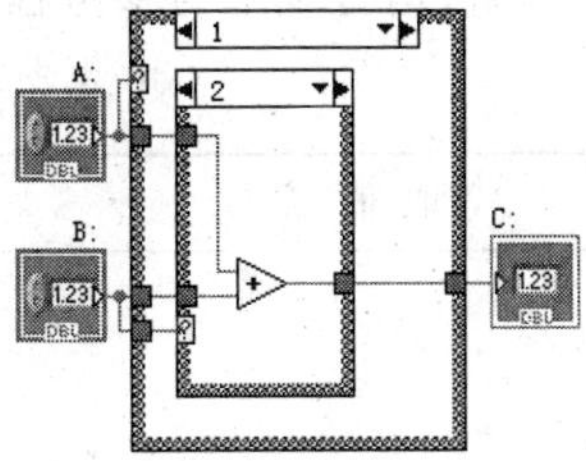

图 3-45　C=A+B

(5) 如果输入为其他情况，则输出 0。

本练习的参考程序如表 3-1 所示。

表 3-1　参考程序

输入条件	程 序 结 构	输入条件	程 序 结 构
A=1 同时 B=2	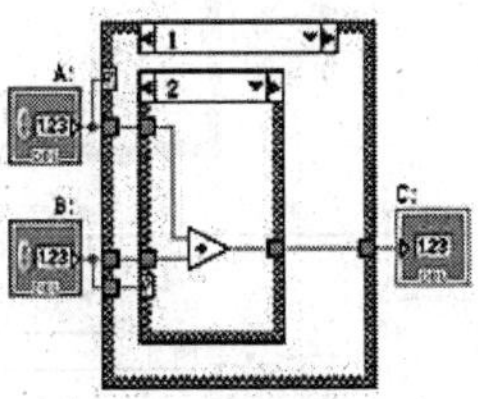	A=2 同时 B=1	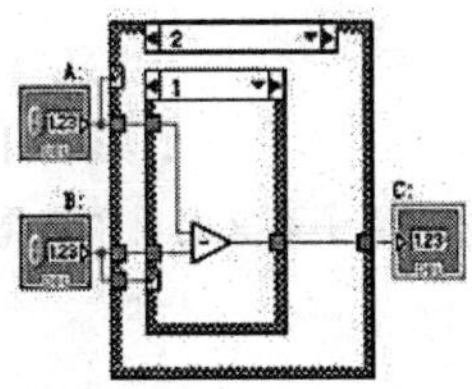
其他情况	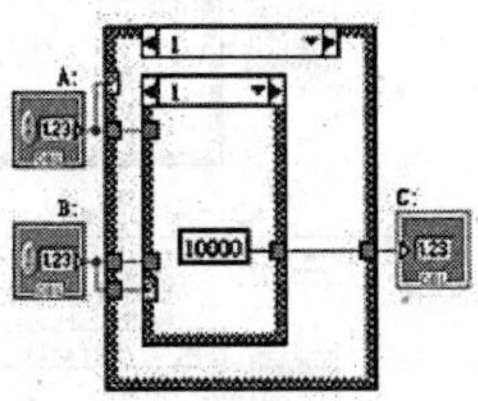	其他情况	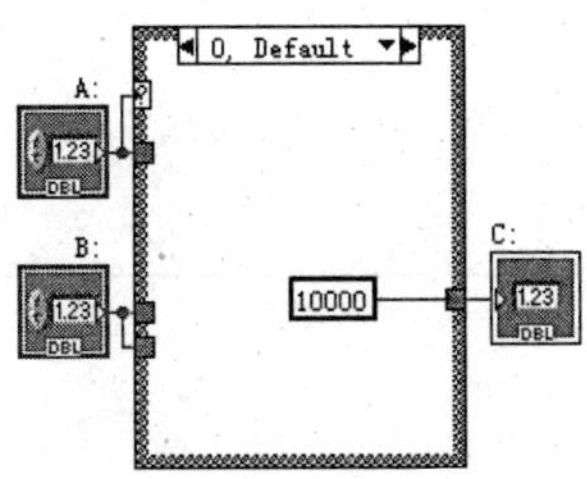

【练习 3-18】

将练习 3-17 的要求改为有两个输入数据 A 和 B，一个输出数据 C。当 A=1 或 B=2 时，C 输出 A+B；当 A=2 或 B=1 时，C 输出 A−B；其他情况 C 输出 10000。

算法分析如下。

本练习中A和B的关系与练习3-17有所不同，A=1、B=2不再是“与”的关系，而是“或”的关系，即只要A=1、B=2其中一个等式成立，就有C=A+B的结果；A=2、B=1也一样。VB中的编程如下：

```
If A = 1 Or B = 2 Then C = A + B
If A = 2 Or B = 1 Then C = A - B
Else: C = 10000
End If
```

操作过程略，运行效果与参考程序如表3-2所示。

表3-2　运行效果与参考程序

取值条件	运行效果与参考程序
前面板程序运行效果	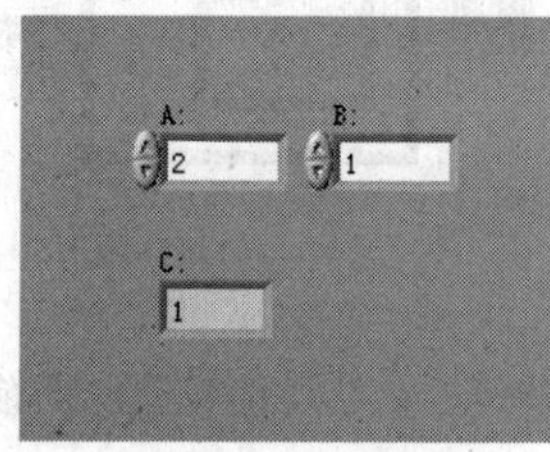
当A为1或2时可不用考虑B的取值情况	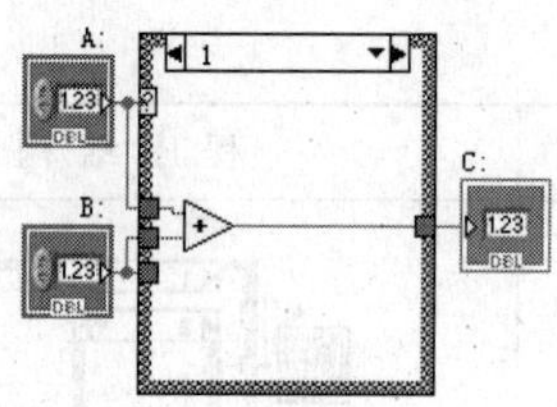
	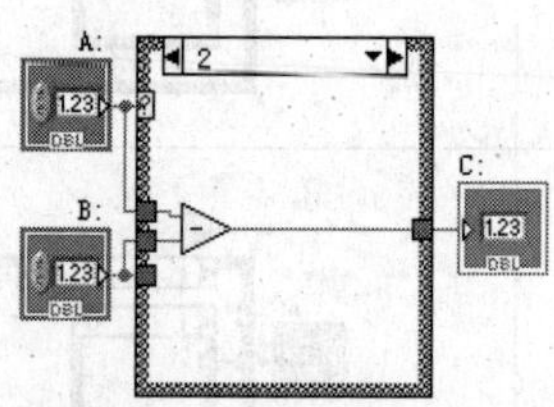
当A、B取值非1、2时的情况	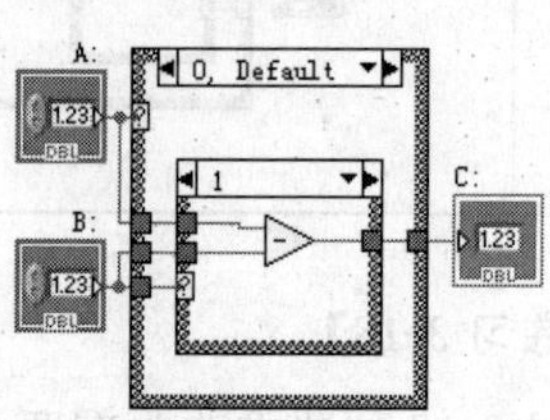

续表

取值条件	运行效果与参考程序
	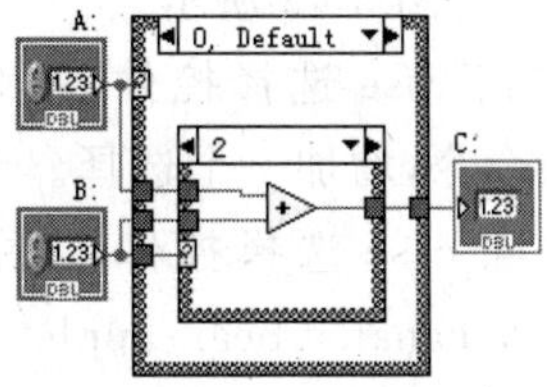 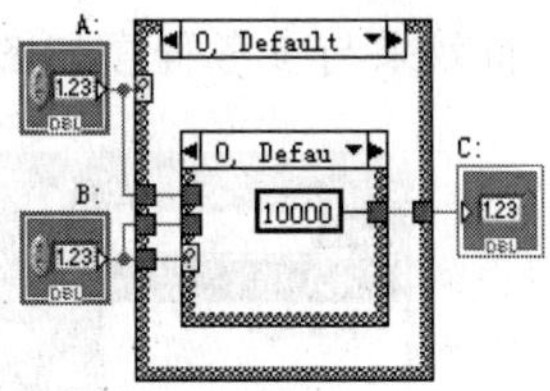

【练习 3-19】

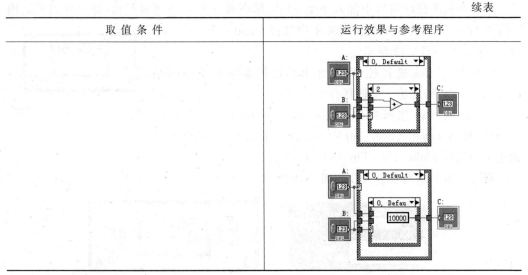

编制一个物价查询程序，可以从列表中查询价格。

操作过程如下。

（1）在前面板上放置 Combo Box 控件（Controls→Modern→String & Path→Combo Box）和 Numeric Indicator 控件（Controls→Modern→Numeric→Numeric Indicator），如图 3-46 所示。

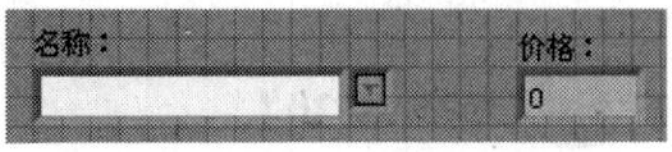

图 3-46　前面板控件

（2）在 Combo Box 控件上右击，弹出 Combo Box Properties: Combo Box 对话框，对 Edit Items 进行图 3-47 所示的设置。

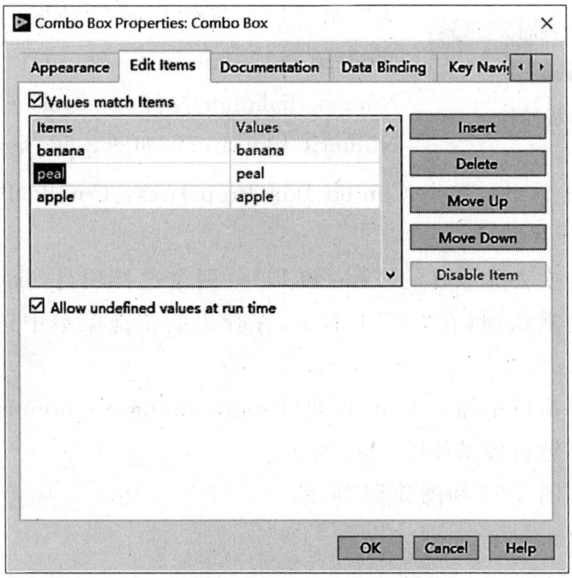

图 3-47　设置 Edit Items

（3）在框图程序窗口中加入一个 while 循环和一个 case 选择结构，并且在循环结构的图标上右击，在弹出的快捷菜单中选择 Create Constant 命令，程序则变为图 3-48 所示。

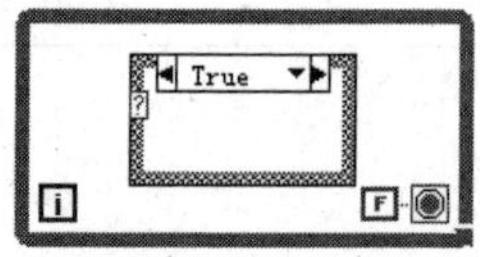

图 3-48　True 时终止循环

（4）右击 case 选择控件，在弹出的快捷菜单中选择 Add Case After 命令，增加一个选择。

（5）去除 case 选择控件中原有的 True 和 False，分别在 Label 中输入 banana、pear、apple。在 pear 上右击，在弹出的快捷菜单中选择 Make This The Default 命令。

程序运行效果与参考程序如图 3-49 所示。

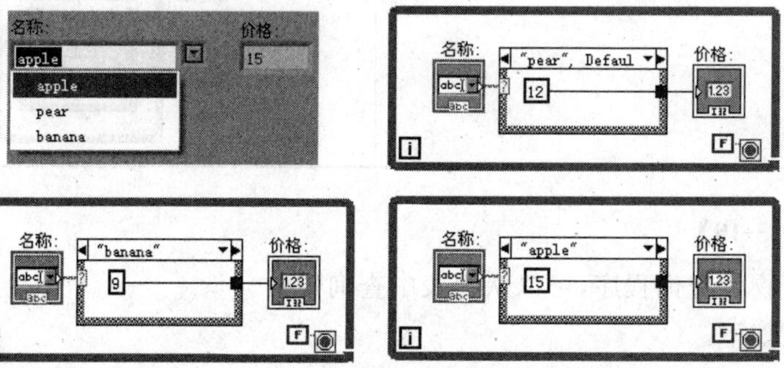

图 3-49　运行效果与参考程序

【练习 3-20】

使用条件结构实现加、减、乘、除四种运算。

操作过程如下。

（1）在前面板中加入 Enum 控件（Modern→Ring &Enum→Enum），将标签改为“运算”；另外加入两个 Numeric Control 控件（Controls→Modern→Numeric→Numeric Control）和一个 Numeric Indicator 控件（Controls→Modern→Numeric→Numeric Indicator），如图 3-50 所示。

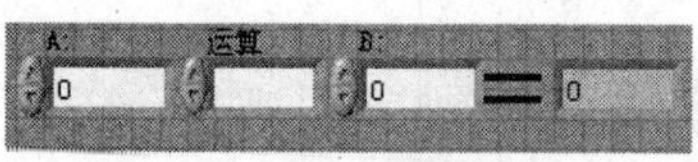

图 3-50　前面板控件

（2）在 Enum 上右击，弹出 Combo Box Properties：Combo Box 对话框，对 Edit Items 进行设置，如图 3-51 所示。

（3）在选择结构中去除原有的 True 和 False 两个选择项目，新增“+”“-”“*”“/”四项，并将“+”设为默认项（在“+”上右击，在弹出的快捷菜单中选择 Make This The Default Case 命令）。

（4）在框图程序窗口中加入 Wait 模块（Programming→Timming→Wait(ms)）。

（5）完成的程序运行效果如图 3-52 所示。

（6）参考程序如图 3-53 和图 3-54 所示。

【练习 3-21】

编制一个按照一定顺序闪烁的彩灯。

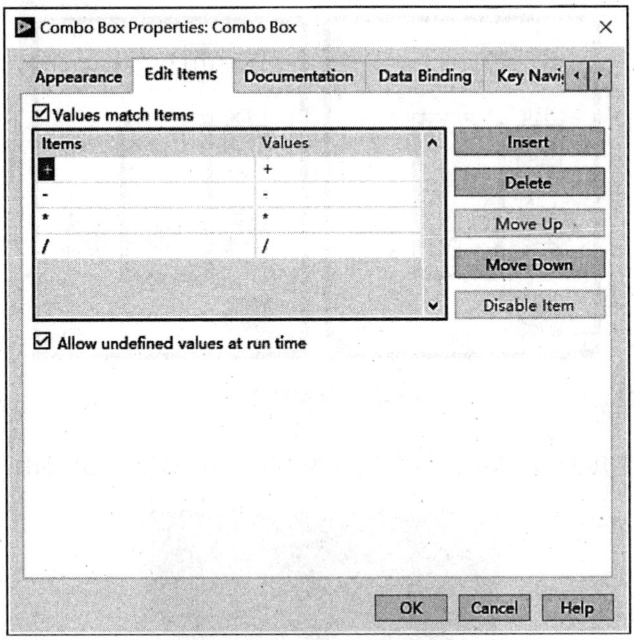

图 3-51　设置 Edit Items

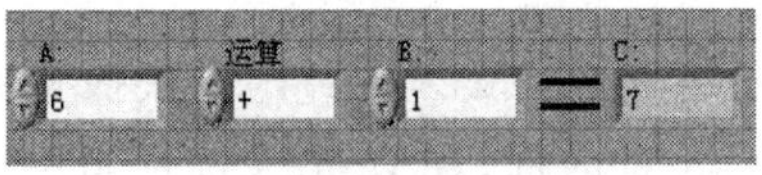

图 3-52　运行效果

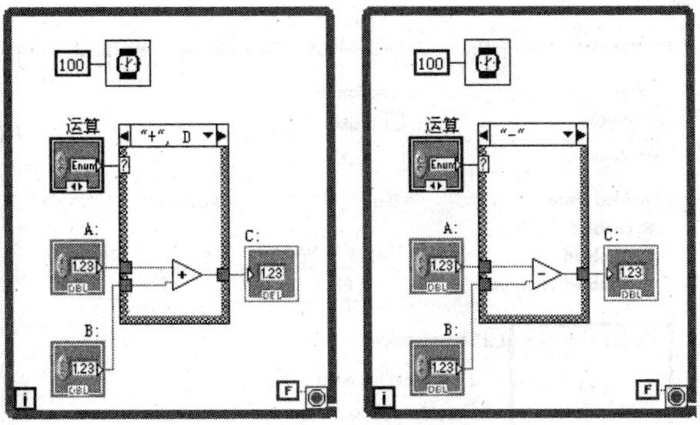

图 3-53　参考程序(一)

算法分析如下。

彩灯按照一定顺序闪烁，说明每一个彩灯都具有“开”“关”两种状态。如果有 N 个彩灯按顺序开关，将存在 N 种状态，因此问题可以由 case 结构来加以解决。

操作过程如下。

(1) 在前面板上加入三个 Round LED 控件(Controls→Mordern→Boolean→Round

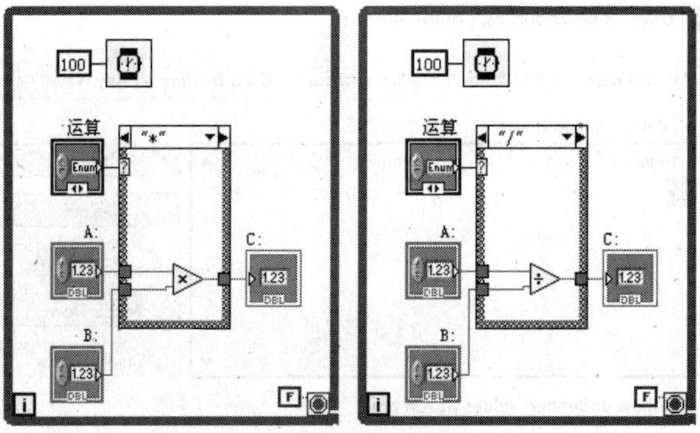

图 3-54　参考程序(二)

LED),通过 改变其大小,并将标签分别改为 Blue、Green 和 Red,如图 3-55 所示。

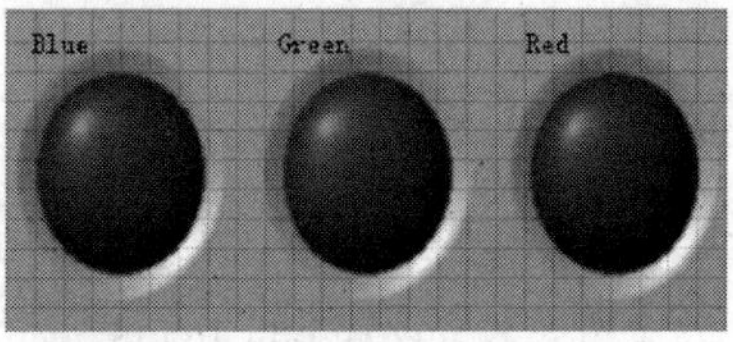

图 3-55　前面板上的 Round LED

(2) 在前面板上右击各个 Round LED,在弹出的快捷菜单中选择 Properties 命令,弹出 Boolean Properties: Boolean 对话框,在 Colors 选项组中设置开关两种状态的不同颜色显示,如图 3-56 所示。

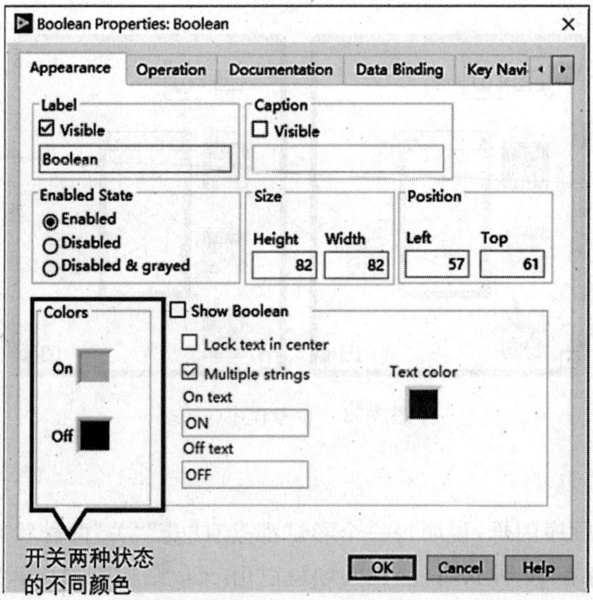

图 3-56　设置开关两种状态的不同颜色显示

（3）此时前面板如图 3-57 所示。

（4）进入框图程序窗口，引入一个 while 循环，并在循环上右击，在弹出的快捷菜单中选择 Add Shift Register 命令。

（5）在框图程序窗口中增加一个 Enum Constant 控件（Functions→Programming→Numeric→Enum Constant）并与移位寄存器相连，如图 3-58 所示。

图 3-57　前面板上的不同彩灯

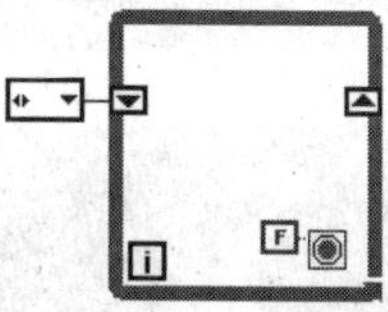

图 3-58　Enum Constant 控件和移位寄存器

（6）右击 Enum Constant，在弹出的快捷菜单中选择 Edit Items 命令，弹出 Combo Box Propeties：Combo Box 对话框，如图 3-59 所示。

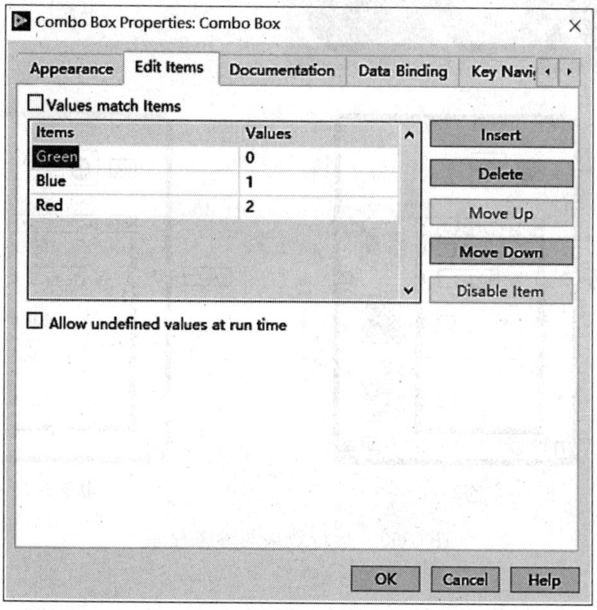

图 3-59　编辑条目

（7）在循环中加入 case 结构，使用工具面板中的 A 工具，并将 case 结构中的 True、False 改为 Red、Green，并在 case 结构上右击，在弹出的快捷菜单中选择 Add Case After 命令，增加一个 Blue 状态。

（8）将移位寄存器与 case 结构的 Case Selector 相连，复制三个 Enum Constant，分别放置在三个不同的 case 状态中，并且与 while 循环右侧的移位寄存器相连。

（9）在不同状态下分别设置每一 Round LED 的开关状态以及程序执行的顺序。

（10）在 while 循环中加入一个 （Functions → Programming → Timing → Wait (ms)),设置等待时间为 1000ms,即 1s。

(11) 程序运行效果与参考程序如图 3-60 所示。

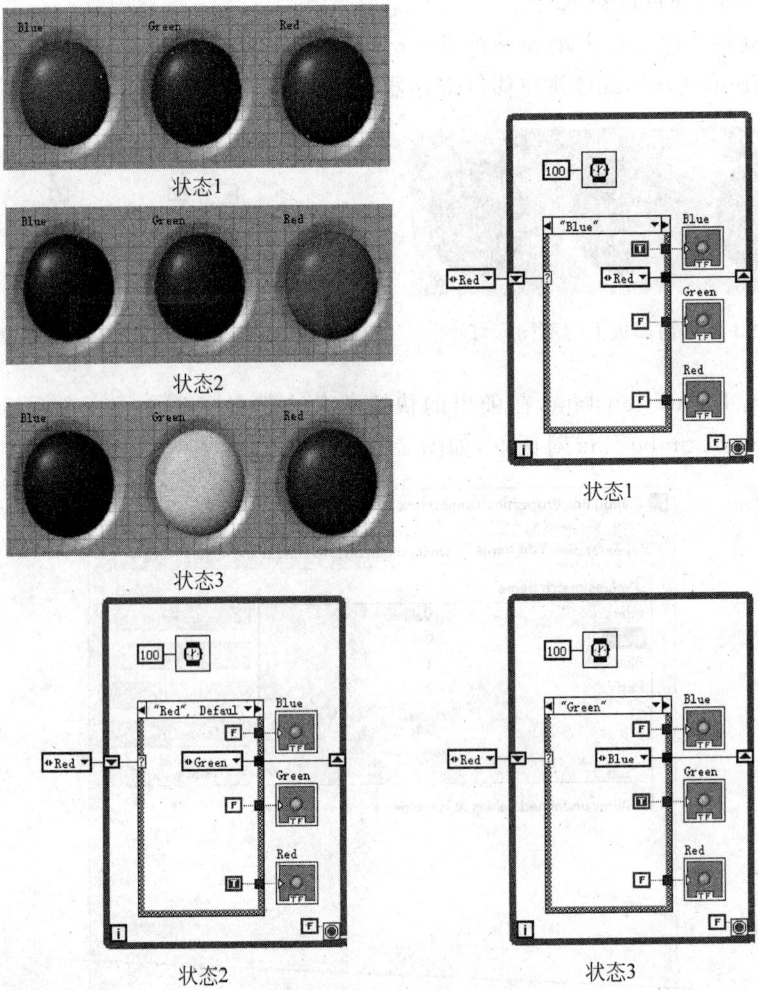

图 3-60　运行效果与参考程序

三、公式节点

虽然 LabVIEW 2020 版中有大量的公式模块可供使用,但是当编程中遇到一些复杂的公式或有很多变量时,仍需编辑一些特定的公式以方便运算,因而这就要用到公式节点(Formula Node)。公式节点是一个大小可变的方框,可以用它在流程图中直接输入公式。通过公式节点不仅可以实现复杂的数学公式,还能通过文本编程写一些基本的逻辑语句,如 if...else...、case、while 等。公式节点弥补了图形化编程语言相对于文本语言的缺陷,程序语句以分号结束,可用/ * … * /进行注释。从 Functions→Programming→Structures→Formula Node 中选择公式节点,即可把它放到流程图中。

【练习 3-22】

在前面板中建立一个输入控件 x、一个输出控件 y，编写程序，使 x、y 具有如下关系：

$$y=2x^3+5x^2+x+5$$

使用公式节点，上述公式可以表示为

$$y=2*x**3+5*x**2+x+5$$

利用公式节点，可以使用文本编辑工具直接输入一个或者多个复杂的公式，而不用创建众多的子程序。

创建公式节点的输入和输出端子的方法如下。

(1) 右击 Formula Node，在弹出的快捷菜单中选择 Add Input 命令，创建公式节点的输入端子，如图 3-61 所示。

(2) 在节点框中输入变量名称，如图 3-62 所示。

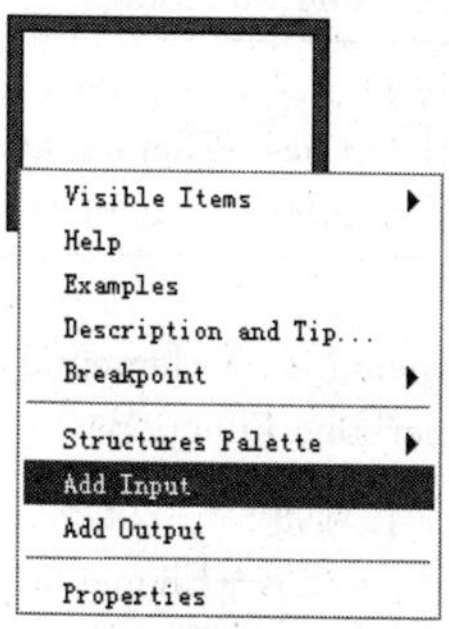

图 3-61　创建公式节点的输入端子

图 3-62　在节点框中输入变量名称

(3) 同样可创建公式节点的输出端子。

(4) 在节点框中输入公式，变量名大小写必须始终保持一致。每个公式语句都必须以分号(;)结尾。注释语句的格式是“/＊文本＊/”或“//文本”。

(5) 连接前面板中的输入和输出控件，最后结果如图 3-63 所示。

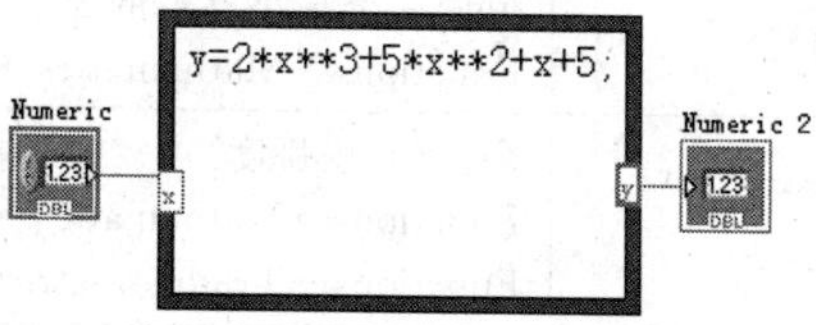

图 3-63　完成控件连接

程序运行效果如图 3-64 所示。

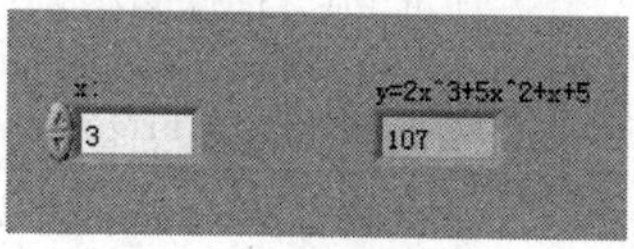

图 3-64　运行效果

公式节点的帮助窗口中列出了可供公式节点使用的操作符、函数和语法规定。它与C语言非常相似,建议在编写有关公式时参考使用。常用函数如表 3-3 所示。

表 3-3 常用函数

公　　式	LabVIEW 2020 中对应的图标	公式意义和路径
abs(x)		绝对值 Functions→Mathematics→Numeric
acos(x)		反余弦(x 按弧度) Functions→Mathematics→Elementary & Special Functions→Trigonometric Functions
acosh(x)		反双曲余弦 Functions→Mathematics→Elementary & Special Functions→Hyperbolic Functions
asin(x)	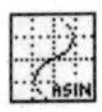	反正弦(x 按弧度) Functions→Mathematics→Elementary & Special Functions→Trigonometric Functions
asinh(x)		反双曲正弦 Functions→Mathematics→Elementary & Special Functions→Hyperbolic Functions
atan(x)		反双曲线正切(x 按弧度) Functions→Mathematics→Elementary & Special Functions→Trigonometric Functions
atan2(y,x)	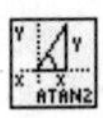	计算指定参数反正切的 y (x 按弧度) Functions→Mathematics→Elementary & Special Functions→Trigonometric Functions
atanh(x)		计算 x 对应的反双曲线正切值 Functions→Mathematics→Elementary & Special Functions→Hyperbolic Functions
ceil(x)		返回一个最小整数的 x Functions→Mathematics→Numeric
cos(x)	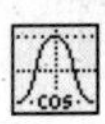	余弦(x 按弧度) Functions→Mathematics→Elementary & Special Functions→Trigonometric Functions
cosh(x)		双曲余弦 Functions→Mathematics→Elementary & Special Functions→Hyperbolic Functions
cot(x)		正切(x 按弧度) Functions→Mathematics→Elementary & Special Functions→Trigonometric Functions
csc(x)		计算 1/sin(x)(x 按弧度) Functions→Mathematics→Elementary & Special Functions→Trigonometric Functions

续表

公　　式	LabVIEW 2020 中对应的图标	公式意义和路径
exp(x)		E 函数 Functions→Mathematics→Elementary & Special Functions→Exponential Functions
expm1(x)		(e^x)－1 Functions→Mathematics→Elementary & Special Functions→Exponential Functions
floor(x)		小于 x 的最大整数 Functions→Mathematics→Numeric
getexp(x)		返回输入值的指数 Functions→Mathematics→Numeric→Data Manipulation→Mantissa & Exponent
getman(x)		返回输入值的小数部分 Functions→Mathematics→Numeric→Data Manipulation→Mantissa & Exponent
int(x)		输出一个与 x 最接近的整数值 Functions→Mathematics→Numeric
intrz(x)		取整数
ln(x)	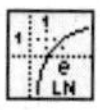	自然对数 Functions→Mathematics→Elementary & Special Functions→Exponential Functions
lnp1(x)		(x＋1)的自然对数 Functions→Mathematics→Elementary & Special Functions→Exponential Functions
log(x)	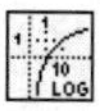	以 10 为底的对数 Functions→Mathematics→Elementary & Special Functions→Exponential Functions
log2(x)	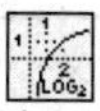	以 2 为底的对数 Functions→Mathematics→Elementary & Special Functions→Exponential Functions
max(x,y)	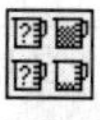	输出一个最大值 Functions→Programming →Comparison
min(x,y)	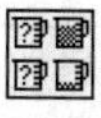	输出一个最小值 Functions→Programming →Comparison
mod(x,y)		输出两数相除的商和余数 Functions→Mathematics→Numeric
pow(x,y)	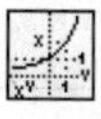	x 的 y 次方函数 Functions→Mathematics→Elementary & Special Functions→Exponential Functions
rand( )		生成一个 0～1 的随机数 Functions→Mathematics→Numeric

续表

公　　式	LabVIEW 2020 中对应的图标	公式意义和路径
rem(x, y)		输出两数相除的商和余数 Functions→Mathematics→Numeric
sec(x)		输出 1/cos(x) Functions→Mathematics→Elementary & Special Functions→Trigonometric Functions
sign(x)		输入 $x>0$,输出 1;输入 $x=0$,输出 0;输入 $x<0$,输出 -1 Functions→Mathematics→Numeric
sin(x)		正弦函数(x 按弧度) Functions→Mathematics→Elementary & Special Functions→Trigonometric Functions
sinc(x)		sin(x)/x 函数(x 按弧度) Functions→Mathematics→Elementary & Special Functions→Trigonometric Functions
sinh(x)	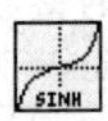	双曲正弦函数 Functions→Mathematics→Elementary & Special Functions→Hyperbolic Functions
sizeOfDim(ary,di)	—	返回一个数组的大小值
sqrt(x)		返回一个 x 的平方根 Functions→Mathematics→Numeric
tan(x)	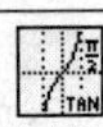	返回 x 的正切值(x 按弧度)
tanh(x)	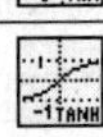	返回 x 的双曲正切值

常用运算符与含义如表 3-4 所示。

表 3-4　常用运算符与含义

运　算　符	含　　义
**	指数
+、-、!、~、++、--	一元加、一元减、逻辑非、按位取反运算、自增运算、自减运算(++、--不能出现在表达式节点中)
*、/、%	乘、除、取余运算
+、-	加、减
>>、<<	左移位、右移位
>、<、>=、<=	大于、小于、大于等于、小于等于
!=、==	不等于、等于
&	按位与

续表

<table>
<tr><th>运　算　符</th><th>含　　义</th></tr>
<tr><td>^</td><td>按位非</td></tr>
<tr><td>|</td><td>按位或</td></tr>
<tr><td>&&</td><td>逻辑和</td></tr>
<tr><td>||</td><td>逻辑或</td></tr>
<tr><td>?：</td><td>条件运算</td></tr>
<tr><td>＝op＝</td><td>快捷方式
“＝ op＝”可以代表＋、－、*、/、＞＞、＜＜、&、^、|、%、**
（“＝ op＝”不能出现在表达式节点中）</td></tr>
</table>

【练习 3-23】

如果 x 为正数，程序将计算出 x 的平方根并把该值赋给 y；如果 x 为负数，程序就给 y 赋值－100。其写成文本语言程序代码如下：

```
if (x >= 0) then
        y = sqrt(x)
    else
        y = -100
    end if
```

将其改成公式节点方式，公式写为

$$y=(x>=0)?\ \mathrm{sqrt}(x):100;$$

注意：中间用“：”分开，结尾使用“；”，运行效果与参考程序如图 3-65 所示。

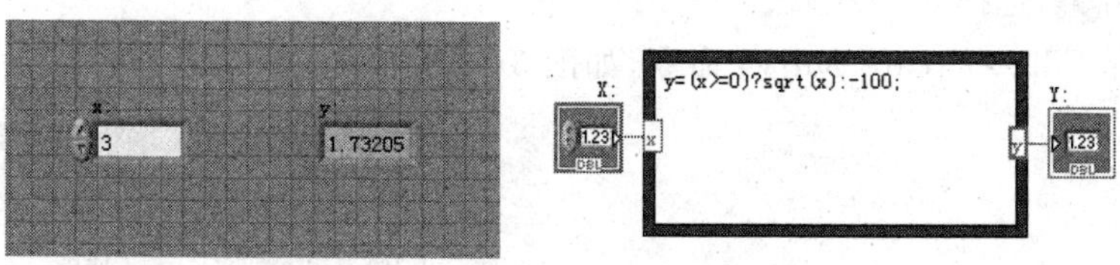

图 3-65　运行效果与参考程序

【练习 3-24】

x 的范围为 0～100。用公式节点计算下列等式并在图表中显示结果。

$$y=x^m$$

在前面板中放置 Waveform Chart 控件（Controls→Modern→Graph→Waveform Chart）和 Numeric 控件（Controls→Modern→Numeric），在框图程序窗口中放入公式节点并编辑函数公式。运行效果与参考程序如图 3-66 所示。

我们可以通过输入不同的 m 值可以直观地看到不同次方的函数图像。

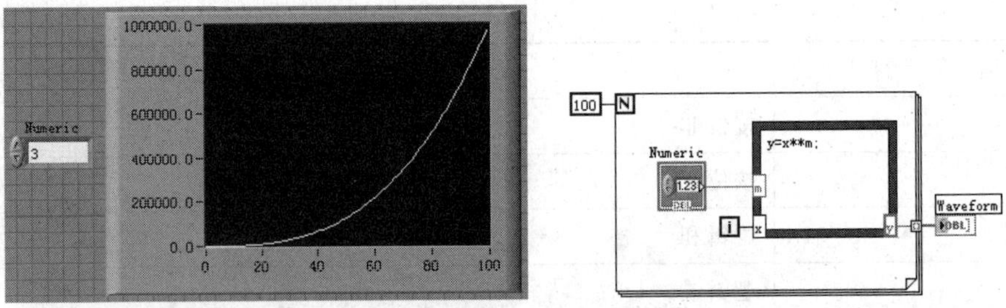

(Controls→Modern→Graph→Waveform Chart)

图 3-66　运行效果与参考程序

第四节　子　程　序

在一个复杂的程序中总是会有一些重复出现的程序片段，在文本语言程序中为了方便调用这些程序片断，可以将它作为子程序(Sub VI)来定义与调用。

VI 具有层次化和结构化的特征。一个 VI 可以作为子程序，被其他 VI 调用。可以将任何一个定义的图标和连线板的 VI 作为另一个 VI 的子程序。在流程图中选择 Functions→Select a VI...，即可以选择要调用的子程序。

1. 建立子程序

某程序如图 3-67 所示，其中 case 部分由于经常出现，因此希望这一部分设置为子程序。

(1) 使用，选择 case 模块。

(2) 选择 Edit→Create SubVI 命令，如图 3-68 所示。

图 3-67　将已有程序定义为子程序

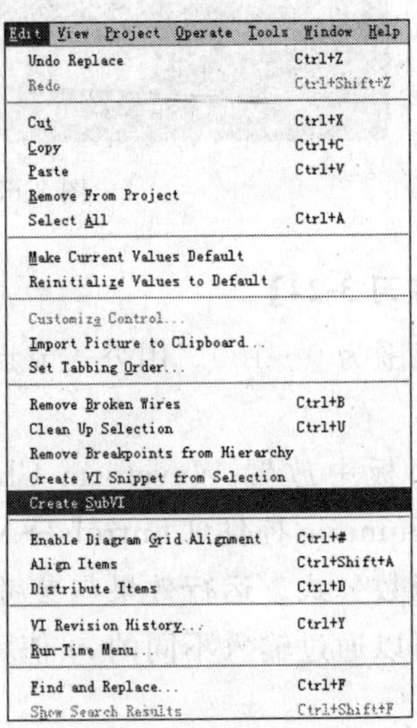

图 3-68　建立子程序

程序将变为图 3-69 所示，其中图标就是默认的子程序图标。

2. 定义子程序图标

双击子程序，打开子程序的前面板，如图 3-70 所示。

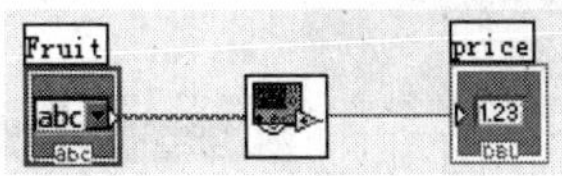

图 3-69　带有子程序的程序

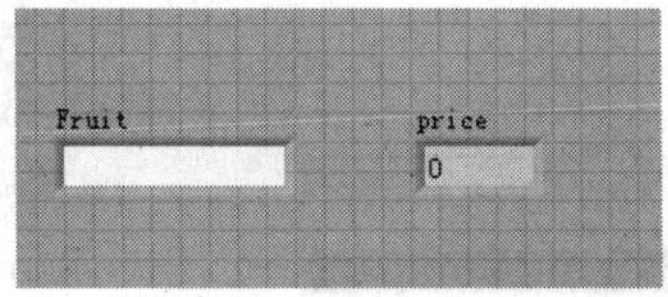

图 3-70　子程序的前面板

在子程序的前面板的右上角会有一个图标，双击这一图标会打开一个图标编辑器，然后选择 Edit Icon，如图 3-71 所示。

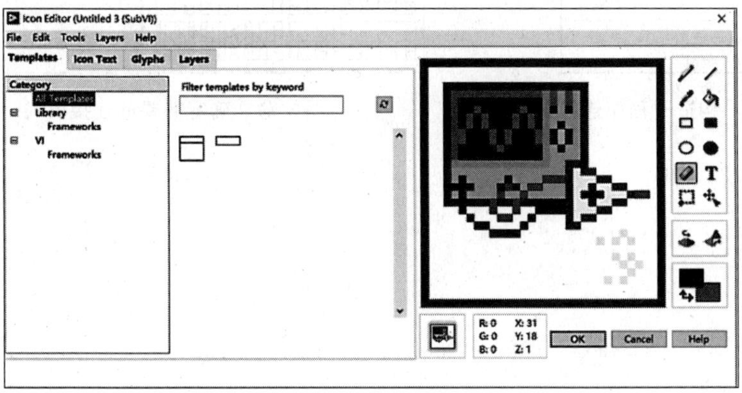

图 3-71　图标编辑器

我们可以在这一编辑器中用窗口左侧的各种工具设计像素编辑区中的图标形状，编辑子程序图标。这里将子程序图标设计为，则原框图程序变成图 3-72 所示。

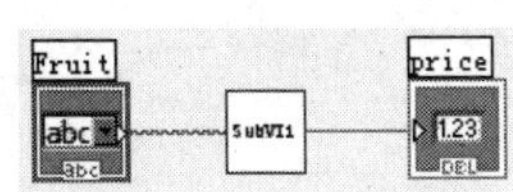

图 3-72　带子程序的框图程序

3. 构造子程序连线板

连线板是 VI 数据的输入/输出接口。如果用面板控制对象或显示对象从子程序中输出或输入数据，那么这些对象都需要在连线板面板中有一个连线端子。右击面板窗口中的图标窗口，在弹出的快捷菜单中选择 Show Connector 命令，如图 3-73 所示。

连线板图标会取代面板窗口右上角的图标，如图标所示。

LabVIEW 2020 自动选择的端子连接模式是控制对象的端子位于连线板窗口左侧，则显示对象的端子位于连线板窗口右侧。选择的端子数取决于前面板中控制对象和显示对象的个数。

连线板中的各个矩形表示各个端子所在的区域，可以用它们从子程序中输入或输出数据。也可以选择另外一种端子连接模式，将鼠标指针放在上右击，在弹出的快捷菜单中选择 Patterns 命令，确定需要的连接模式，如图 3-74 所示。操作完成后，保存子程序。

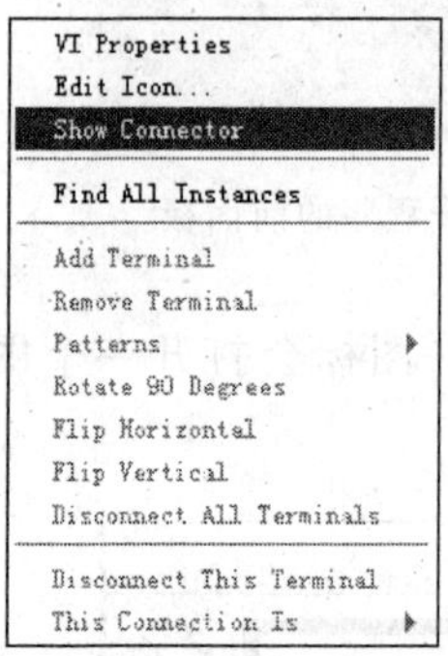

图 3-73 构造子程序连线板

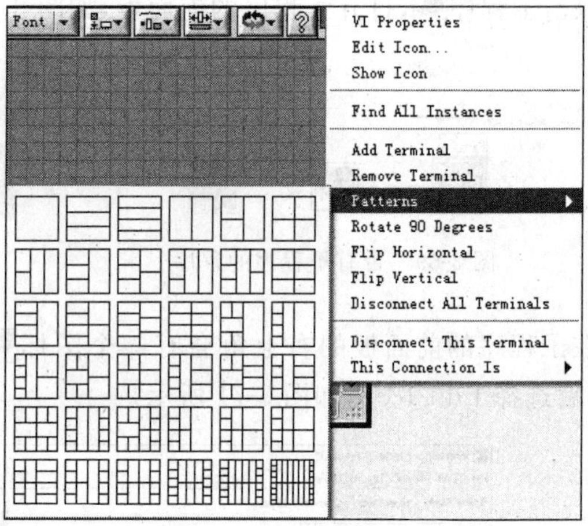

图 3-74 确定需要的连接模式

第四章 数组、表格和簇

第一节 数　　组

数组是有序数据的集合，数组中每一个元素都属于同一个数据类型。数组可以是一维数组，也可以是多维数组，每维最多可有 $2^{31}-1$ 个元素。可以通过数组索引访问其中的每个元素。数组索引的范围是 $0 \sim n-1$，其中 n 是数组中元素的个数。如图 4-1 所示由数值构成的一维数组，其中第一个数据的索引为 0，第二个为 1，依此类推。数组的元素可以是数值，也可以是字符，但所有元素的数据类型必须一致。

索引	0	1	2	3	4	5	6	7
包含八个元素的数组	2.3	3.5	6.70	5.3	4.6	7.2	6.5	8.0

图 4-1　一维数组

一、创建数组

在 LabVIEW 2020 中，数组可以在前面板中创建，也可以在框图程序窗口中创建，下面分别加以介绍。

1. 在前面板中创建数组

(1) 在控制面板中将(Controls→Modern→Date Containers→Array)放入前面板，如图 4-2 所示。

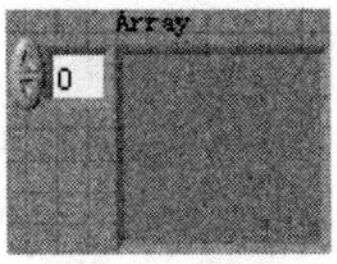

图 4-2　建立数组

(2) 在控制面板窗口中选择数组中要放入的数据类型，如放入一组数字，就可选择 Numeric Indicator 组件(Controls→Modern→Numeric→Numeric Indicator)，数组将是一个用于显示数据的数组，如图 4-3 所示；如果选择 Numeric Control 控件，则数组是一个可输入数据的数组。数组中也可放入字符串等内容。现在数组显示。

（3）选择数组的数据框，如图 4-4 所示，将其拉开，直到可以放入想要的数值个数，如图 4-5 所示。

图 4-3　放入 Numeric Indicator 控件

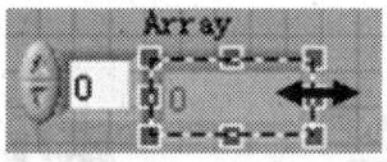

图 4-4　数据框

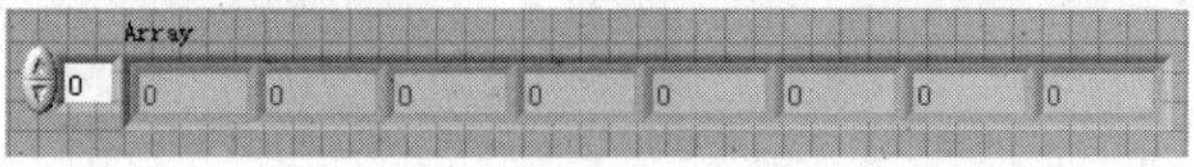

图 4-5　拉开数据框直到可以放入所需数据个数

（4）完成的数组如图 4-6 所示。

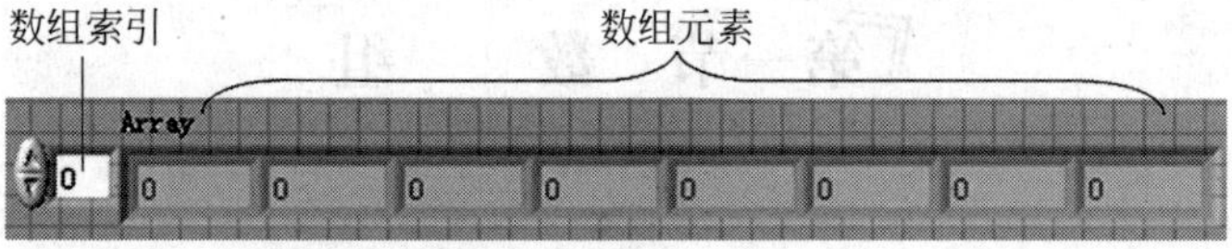

图 4-6　完成的数组

2. 在框图程序窗口中创建数组

（1）与在前面板中创建数组过程相似，在功能面板中选择 Array（Functions→Programming→Array→Array Constant），放入框图程序窗口中，如图 4-7 所示。

（2）在数组框中可以放置数值常量、布尔数或是字符串常量。

（3）同时，我们也可以在数组上右击，在弹出的快捷菜单中选择 Chang to Control 或 Chang to Indicator 命令，如图 4-8 所示，将数组由常量数组改成了输入或输出数组。

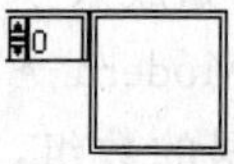

图 4-7　在框图程序窗口中创建数组

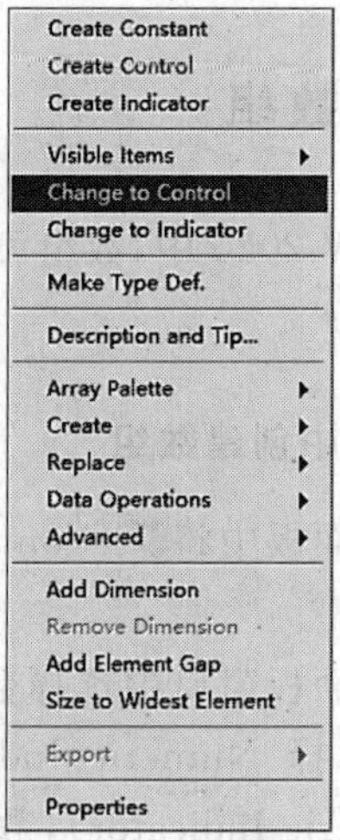

图 4-8　将常量数组改成输入或输出数组

另外，还有很多在流程图中创建和初始化数组的方法，有些功能函数也可以生成数组。

通过数组将数值、布尔数、字符串组合在一起，可以在前面板和流程图中创建任何一种控制对象、常数对象和显示对象。数组、图表或者图形不能成为数组的元素。

二、数组之间的算术运算

LabVIEW 软件的一个非常大的优势就是它可以根据输入数据的类型判断算式的运算方法，即自动实现多态。

对于加减乘除，数组之间的运算满足下面的规则。

(1) 如果进行运算的两个数组大小完全一样，则将两个数组中索引相同的元素进行运算，形成一个新的数组。

(2) 若大小不一样，则忽略较大数组多出来的部分。

(3) 如果一个数组和一个数值进行运算时，则数组的每个元素都和该数值进行运算，从而输出一个新的数组，如图 4-9 所示。

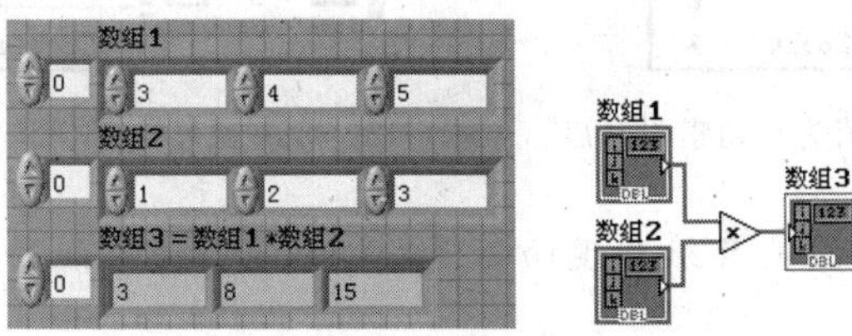

图 4-9 数组相乘效果与参考程序

除加减乘除运算外，LabVIEW 还提供了大量的有关数组运算的函数。如果需要用到这些函数，可以查看有关帮助文档内容，如图 4-10 所示。

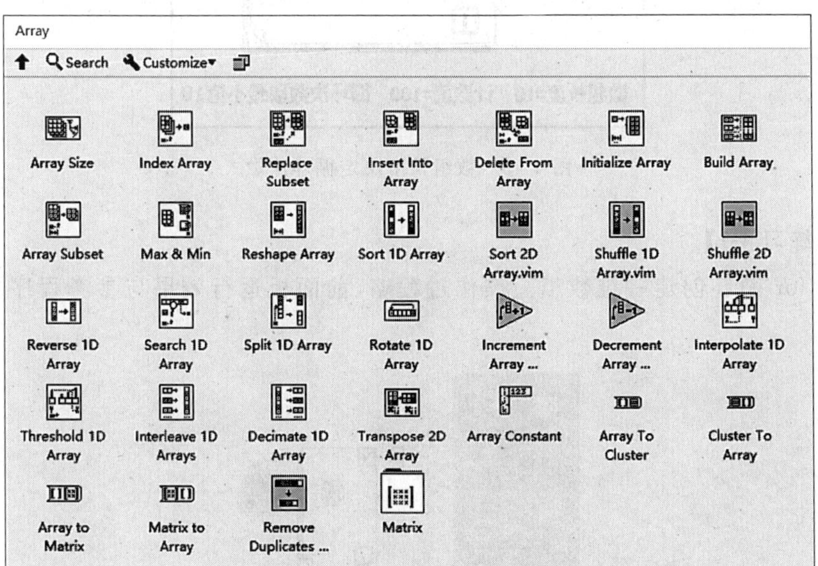

图 4-10 数组运算函数

三、自动索引

for 循环和 while 循环可以在数组的上下限范围内自动编制索引进行累计，这些功能称为自动索引。启动自动索引时，连接到循环边框的一维数组中的各元素（或二维数组中的一维数组）将按顺序输入循环中。循环会对一维数组中的标量元素（或二维数组中的一维数组）等编制索引，在输出通道也要执行同样的工作，数组元素按顺序进入一维数组，一维数组按顺序进入二维数组，依此类推。

注意：

（1）对于 for 循环结构的数组，其默认值为自动索引开启，如图 4-11 所示；相反，接入 while 循环结构的每一个数组，其默认值为自动索引关闭，如图 4-12 所示。

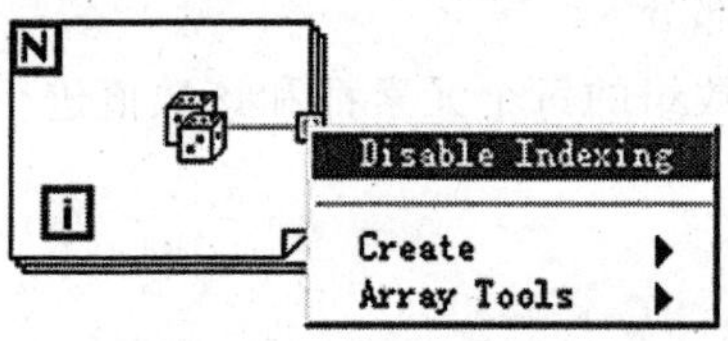

图 4-11　for 循环结构，默认值为自动索引开启

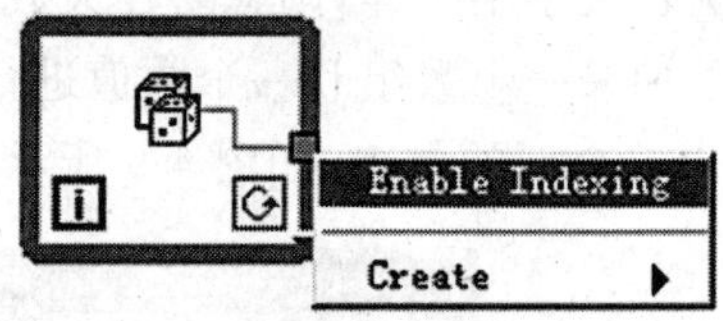

图 4-12　while 循环结构，默认值为自动索引关闭

（2）决定 for 循环次数的是数组长度而不是 N，这是因为数组的长度比 N 小，如图 4-13 所示。

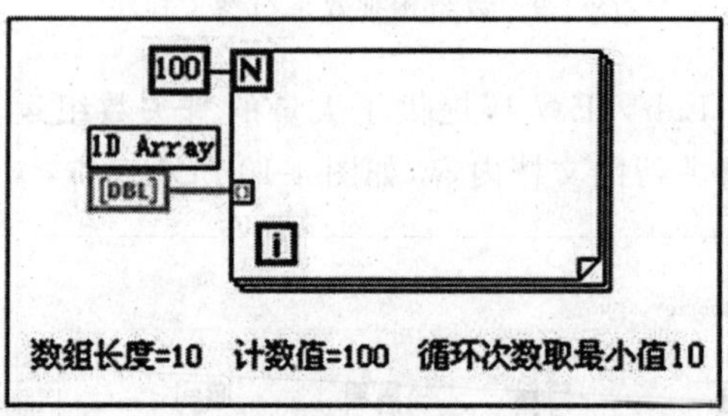

图 4-13　数组长度决定循环次数

【练习 4-1】

利用 for 循环创建一维数组。操作过程略，前面板运行效果与参考程序如图 4-14 所示。

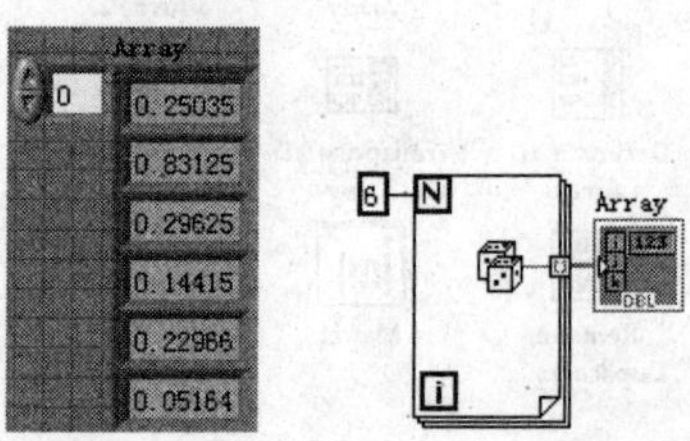

图 4-14　前面板运行效果与参考程序

【练习 4-2】

利用自动索引计算数组元素的平方和。操作过程略，前面板运行效果与参考程序如图 4-15 所示。

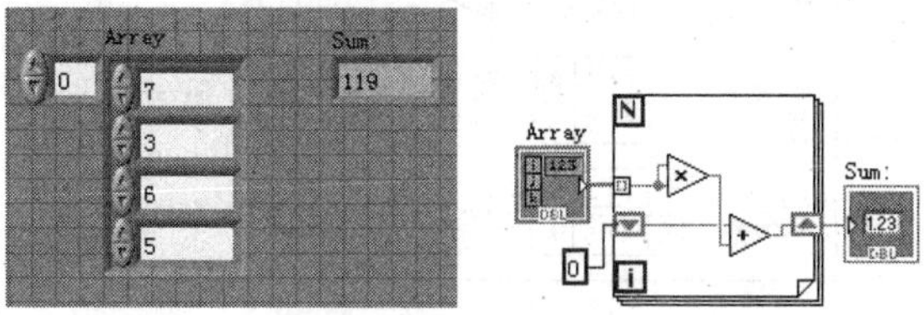

图 4-15　前面板运行效果与参考程序

【练习 4-3】

绘制函数图形。x 的范围为 0～100，用公式节点计算下列等式并在同一个图表中显示结果：

$$y_1 = x^3 - x^2 + 5$$

$$y_2 = mx + b$$

操作过程略，参考程序与前面板运行效果如图 4-16 和图 4-17 所示，其中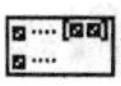的路径为 Functions→Programming→Array→Matrix→Build Matrix。

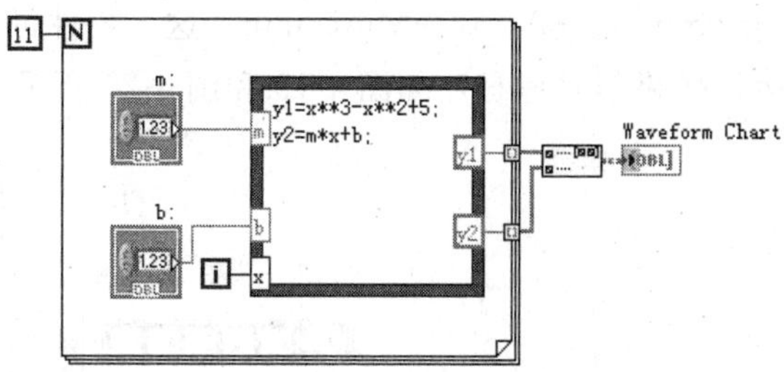

图 4-16　参考程序

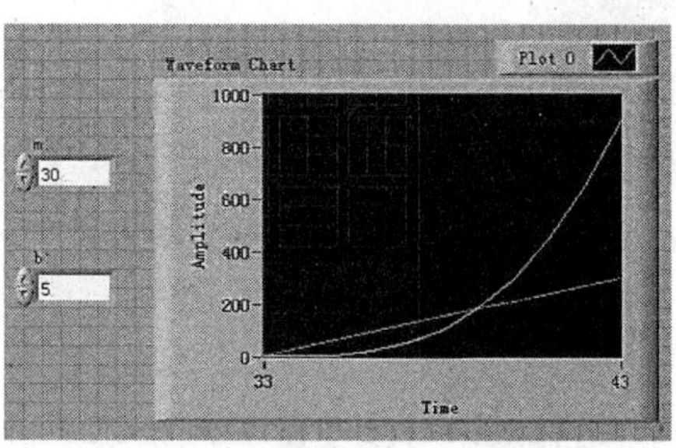

图 4-17　前面板运行效果

四、函数的多态性

多态性(Polymorphism)是指函数可以接受不同类型、不同维数或不同表示法的输入数据的能力。大多数 G 语言函数是多态化的，如图 4-18 所示。

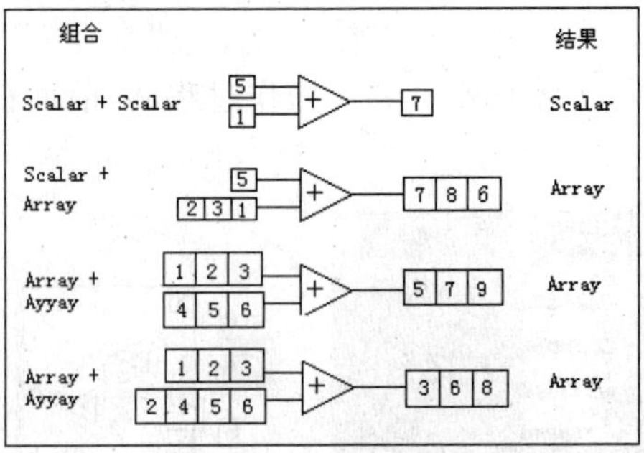

图 4-18　函数的多态性

在第一个组合中，两个标量相加，结果还是一个标量。第二个组合中，该标量与数组中的每个元素相加，结果是一个数组。数组是数据的集合。第三个组合中，一个数组的每个元素被加到另一个数组的对应元素中时。第四个组合中，由于两个数组长度不同，形成新数组时只有相对应的元素相加，多余元素不会引入新数组中。可以把这些准则应用到其他的G语言函数或者数据类型。G语言函数对于各种情况都具有多态性功能。

【练习 4-4】

查找数组中的最大值和最小值。已知任意一个一维数组，在框图程序窗口中加入Min&min控件(Programming→Array→Min&min)，这一控件可以将数组中的最大值和最小值挑选出来。运行效果与参考程序如图4-19和图4-20所示。

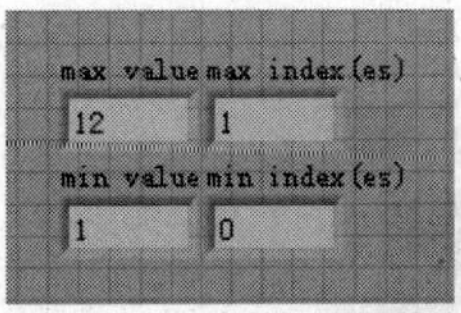

图 4-19　运行效果

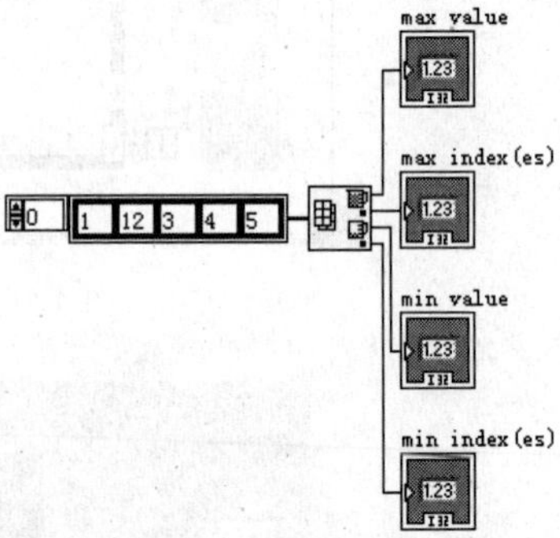

图 4-20　参考程序

【练习 4-5】

数组相加。操作过程略，运行效果与参考程序如图4-21和图4-22所示。

图 4-21　运行效果

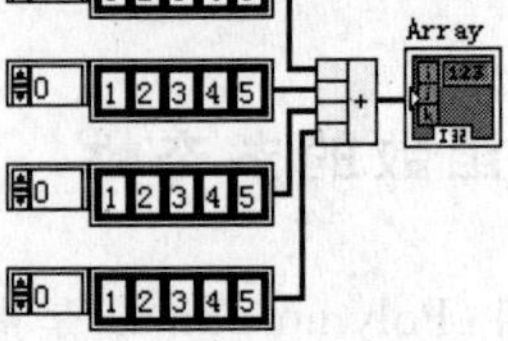

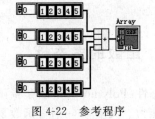

图 4-22　参考程序

其中，(Programming→Numeric→Compound Arithmetic)为合成算法模块。可以将相对应的数据通过＋、×、and、or、xor 处理，从而形成一个新数组。在控件上右击，在弹出的快捷菜单中选择 Change Mode 命令，可以改变其处理方式。

【练习 4-6】

将多个一维数组合成为一个二维数组。操作过程略，运行效果与参考程序如图 4-23 和图 4-24 所示，其中(Programming→Array→Build Array)为建立的数组模块。

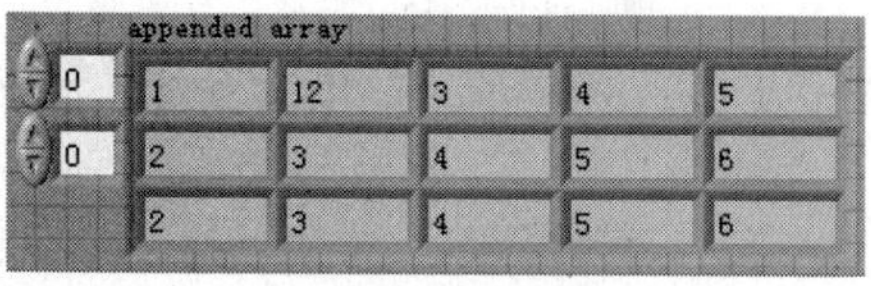

图 4-23　运行效果

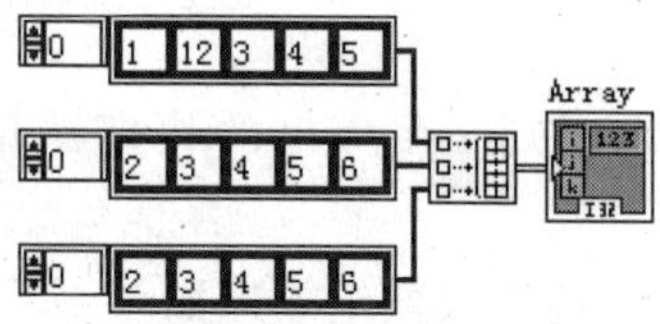

图 4-24　参考程序

【练习 4-7】

分析下列程序的运行过程，如图 4-25 和图 4-26 所示。

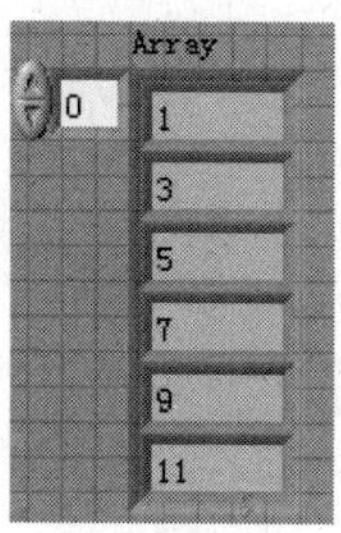

图 4-25　运行效果

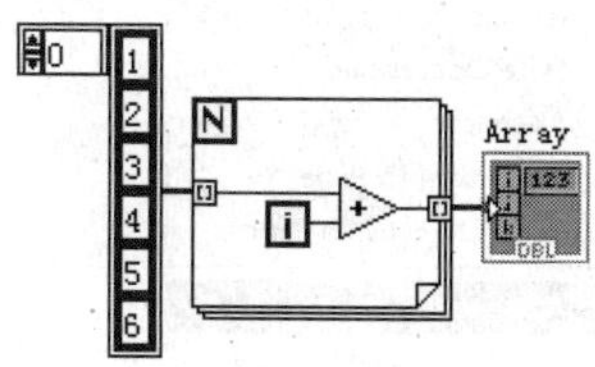

图 4-26　参考程序

【练习 4-8】

分析下列程序的运行过程，如图 4-27 和图 4-28 所示。

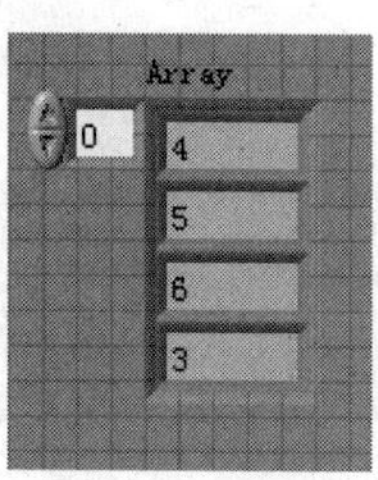

图 4-27　运行效果

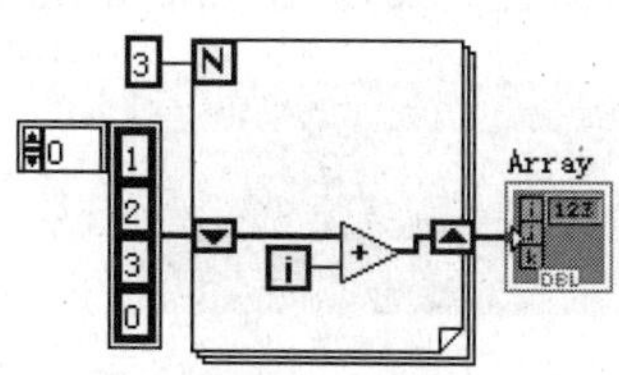

图 4-28　参考程序

五、建立多维数组

我们已经学会如何建立一维数组，二维数组以及多维数组都可以在一维数组的基础上建立起来，现步骤如下。

1. 方法一

（1）建立一个一维数组，如图 4-29 所示。

（2）在前面板中选择一维数组，如图 4-30 所示。

图 4-29　建立一维数组

图 4-30　选择一维数组

（3）右击，在弹出的快捷菜单中选择 Add Dimension 命令，增加维数，如图 4-31 所示。

（4）前面板数组效果如图 4-32 所示。

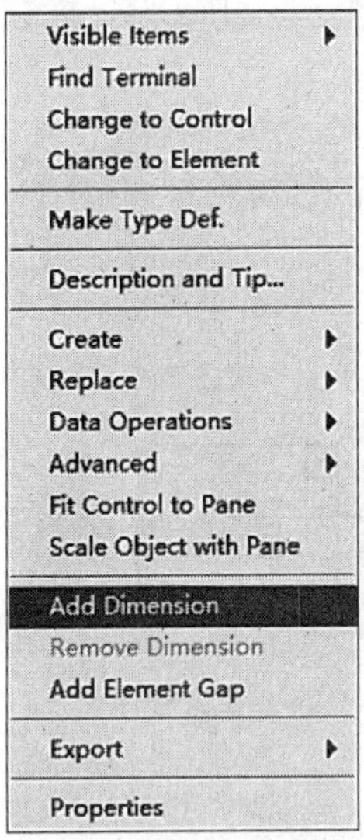

图 4-31　增加维数

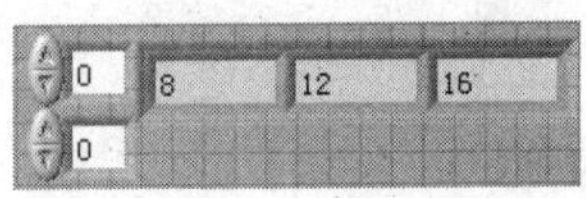

图 4-32　前面板数组效果

（5）增加数据框架效果，数组如图 4-33 所示。

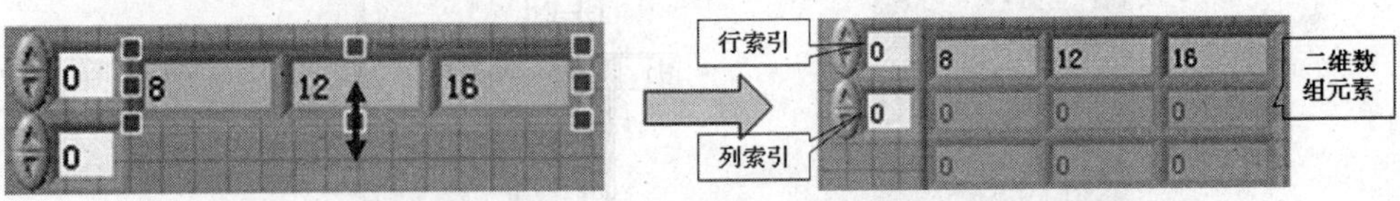

图 4-33　增加数据框架

2. 方法二

在框图程序窗口中选择要增加维数的数组模块，右击，在弹出的快捷菜单中选择 Properties 命令，如图 4-34 所示。

弹出 Array Properties：Array 对话框，增加数组维数，如图 4-35 所示。

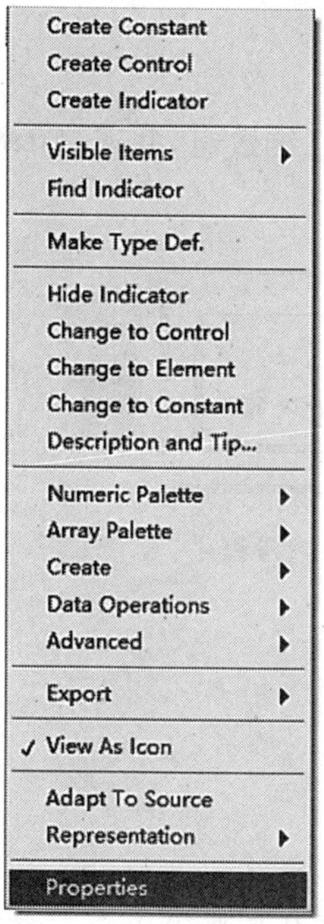

图 4-34　选择 Properties 命令

图 4-35　增加数组维数

【练习 4-9】

利用 for 循环创建二维数组。利用 for 循环可以很方便地创建一个多维数组，并且可以通过计算数组大小。操作过程略，运行效果与参考程序如图 4-36 和图 4-37 所示。

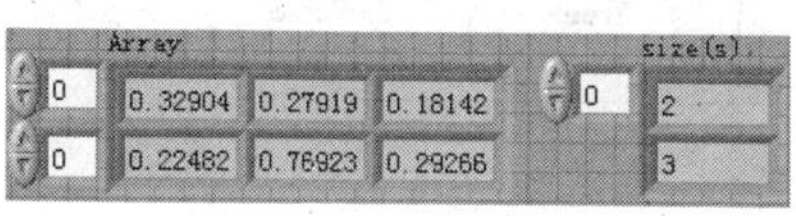

图 4-36　运行效果

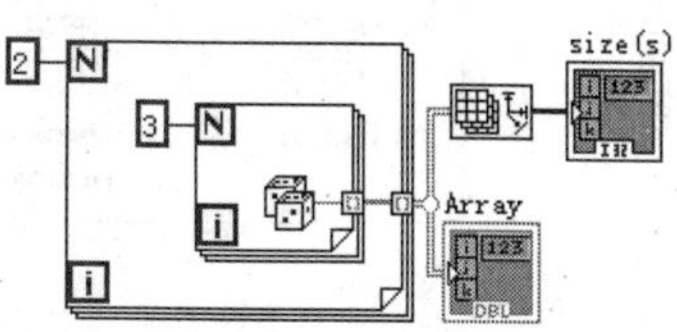

图 4-37　参考程序

【练习 4-10】

分析下列程序运行过程，如图 4-38 和图 4-39 所示。

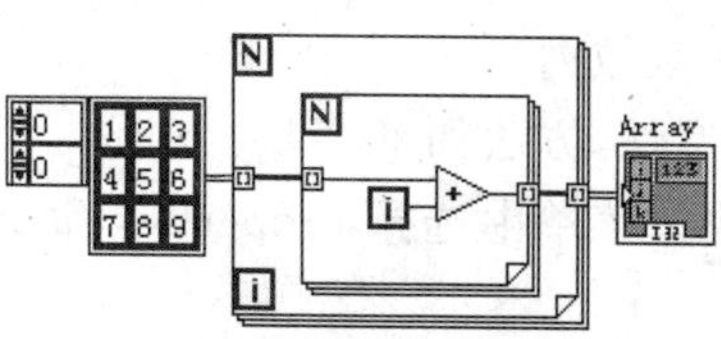

图 4-38　参考程序

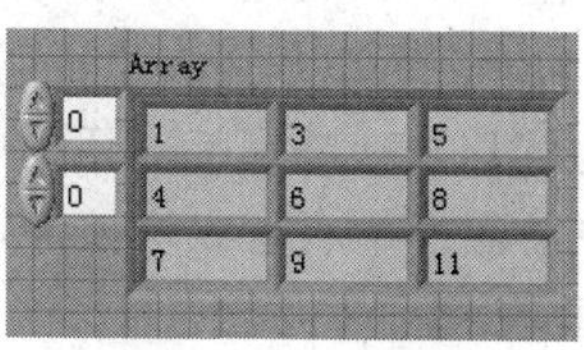

图 4-39　运行效果

【练习 4-11】

产生一个 3×3 的整数随机数数组，随机数要在 0～100，找出数组的鞍点，即该位置上的元素在该行上最大，在该列上最小，也有可能没有鞍点。

操作过程如下。

在框图程序窗口中使用 for 循环和随机数控件产生一个二维数组，并通过将数据取整数。运行效果与参考程序如图 4-40 和图 4-41 所示。

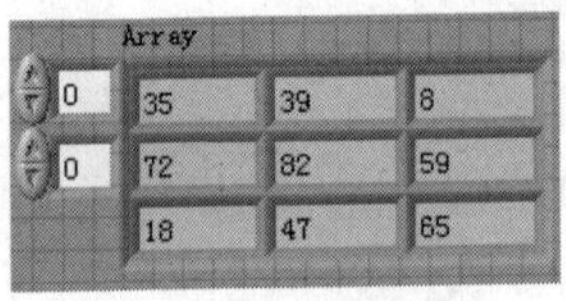

图 4-40　运行效果

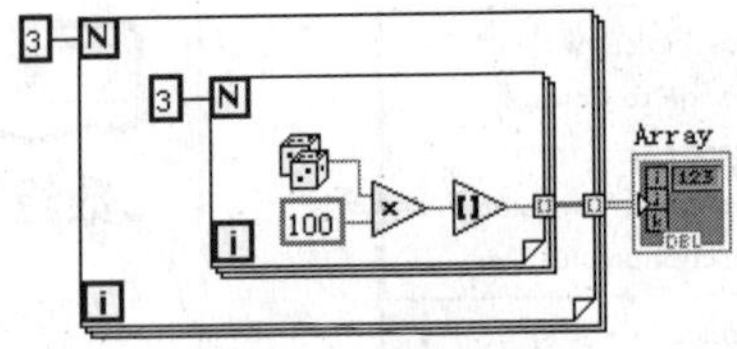

图 4-41　参考程序

第二节　表　　格

列表是记录实验数据的一种常见形式，将测量数据以列表方式显示出来是具有非常直观的效果，便于分析数据间的相互关系和作用。LabVIEW 提供了多种表单形式以供选择，包括列表框、多列列表框、表格(Table)、树形控件、快速表格，如图 4-42 所示。

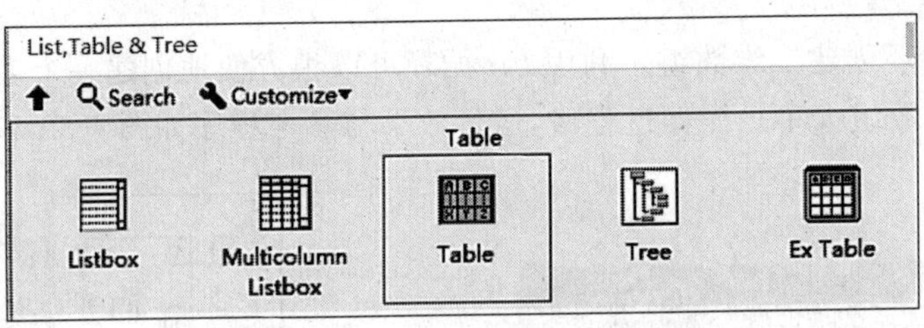

图 4-42　表格

表格可以视为一个二维数组，由多个单元格组成，每一个单元格可以输入一个字符串或数据。学会熟练使用表格是记录测量数据和生成报表的基础。

双击表格控件单元格，可以对其进行输入。右击表格控件，在弹出的快捷菜单中选择 Visible Items→Row Headers 和 Visible Items→Column Headers 命令，可以显示行首和列首，行首和列首可以作为表格说明性文字输入区域内。

我们也可以从表格属性对话框中设置表格属性，方法如下。

(1) 在前面板中右击表格控件，在弹出的快捷菜单中选择 Properties 命令，弹出表格属性对话框，如图 4-43 所示。

(2) 在表格属性对话框中可以设置表格显示的行数、列数、表格大小等信息。

【练习 4-12】

利用表格记录数据和时间。

(1) 新建一个 VI 程序。

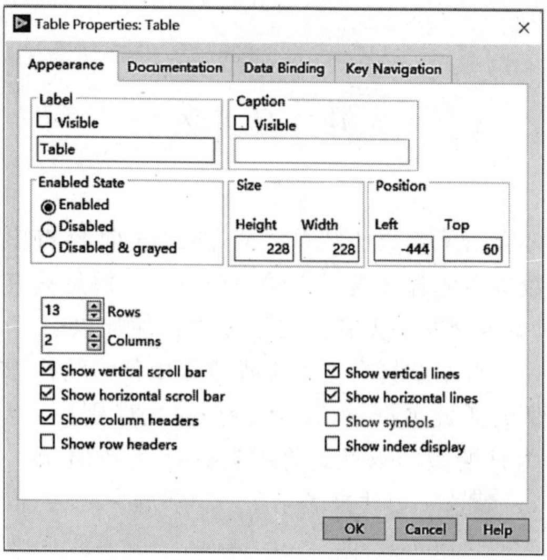

图 4-43　表格属性对话框

(2) 在前面板上放置一个 Express Table 控件(Modern→List,Table&Tree →Express Table)。

(3) 在框图程序窗口中双击 Build Table,弹出图 4-44 所示的对话框。在该对话框中可以设置表格中数据的格式、是否包括记录数据的时间、是否清除上次记录的数据,以及小数点后的位数等。

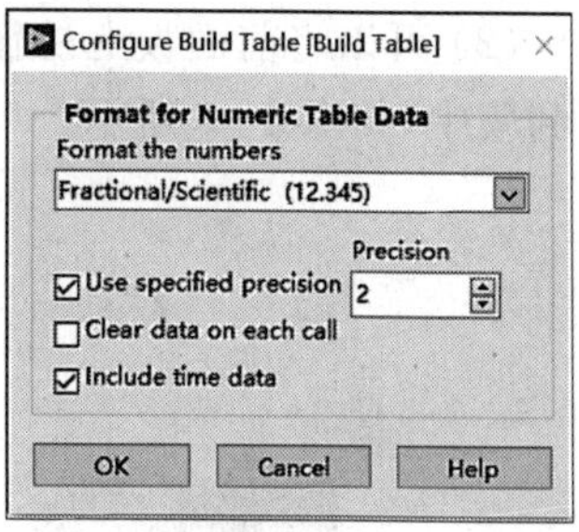

图 4-44　设置 Build Table 属性

(4) 进入框图程序窗口,放入循环结构控件 For Loop 和等待控件 Wait(ms),并引入一个随机数生成控件作为信号的来源。

(5) 参考程序如图 4-45 所示。

(6) 运行程序,效果如图 4-46 所示。

列表框、多列列表框的使用方法与表格类似,但表格控件输入和显示的是字符串,而列表框、多列列表框输入和显示的是长整型的数据类型;树形控件则用于显示项目的层次结构。限于篇幅,这里不再介绍其他控件的使用方法。

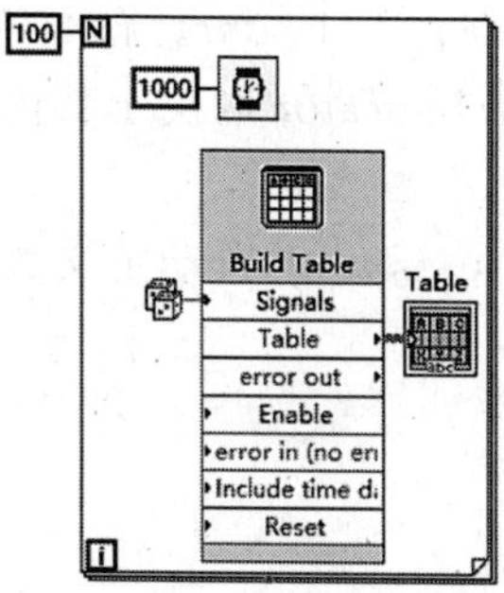

图 4-45　参考程序

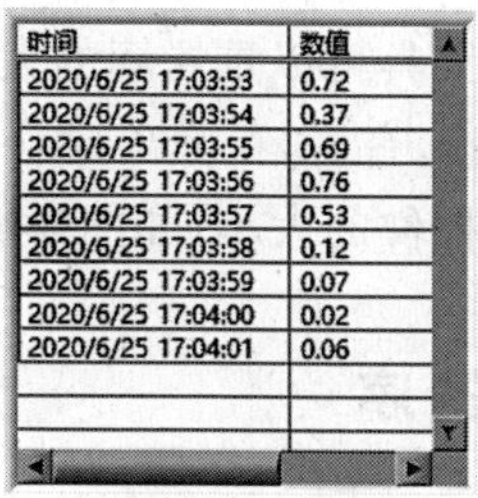

时间	数值
2020/6/25 17:03:53	0.72
2020/6/25 17:03:54	0.37
2020/6/25 17:03:55	0.69
2020/6/25 17:03:56	0.76
2020/6/25 17:03:57	0.53
2020/6/25 17:03:58	0.12
2020/6/25 17:03:59	0.07
2020/6/25 17:04:00	0.02
2020/6/25 17:04:01	0.06

图 4-46　运行效果

第三节 簇

迄今为止,我们已经介绍了变量的基本类型,如数值型、字符串型等,也介绍了一种构造类型数据——数组,数组中的各元素属于同一个类型。但是只有这些类型是不够的,有时需要将不同类型的数据组合在一个有机的整体中以便加以引用,这些组合在一个整体中是相互联系的,这样一个数据结构在文本编程语言中称为结构体(structure)。例如,学生(student)结构体主要包括姓名(name)、年龄(age)、性别(sex)、成绩(score)等,其中name为字符串型,age为日期型,sex为布尔型,score为数值型。在LabVIEW中,这种结构体可以用簇(Cluster)这一模块来表示。

一、建立簇

(1) 在前面板中加入簇控件Cluster,如图4-47所示(Controls→Modern→Date Containers→Cluster)。

(2) 可以将前面板上的任何对象放在簇中,也可直接从Control工具板上拖取对象堆放到簇中,如图4-48所示。

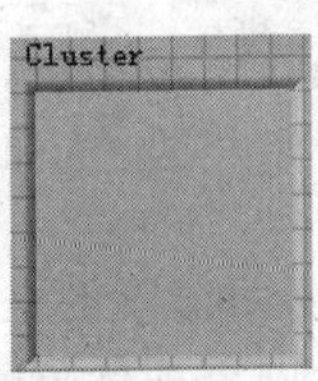

图4-47 簇控件

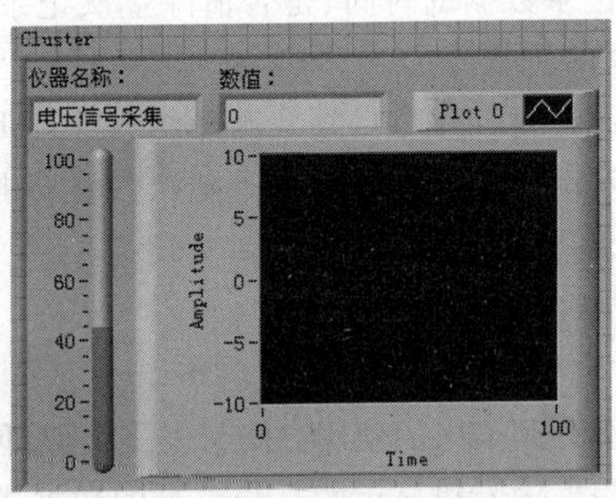

图4-48 拖取对象到簇中

(3) 一个簇中的对象必须全部是Control,或全部是Indicator。簇本身的属性必须是Control或Indicator其中之一,一个簇是Control或Indicator取决于其内的第一个对象的状态。使用工具可以重置簇的大小。

(4) 选择簇,右击,在弹出的快捷菜单中选择Autosizing(自动定义大小)命令,可以使簇适合内部控件的大小,如图4-49所示。

二、簇的序

簇的每一元素都有一个序(Order),它与元素在簇内的位置是无关的。簇内第一个元素的序为 0，第二个为 1，依此类推。如果删除了一个元素，序号将自动调整。如果想将一个簇与另一个簇连接，则这两个簇的序和类型必须相同。

如果想查看或改变簇内元素的序，则选择簇并右击，在弹出的快捷菜单中选择 Reorder Controls In Cluster 命令，如图 4-50 所示。

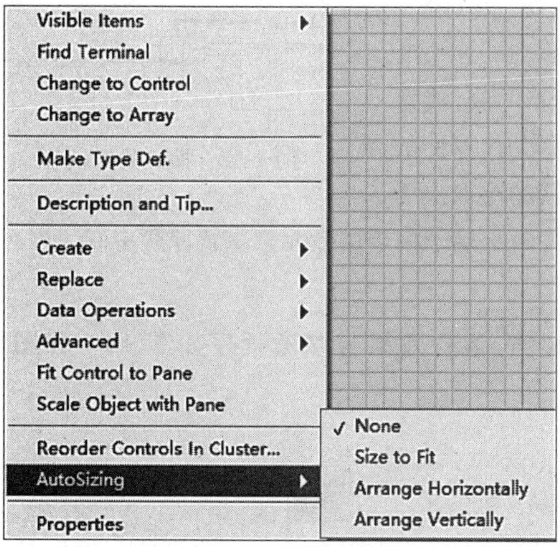

图 4-49　自动定义大小

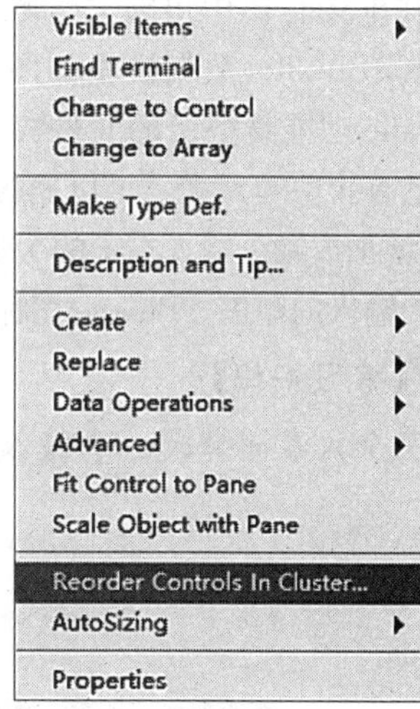

图 4-50　选择 Reorder Controls In Cluster 命令

在打开的图 4-51 所示的窗口中即可查看或改变各控件的序。

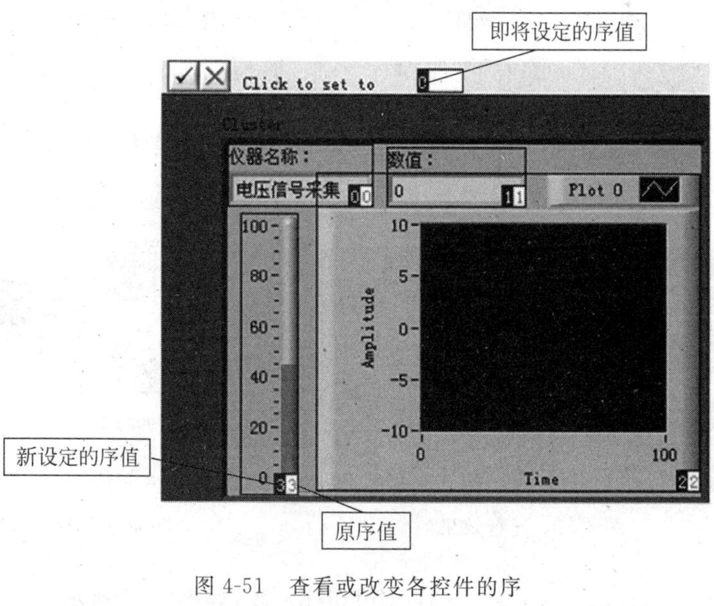

图 4-51　查看或改变各控件的序

三、簇与子程序传递数据

通过把控制或显示对象捆绑成一个簇，可以仅使用一个端子与子程序传递数据，从而避免了在框图程序中出现大量数据线的连接。

捆绑(Bundle)数据模块如图 4-52 所示。

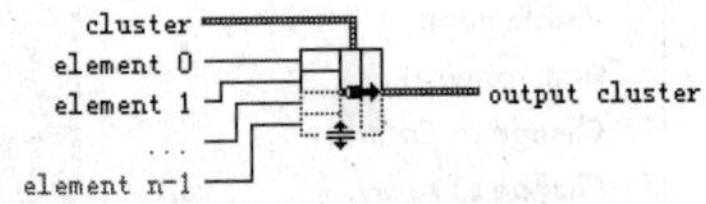

图 4-52　捆绑数据模块

Bundle 功能将分散的元件集合为一个新的簇，或重置一个已有簇中的元素。可以用位置工具拖曳其图标的下部，以增加或减少输入端子的个数。最终簇的序取决于被捆绑的输入的顺序。Bundle 图标中部的 Claster 端子用于用新元素重置原簇中的元素。

【练习 4-13】

将三个元素捆绑成一个簇。操作过程略，运行效果与参考程序如图 4-53 和图 4-54 所示。

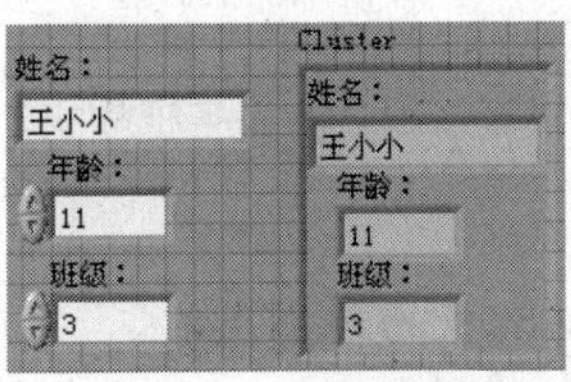

图 4-53　运行效果

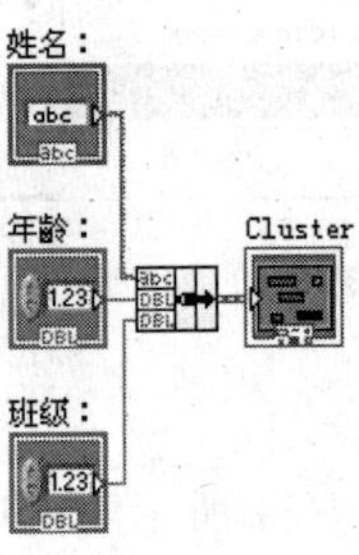

图 4-54　参考程序

【练习 4-14】

修改簇中某些元素的值。操作过程略，运行效果与参考程序如图 4-55 和图 4-56 所示。

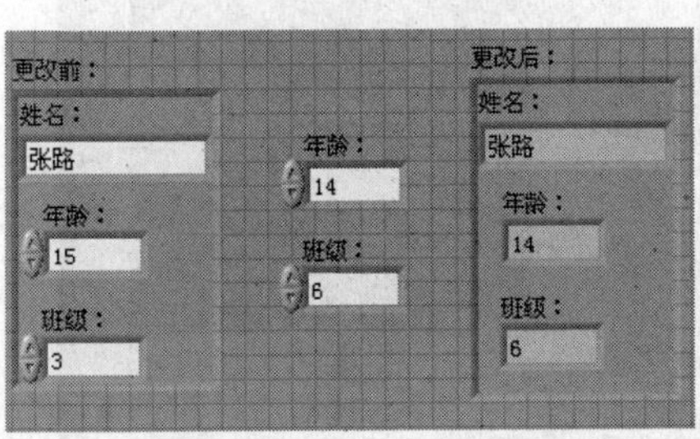

图 4-55　运行效果

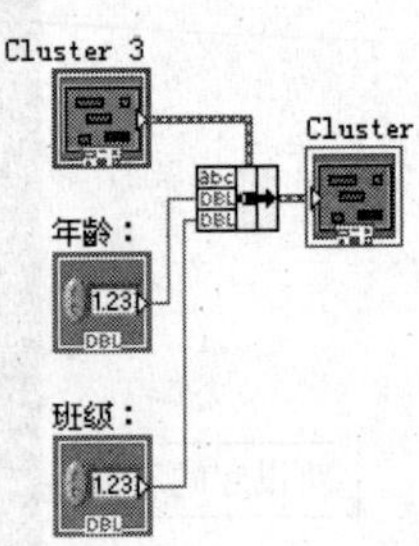

图 4-56　参考程序

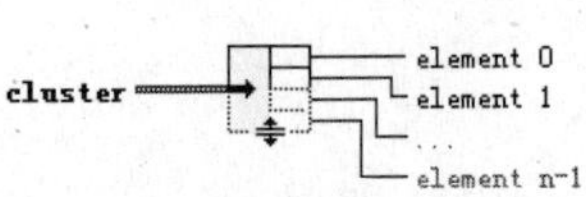

图 4-57　分解簇

分解(Unbundle)簇，如图 4-57 所示。

Unbundle 功能是 Bundle 的逆过程，它将一个簇分解为若干分离的元件。将簇与 Unbundle 模块相连，会自动显示元素个数。

【练习 4-15】

将一个簇中的各元素分解为独立的控件。操作过程略，运行效果与参考程序如图 4-58 和图 4-59 所示。

图 4-58　运行效果

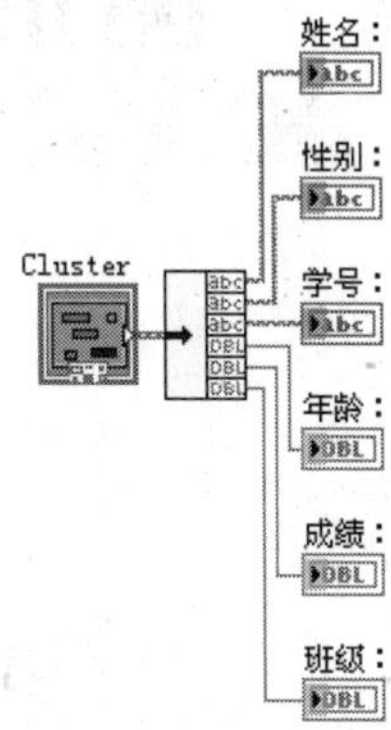

图 4-59　参考程序

第五章　图形显示与存储测量数据

第一节　图 形 显 示

通过图形将实验数据直观地显示出来，有助于人们对实验数据间相互关系的理解，这在任何一个实验中都是十分重要的方法，而 LabVIEW 为图形化显示数据提供了丰富的功能。

在 LabVIEW 图形显示功能中有 Chart 和 Graph 两个基本概念。Chart 是将数据源（模拟或实际采集得到的数据）在坐标系中逐点、实时地显示出来，它反映被测物理量的变化趋势，如显示一个实时变化的波形或曲线。而 Graph 则是显示对采集数据进行事后处理的结果。它将采集数据存放在一个数组之中，根据需要组成所需的图形显示出来，而不是实时显示。Graph 相对于 Chart 来说它的表现形式更为多样，所表现的数据内容、相互关系也更加丰富。例如，采集了一个声波后，经处理不仅可以显示声音的强度，而且可以显示各波段的频谱分布，对于分析和控制实验将更为便利。

一、Graph 控件

各种图形都提供了相应的控件，下面以 Graph （Controls→Modern→Graph→Waveform Graph）为例进行介绍，如图 5-1 所示。

当将 Graph 放入前面板时，如图 5-1 所示的这些控件并不能全部显示出来。可以右击 Graph，在弹出的快捷菜单的 Visible Items 级联菜单中选择需要的控件，如图 5-2 所示。

（1）曲线图例可用来设置曲线的各种属性，包括线型（实线、虚线、点画线等）、线粗细、颜色及数据点的形状等。

（2）图形模板可用来对曲线进行操作，包括移动、对所选区域放大和缩小等。

（3）光标图例可用来设置光标、移动光标，使用光标可以直接从曲线上读取数据。

（4）刻度图例用来设置坐标刻度的数据格式、类型（普通坐标或对数坐标）、坐标轴名称及刻度栅格的颜色等。

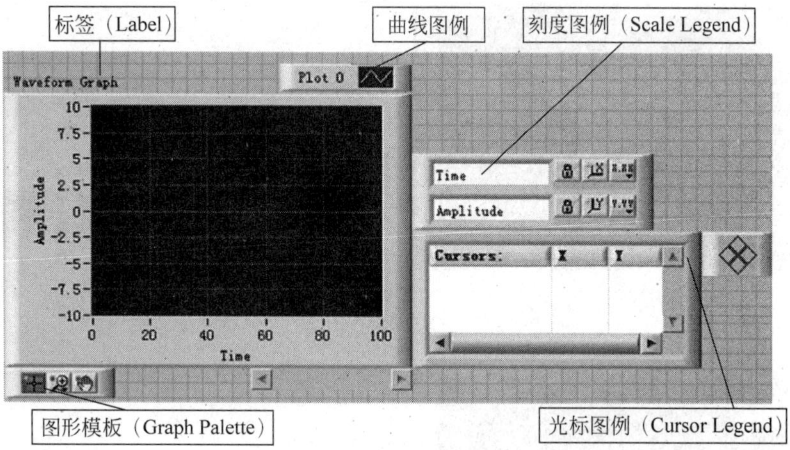

图 5-1　Graph 控件

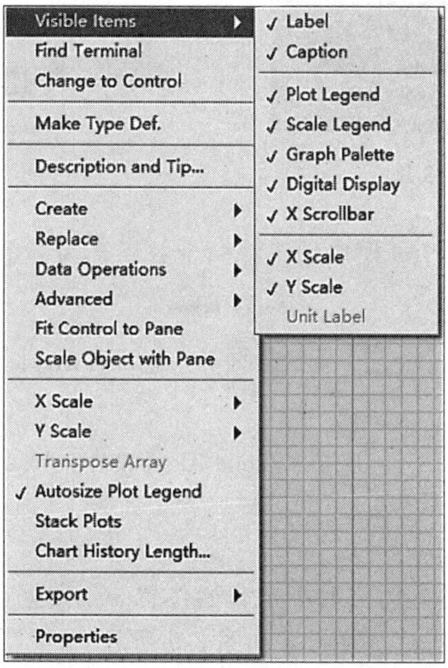

图 5-2　Visible Items 级联菜单

【练习 5-1】

在 Waveform Graph 上显示一维数组。当输入数据为一维数组时，Waveform Graph 直接将一维数组绘制成一条曲线，纵坐标为数组元素的值，横坐标为数组索引。操作过程略，运行效果与参考程序如图 5-3 和图 5-4 所示。

【练习 5-2】

在 Waveform Graph 上显示二维数组。当输入数组为二维数组时，默认情况下每一行数据对应一条曲线，即曲线的数目和行数相同。操作过程略，运行效果与参考程序如图 5-5 和图 5-6 所示。

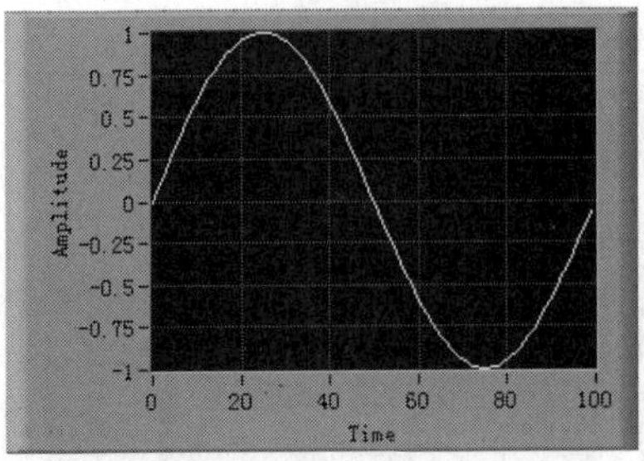

图 5-3　运行效果

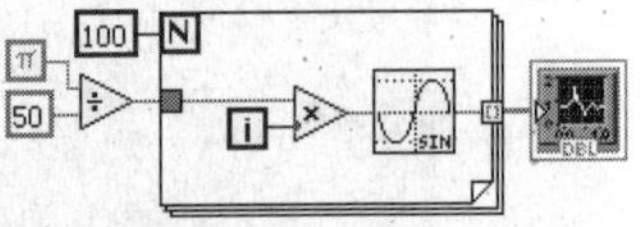

图 5-4　参考程序

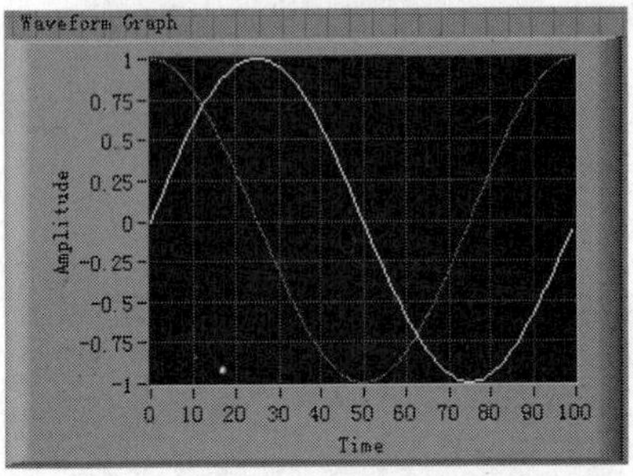

图 5-5　运行效果

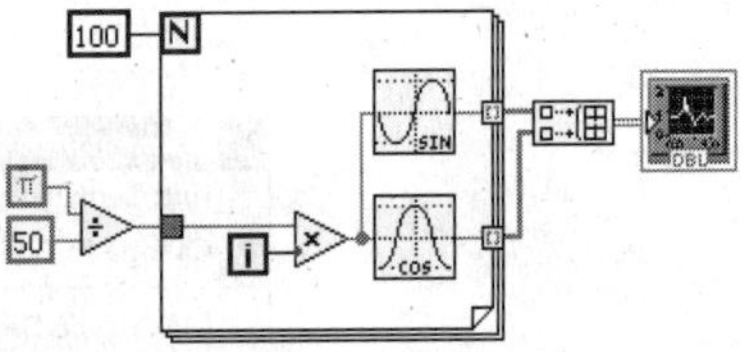

图 5-6　参考程序

如图 5-7 所示，Build Array 模块用于将两个数组合为一个数组进行输出。

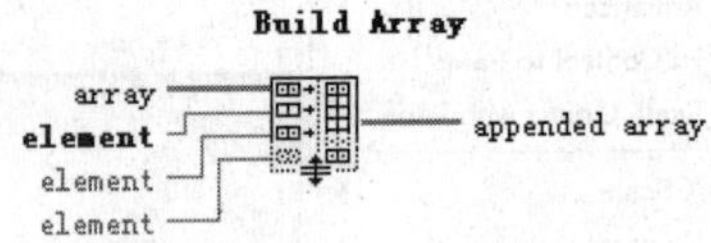

图 5-7　Build Array 模块

【练习 5-3】

簇作为输入。簇作为输入时需要指定起始位置 x_0、数据点间隔 dx 和数组数据。操作过程略，运行效果与参考程序如图 5-8 和图 5-9 所示。

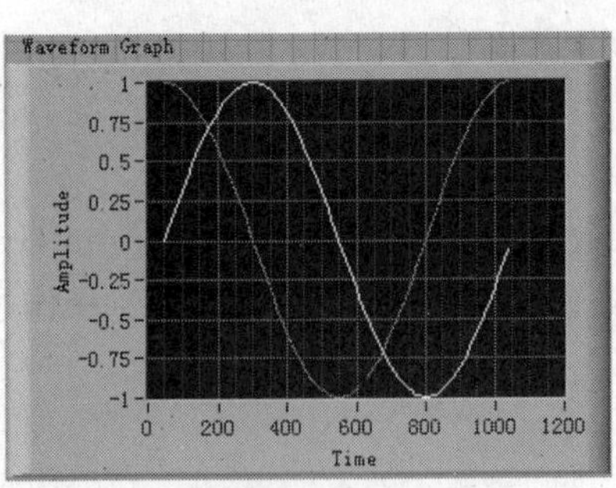

图 5-8　运行效果

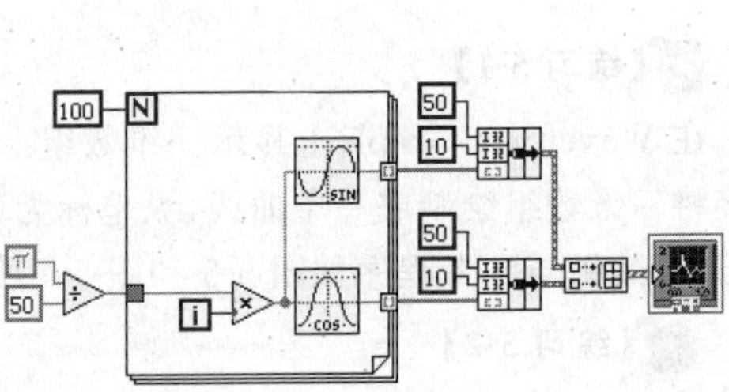

图 5-9　参考程序

如图 5-10 所示，Bundle 模块用于将分散的元件集合为一个新的簇。

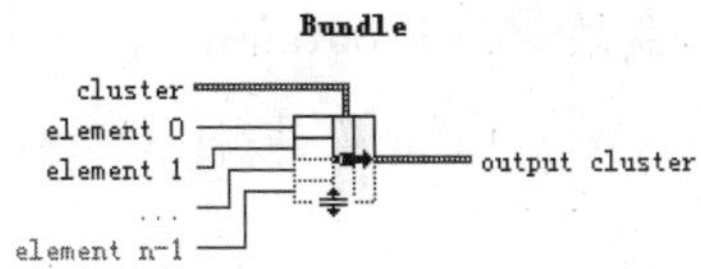

图 5-10　Bundle 模块

【练习 5-4】

簇数组作为输入。一维簇数组也可以直接作为 Graph 的输入，此时相当于 x_0 为 0，dx 为 1。操作过程略，运行效果与参考程序如图 5-11 和图 5-12 所示。

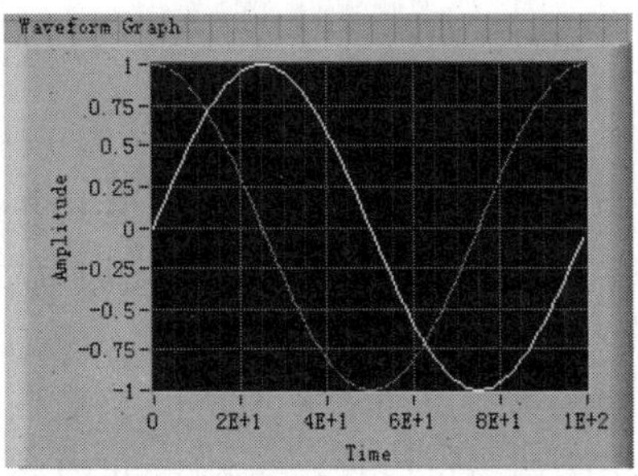

图 5-11　运行效果

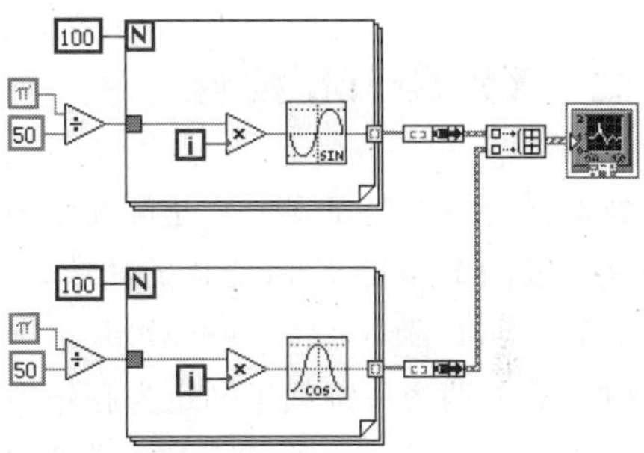

图 5-12　参考程序

【练习 5-5】

波形数据作为输入。由于波形数据携带的数据横轴为时间，因此需要将 Waveform Graph 的横轴设为时间轴。操作过程略，运行效果与参考程序如图 5-13 和图 5-14 所示。

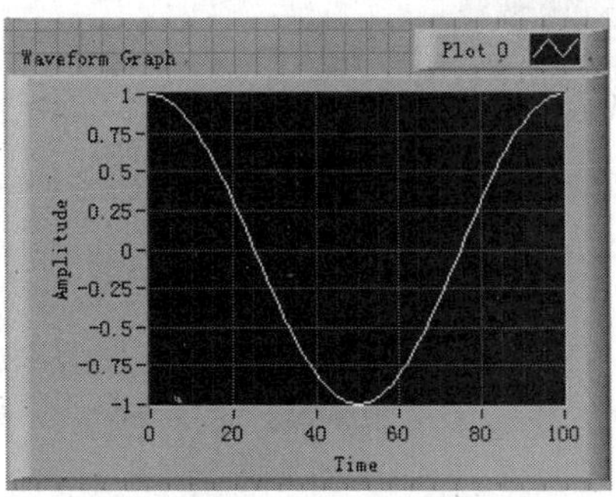

图 5-13　运行效果

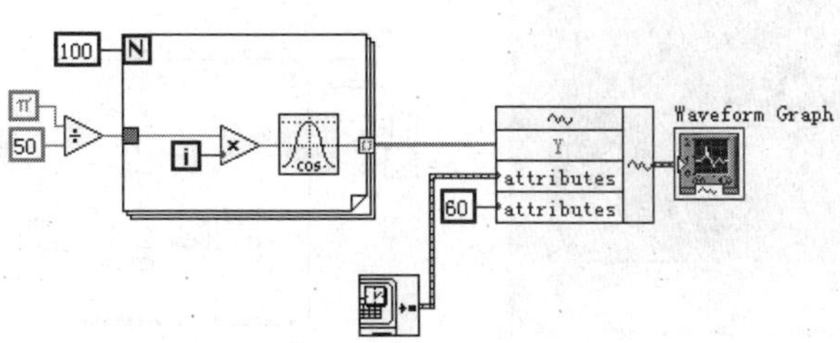

图 5-14　参考程序

其中，Time In Seconds 模块（Programming → Timing → Get Date/Time In Seconds）如图 5-15 所示，Build Waveform 模块（Programming → Wave form → Build Waveform）如图 5-16 所示。

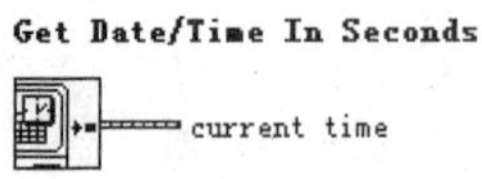

图 5-15　Time In Seconds 模块

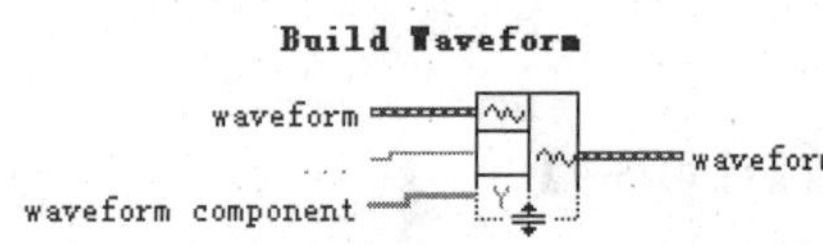

图 5-16　Build Waveform 模块

二、*XY* Graph 控件

波形图有一个特征，即 X 是测量点序号、时间间隔等，Y 是测量数据值，但其并不适合描述一般的 Y 值随 X 值变化的曲线。当需要绘制的曲线由 (x, y) 坐标决定时，就需要采用 XY Graph（Controls→Modern→Graph→Waveform Graph）。

（1）X、Y 两个一维数组绑定为簇作为输入。这是一种简单的情形，Bundle 函数输入的第一个数组为 X Array，第二个数组为 Y Array。绑定为簇后可以直接输入，也可以将多个簇创建为一维数组输入，实现多条曲线。运行效果与参考程序如图 5-17 和图 5-18 所示。

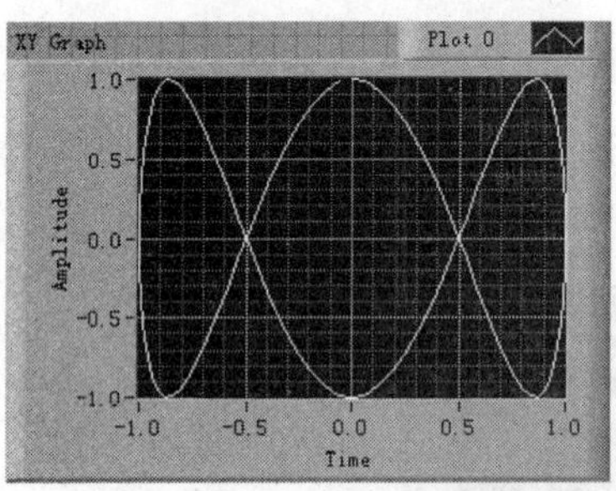

图 5-17　运行效果

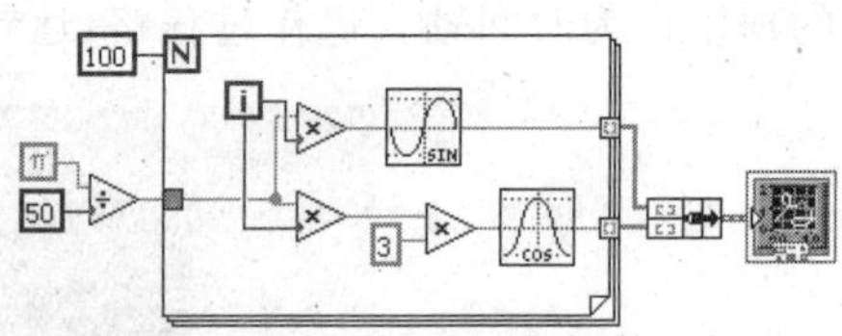

图 5-18　参考程序

（2）坐标点簇数组作为 XY Graph 输入源。将各个点的坐标绑定为簇后作为簇数组输入，和直接将 X、Y 数组绑定为簇输入效果一样。运行效果与参考程序如图 5-19 和图 5-20 所示。

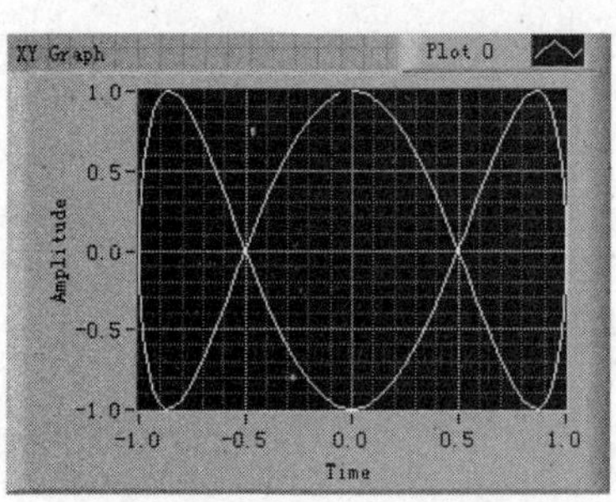

图 5-19　运行效果

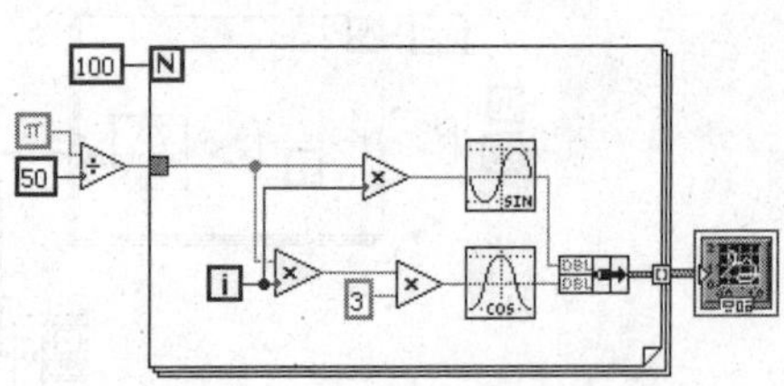

图 5-20　参考程序

【练习 5-6】

利用 *XY* Graph 构成利萨如图形。

(1) 在前面板中加入一个显示图形控件 *XY* Graph 和变量控件 Numeric,如图 5-21 所示。

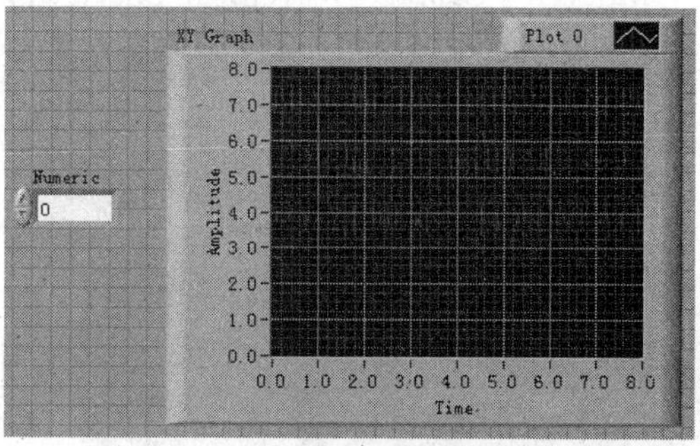

图 5-21　前面板控件

(2) 在程序面板中加入一个 while 循环程序控件,以保证程序可以重复运行。

(3) 加入两个信号发生器控件 Sine Waveform (Functions→Signal Processing→Waveform Generation→Sine Waveform)。

(4) 各接口情况如图 5-22 所示。

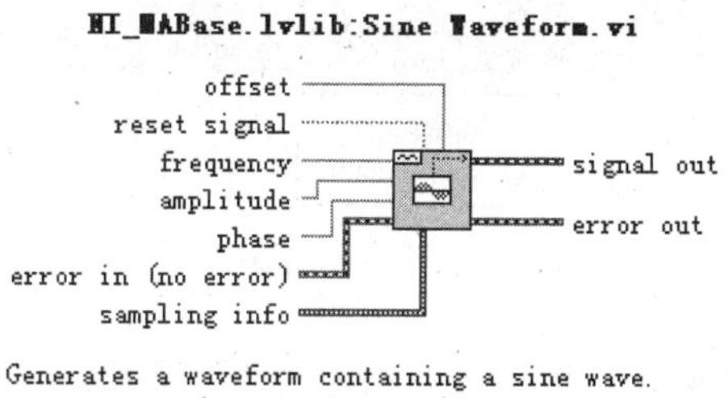

图 5-22　各接口情况

(5) 只需控制在 *X* 轴和 *Y* 轴的频率,即可形成利萨如图形。

(6) 将两个信号源作为输入,完成的前面板运行效果与参考程序如图 5-23 和图 5-24 所示。

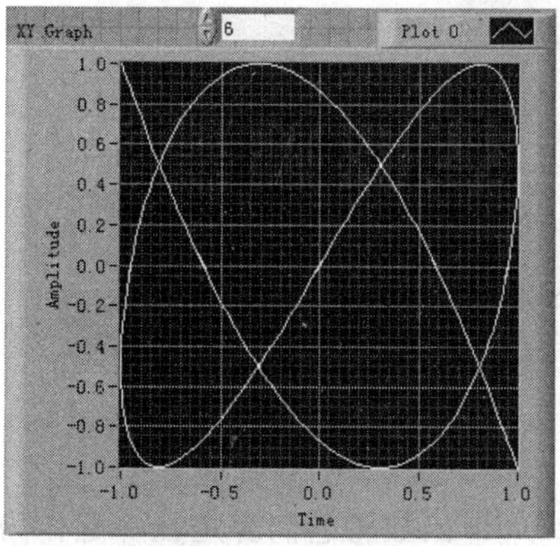

图 5-23　运行效果

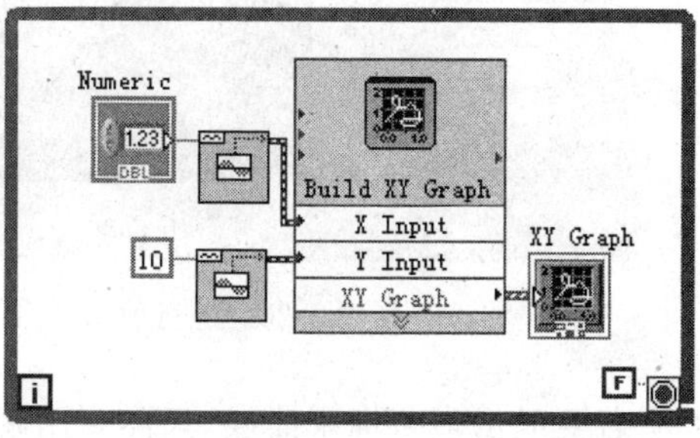

图 5-24　参考程序

三、Chart 控件

Chart (Controls→Modern→Graph→Waveform Chart)可以将新测得的数据添加到曲线尾端,从而反映实时数据的变化趋势。Chart 主要是用来显示实时曲线,如图 5-25 所示。

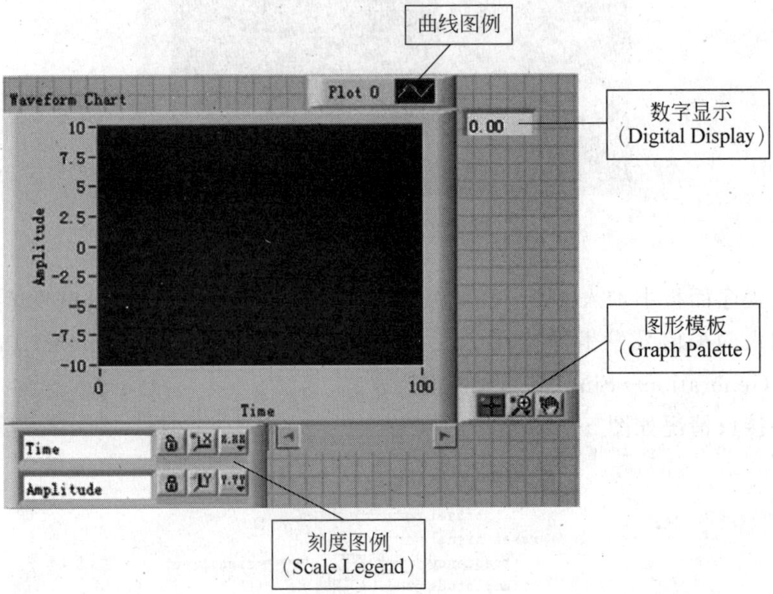

图 5-25　Chart 控件

(1) 对于标量数据,Chart 直接将数据添加在曲线尾端。

(2) 对于一维数组的数据,Chart 会一次性把一维数组的数据添加在曲线末端,即曲线每次向前推进的点数为数组数据的点数。运行效果与参考程序如图 5-26 和图 5-27 所示。

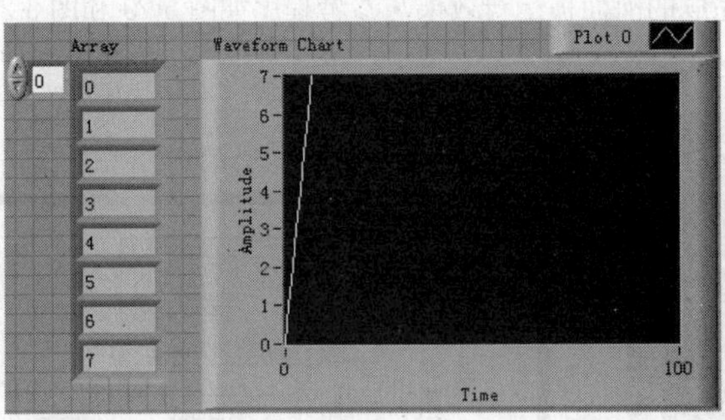

图 5-26　运行效果

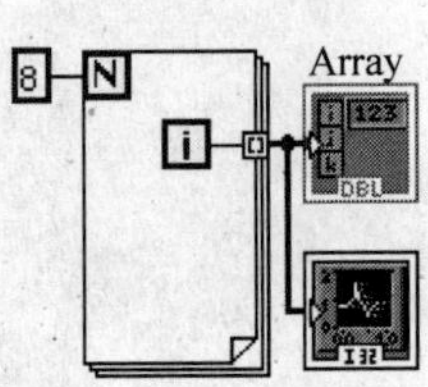

图 5-27　参考程序

(3) 若要显示多条标量曲线,只需要用簇的 Bundle 函数将它们绑定在一起作为输入即可。运行效果与参考程序如图 5-28 和图 5-29 所示。

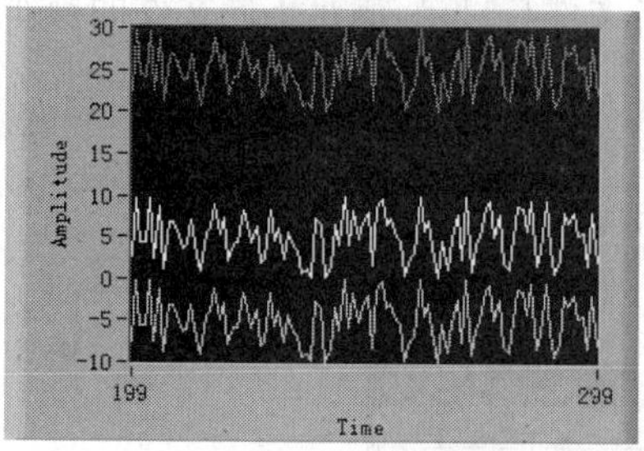

图 5-28　运行效果

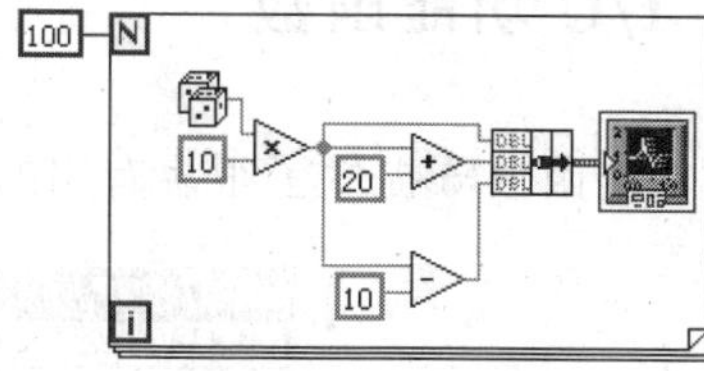

图 5-29　参考程序

(4) 对于二维数组的数据，默认情况下是每一列数据当作一条一维数组曲线。运行效果与参考程序如图 5-30 和图 5-31 所示。程序每运行一次，Chart 中每条曲线上增加六个数据点，其中最新的数据显示在 Digital Display 数据框中。

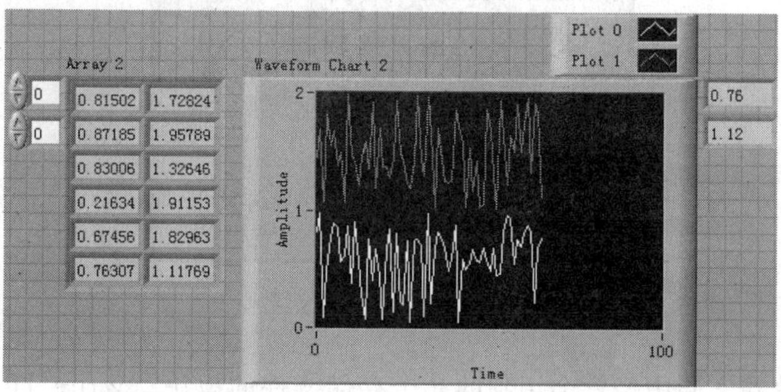

图 5-30　运行效果

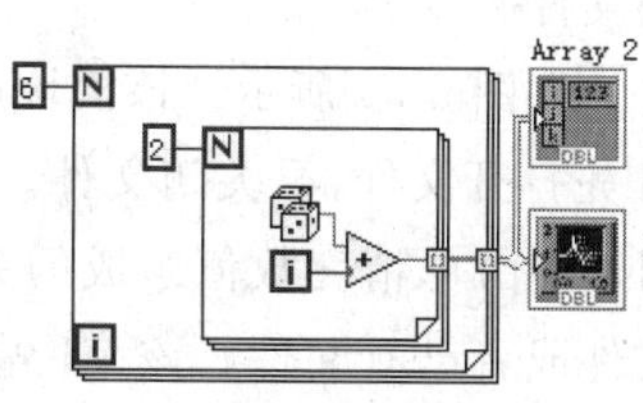

图 5-31　参考程序

第二节　存储测量数据

LabVIEW 2020 可以很方便地测量各种数据，而且这些数据可以直观地以图形或数据的形式显示在计算机屏幕上。但是，要分析这些数据的内在联系，仅在屏幕上显示这些数据仍然是不够的，还需要将这些数据以文件形式存储，对照不同实验的测量结果，以便更好地分析测量数据的内在关系。LabVIEW 2020 为存储和读写文件提供了一组功能强大的文件处理工具，不仅可以读写数据，还可以移动、重命名文件与目录，满足不同文件的操作需求。

一、I/O 功能函数

I/O 功能函数提供了很多有用的工具 VI，如图 5-32 所示。

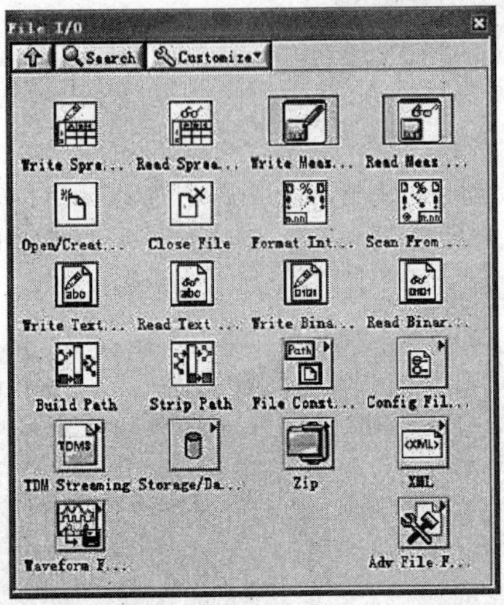

图 5-32　I/O 功能函数

这里只讨论在实验中经常会用到的几个存储文件的模块。Write To Text File 模块如图 5-33 所示。该模块用于将一个字符串写入一个新建文件或者已有文件。该 VI 打开这个文件并写入数据，再关闭文件。

Read From Text File 模块如图 5-34 所示。该模块用于从某个文件的特定位置开始读取指定个数的字符。该 VI 先打开文件，再关闭文件。Write To Spreadsheet File 模块如图 5-35 所示。该模块用于将由单精度数值组成的一维或者二维数组转换成文本字符串，再将它写入一个新建文件或者已有文件。该 VI 先打开或者新建文件，之后关闭文件。其所存文件可以用 Excel 软件打开。

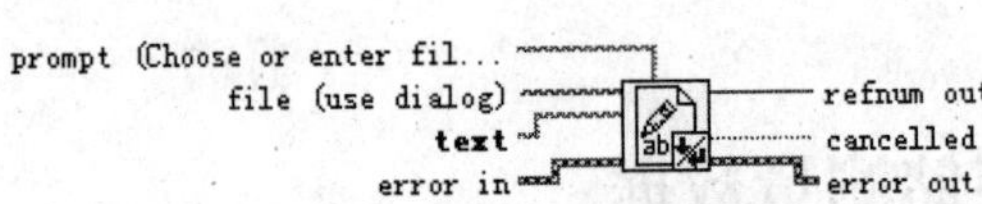

图 5-33　Write To Text File 模块

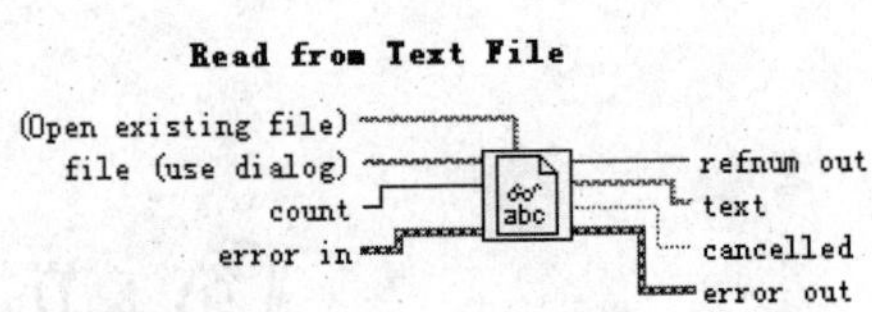

图 5-34　Read From Text File 模块

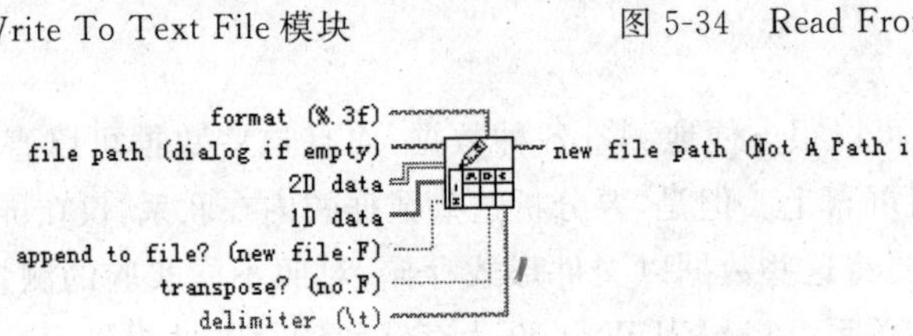

图 5-35　Write To Spreadsheet File 模块

Read From Spreadsheet File 模块如图 5-36 所示。该模块用于从某个文件的特定位置开始读取指定个数的行或者列内容,再将数据转换成二维、单精度数组。该 VI 先打开文件,之后关闭文件。它可以用于读取用文本格式存储的电子表格文件。

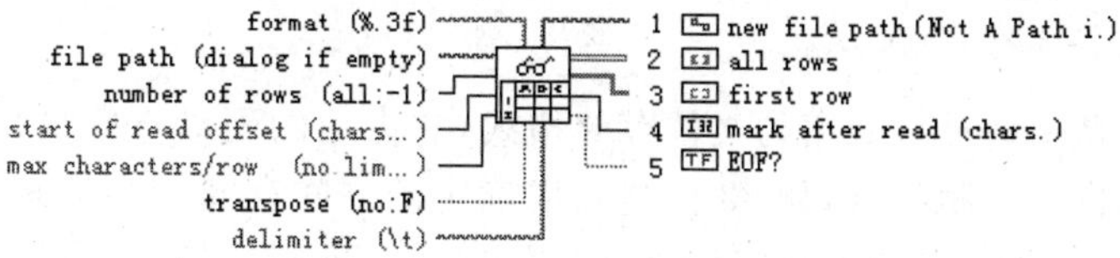

图 5-36 Read From Spreadsheet File 模块

Write To Measurement File Express 模块如图 5-37 所示。该模块用于将测量数据以文本文件(Text Files)、二进制文件(Binary Files)、基于文本的测量文件(.lvm 文件)或高速数据流文件(.tdms 文件)的形式存储在一个新建文件或者已有文件。该 VI 先打开或者新建文件,之后关闭文件。其所存文件可以用 Windows 自带的记事本打开,也可用 LabVIEW 提供的 TDMS File Viewer VI 进行浏览。

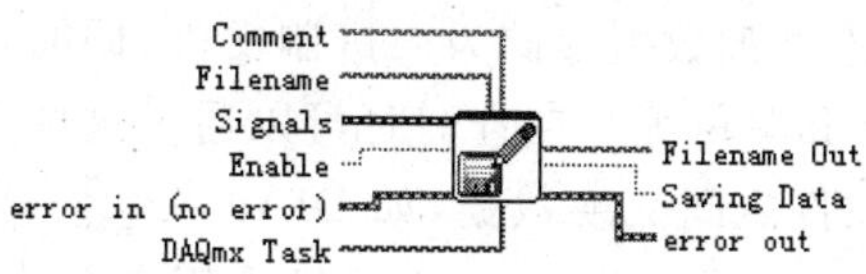

图 5-37 Write To Measurement File Express 模块

Read From Measurement File Express 模块如图 5-38 所示。该模块用于读取保存的以文本文件、二进制文件、基于文本的测量文件或高速数据流文件形式存储的文件。该 VI 先打开或者新建文件,之后关闭文件。

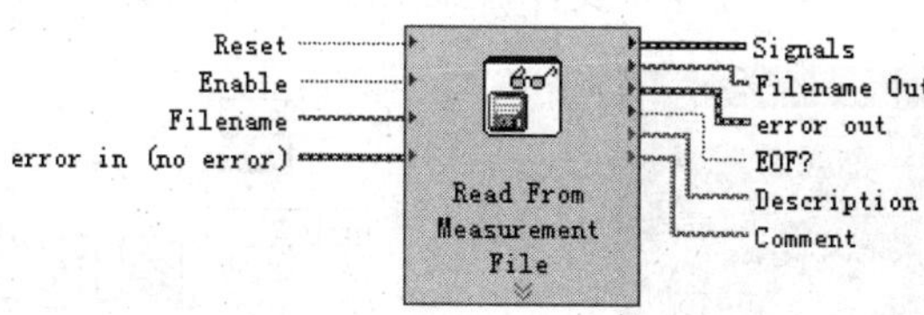

图 5-38 Read From Measurement File Express 模块

二、文件存储的主要类型

LabVIEW 中可以用于存储和读取的文件类型如下。

1. 文本文件和表单文件

文本文件和表单文件(spreadsheet files)将字符串以 ASCII 编码格式存储在文件中,如 txt 文件和 Excel 文件。这种文件类型最常见,可以在各种操作系统下由多种应用程序打开,如记事本、Word、Excel 等第三方软件,因此这种文件类型的通用性最强。但是相对于其他类型文件,它消耗的硬盘空间相对也比较大,读写速度也较慢,且不能随意在指定位置写入或读出数据。如果需要将数据存储为文本文件,必须先将数据转换为字符串。

2. 二进制文件

二进制文件是一种最有效率的文件存储格式,它占用的硬盘空间最少且读写速度最快。二进制文件将二进制数据,如 32 位整数以确定的空间存储 4 字节来存储,因此不会损失精度,而且可以随意在文件指定位置读写数据。二进制文件的数据输入可以是任何数据类型,如数组和簇等复杂数据,但是在读出时必须给定参考。

3. 基于文本的测量文件

基于文本的测量文件将动态类型数据按一定的格式存储在文本文件中。它可以在数据前加上一些信息头,如采集时间等,可以由 Excel 等文本编辑器打开查看其内容。

4. 高速数据流文件

高速数据流文件将动态类型数据存储为二进制文件,同时可以为每一个信号添加一些有用的信息,如信号名称和单位等。在查询时可以通过这些附加信息来查询需要的数据。它被用来在 NI 各种软件之间交换数据,如 DIAdem。高速数据流文件比基于文本的测量文件占用空间更小,读写速度更快,非常适合用来存储数量庞大的测试数据。

【练习 5-7】

将字符串存入文件,并读取。操作过程略,运行效果与参考程序如图 5-39 和图 5-40 所示。其中,(Control→Modern→String & Path→File Path Control)为浏览文件目录模块,可以在此确定要写入文件的位置和文件名。运行程序后不仅可以在 Read Text 窗口读到文件上的文字,在指定文件存储位置也会出现一个文本文件,可以用记事本等软件打开,读取内容。

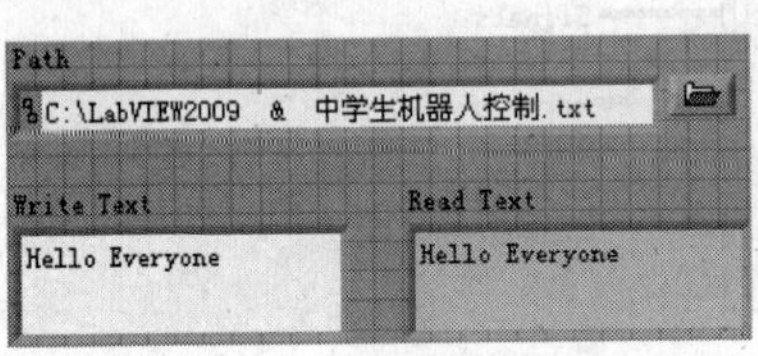

图 5-39 运行效果

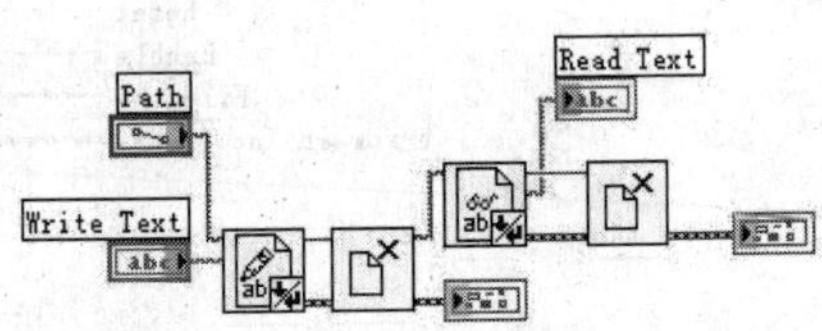

图 5-40 参考程序

【练习 5-8】

将数据存入文件,并打开读取。操作过程略,运行效果与参考程序如图 5-41 和图 5-42 所示。

运行程序后不仅可以在 Read From Spreadsheet File 数组中读到文件上的数据,在指定文件存储位置 D:\new1 也会出现一个文件名为 new1 的文件,可以用 Excel 软件打开,读取内容,并进行数据分析处理。

图 5-43 所示为在 Excel 表格中根据数据插入的图表,可以看到图表与前面板中读取的图形是一致的。

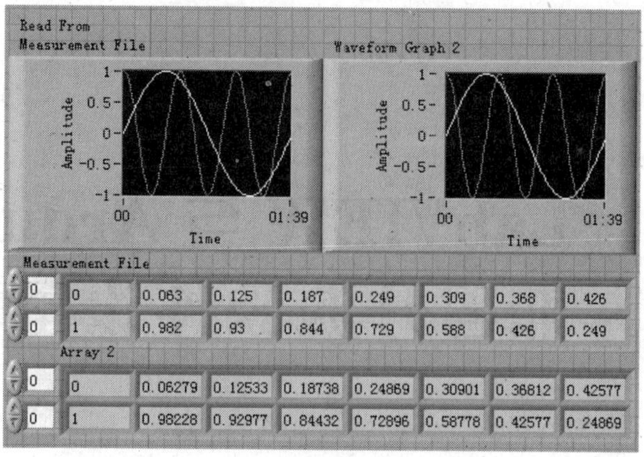

图 5-41 运行效果

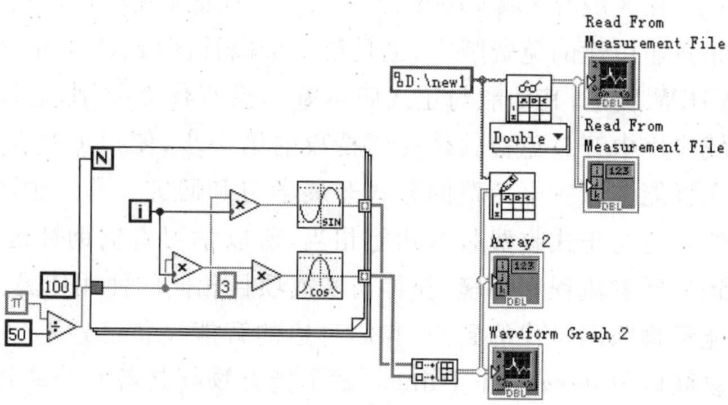

图 5-42 参考程序

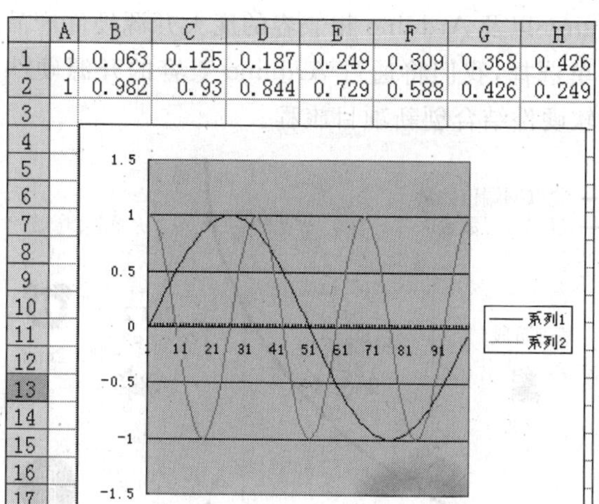

图 5-43 Excel 表中根据数据插入的图表

第六章 LabVIEW 与 Arduino 兼容开源硬件设备互联

LabVIEW 2020 社区版及 LabVIEW NXG 2020 社区版是 NI 面向个人爱好者以及学生发布的用于非商业用途的免费版本，也是第一个以社区版(Community Edition)命名的正版免费 LabVIEW 版本，其功能与正式版本基本没有什么差别，可以说它帮助 NI 迈出了在非商业领域应用中开放免费软件使用授权的第一步，使得那些在非商用背景下进行开发和学习的人群能够以完全免费的方式开展学习和研究工作。值得强调的是，正因为社区免费版本的功能与正式收费版本功能相当，所以学习者借助社区版本能够使用与工业界工程师一致的开发流程和环境，获得与实战项目相同的使用体验。

随着人工智能和物联网时代的到来，我们身边的智能设备已经不仅仅局限于智能手机这一款终端。物联网(Internet of Things)就是指万物都具备互联的智能网络，到 2035 年，全球平均每人将拥有的物联网设备由 2010 年的 2 个大幅提升至 100 个，如图 6-1 所示。这些智能互联的物联网设备很大一部分都将来自开源硬件社区。而提到开源硬件，我们不得不提及 Arduino 以及 Arduino 相兼容的庞大开源硬件产品。作为开源硬件和物联网设备入门的最简单选择，我们将通过 Arduino 兼容的开源硬件配合 LabVIEW 来开启基于 LabVIEW 的软硬件结合创新项目旅程。

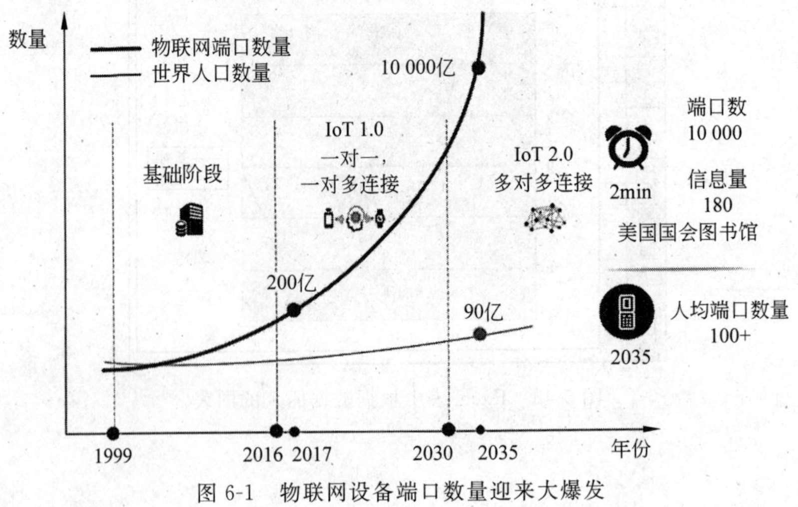

图 6-1 物联网设备端口数量迎来大爆发

第一节 LabVIEW 社区版结合开源硬件 ChipKIT

本节主要介绍全球开源硬件 Arduino 兼容开源硬件产品线 ChipKIT。ChipKIT 是第一个真正意义上的 32 位 Arduino 软硬件全兼容产品线，是一个易于使用且适合快速产品原型设计的嵌入式微控制器(Microcontroller Unit，MCU)平台系列。它基于 MCU 全球领先厂商微芯(Microchip)公司的 PIC32 系列 MCU，并被设计成与 Arduino 完全兼容的开源硬件形式，借助工业级的 PIC32 MCU 32 位处理器核心以及更专业的丰富外部设备，为那些寻找加强版 Arduino 开源硬件的开发者们提供了进阶的选择。ChipKIT 是一个家族系列，有众多不同型号的板卡，目前被全球用户广泛使用的 ChipKIT 开发板平台有 ChipKIT WF32、ChipKITWiFire、ChipKIT MAX32、ChipKIT uC32、ChipKIT UNO32 等。鉴于不通过型号的 ChipKIT 与 LabVIEW 的互联机制十分类似，本书给出的项目实例均以功能最为综合的高性价比 ChipKIT WF32 展开。

一、ChipKIT WF32 概述

ChipKIT WF32(以下简称 WF32)是一款载有 Microchip® PIC32 微型控制器的 MCU 原型设计平台。它是 DIGILENT(迪芝伦)第一块板载有 WiFi MRF24 和 SD 卡的单片机开发平台，如图 6-2 所示。

图 6-2 WF32

WF32 板具有功能强大的 PIC32MX695F512L 微控制器，该微控制器拥有运行速度在 80MHz 的 32 位 MIPS(Million Instructions Per Second)的处理器核，512KB 的闪存程序存储器和 128KB 的 SRAM(Static Random-Access Memory，静态随机存取存储器)数

据存储器。WF32能够通过多平台集成开发环境(Multi-Platform Integrated Development Environment,MPIDE)进行编程,该编程环境能够提供开发嵌入式应用所需的综合工具。WF32可以通过USB串行端口与MPIDE连接,并能通过USB或者外部电源来为其供电。此外,它能完全兼容工业级专业的Microchip MPLAB® IDE,能与所有与MPLAB兼容的系统编程器/调试器一起运行,如Microchip PICkit™ 3或者DIGILENTchipKIT PGM等。WF32非常易于使用,无论是初学者还是高级用户,都能用其开展电子和嵌入式控制系统项目。除了以上提到的两种常用的基于文本编程语言的编程模式外,WF32与其他几款ChipKIT家族成员一样,支持与LabVIEW进行有线或是无线互联,对开发者来说可以十分高效简便地开发具有交互式界面的工程项目与应用。关于WF32产品的技术细节,可以访问迪芝伦官方网站获取详细说明文档,本书不再赘述。

二、ChipKIT WF32与LabVIEW 2020社区版的互联

WF32与LabVIEW的互联需要通过DIGILENT的LINX工具包来完成,免费的LabVIEW 2020社区版软件中自带LINX工具包。对于WF32这一类Arduino兼容的开源硬件,LabVIEW与硬件的互动需要上位机计算机的参与,即tethered device。当然,由于WF32自带WiFi接口,这里所说的tethered可以是指LabVIEW通过USB线缆有线地tether到WF32,也可以是指LabVIEW通过WiFi无线的方式tether到WF32。对于Arduino兼容设备的固件配置,需要通过LINX固件向导来完成。单击并打开LabVIEW 2020社区版,选择Tools→MakerHub→LINX→LINX Firmware Wizard...命令,如图6-3所示。

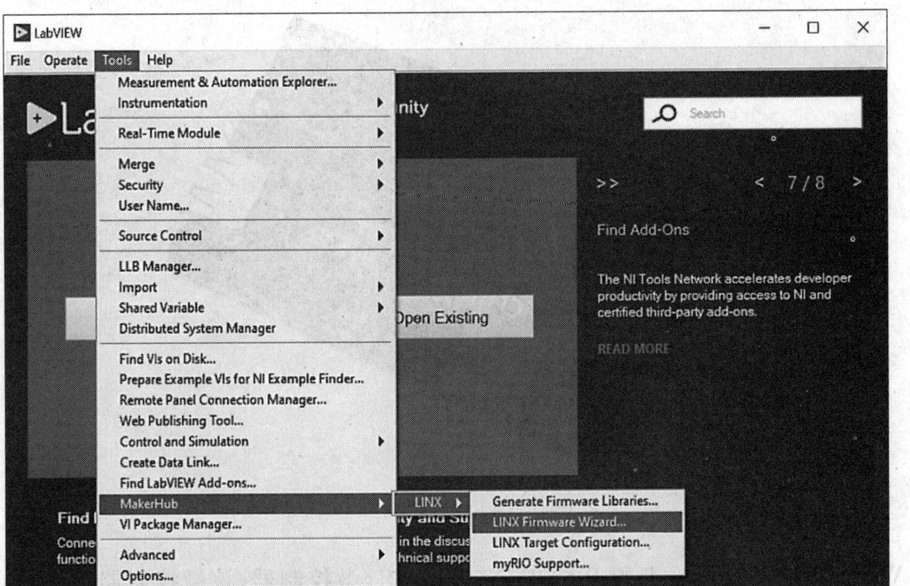

图6-3 启动LINX固件向导

打开 LINX 固件向导，以完成对 WF32 板卡上固件的配置，从而确保后续 LabVIEW 程序能够顺利地与 WF32 硬件进行通信与交互。在 Device Family（设备家族）下拉列表中选择 Digilent，如图 6-4 所示。

图 6-4 设置 Device Family

在图 6-5 所示的 Device Type（设备类型）下拉列表中选择 ChipKIT WF32，在图 6-6 所示的 Firmware Upload Method（固件上传方式）下拉列表中选择 Serial/USB。事实上，针对 WF32 这款硬件，仅有 Serial/USB 这一个通过有线方式上传固件到 WF32 的选项。

图 6-5 选择 chipKIT WF32

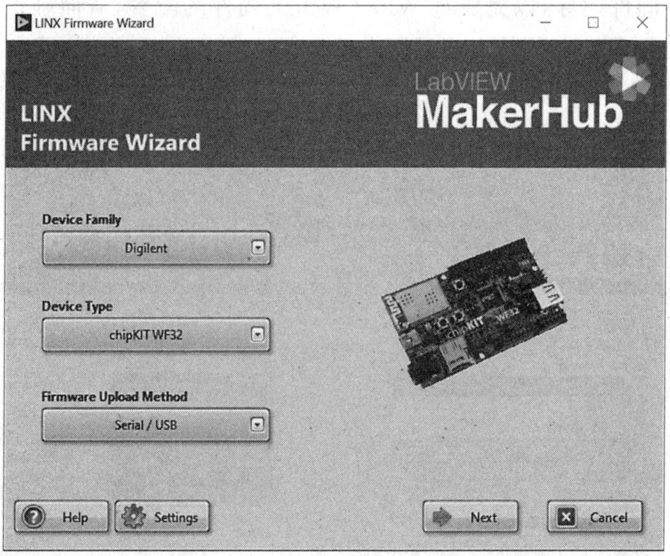

图 6-6　选择 Serial/USB

在单击 Next 按钮之前，需要使用一根 Mini-USB 线缆将 WF32 连接到 PC 的 USB 接口上。同时，在 PC 上通过搜索 Device Manager 关键词打开 Windows 的设备管理器，如图 6-7 所示。

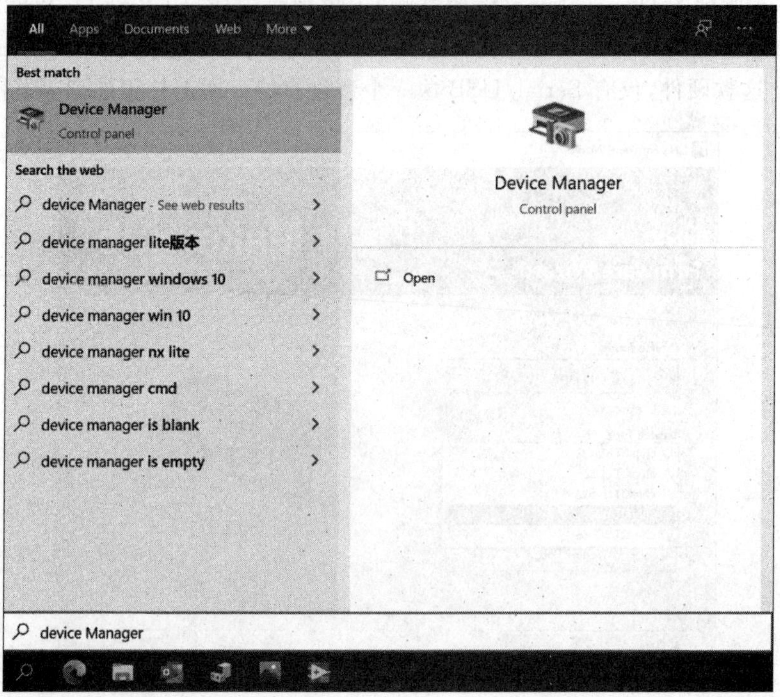

图 6-7　打开 Windows 设备管理器

在 Windows 设备管理器下拉列表中能够看到当前已经通过 miniUSB 连线连接到 PC 上的 WF32 串口信息，如图 6-8 所示，本例中的 WF32 对应的串口信息为 USB Serial Port(COM3)。

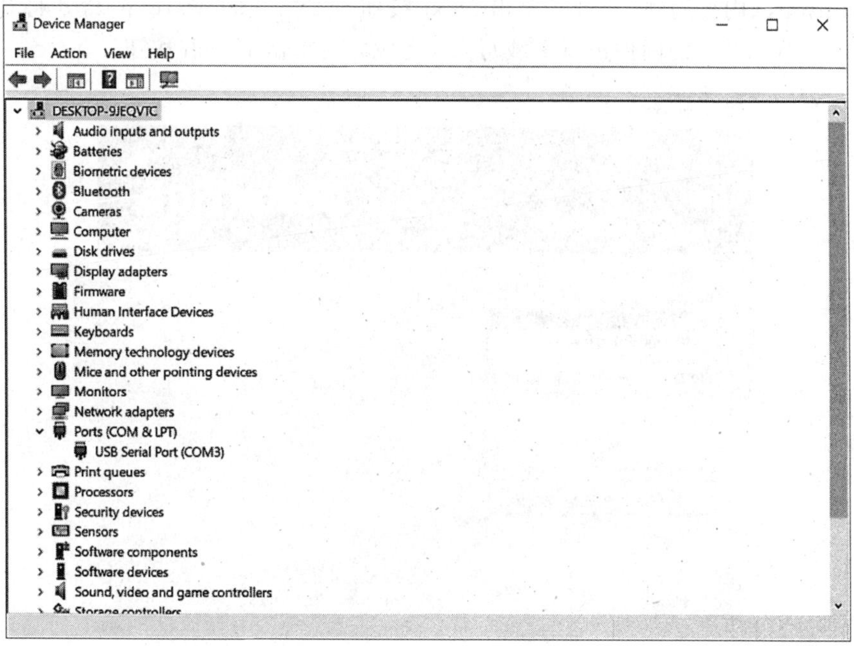

图 6-8　计算机设备管理器中显示串口 COM3

单击 Next 按钮，刷新图 6-9 的下拉列表，选择 COM3。

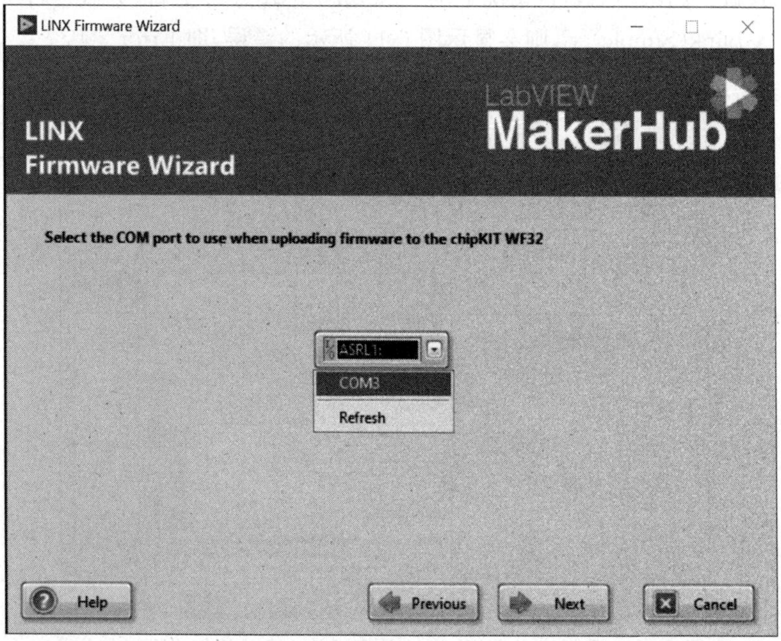

图 6-9　选择 COM3

单击 Next 按钮，进入图 6-10 所示页面。在 Firmware Version(固件版本)下拉列表中选择 LINX-Serial/USB，该选项指定了当前将把“LabVIEW 有线连接 WF32 进行控制”的固件上载到 WF32 中。在 Upload Type(上载类型)下拉列表中选择默认的 Pre-Built Firmware(内建固件)即可。单击 Next 按钮，LINX Firmware Wizard 将开始通过 COM3 口对 WF32 上的固件进行上载写入，完成之后单击 Finish 按钮。

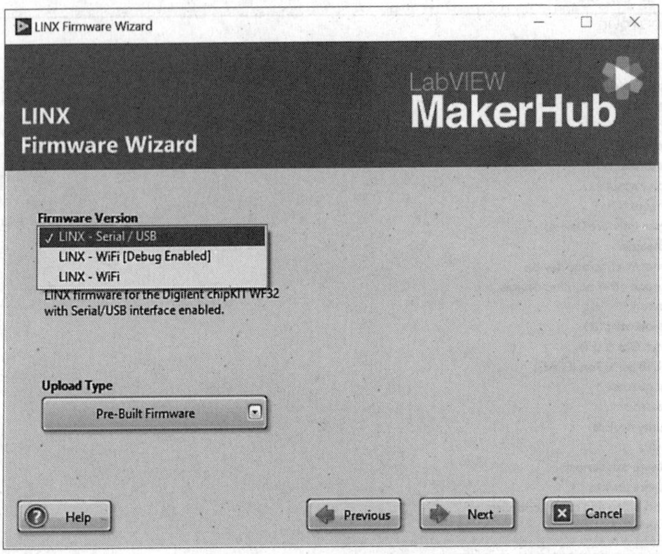

图 6-10　选择固件版本和上载类型

在这里需要指出的是，LabVIEW 2020 社区版(20.0 版本)自带的 LINX 工具包对 WF32 的支持存在瑕疵。如果不对默认情况下的 2020 版 LINX 进行更新，尝试运行 LabVIEW 示例程序 LINX-Blink(Simple).vi，则会显示图 6-11 所示的错误，即 Error 5003。

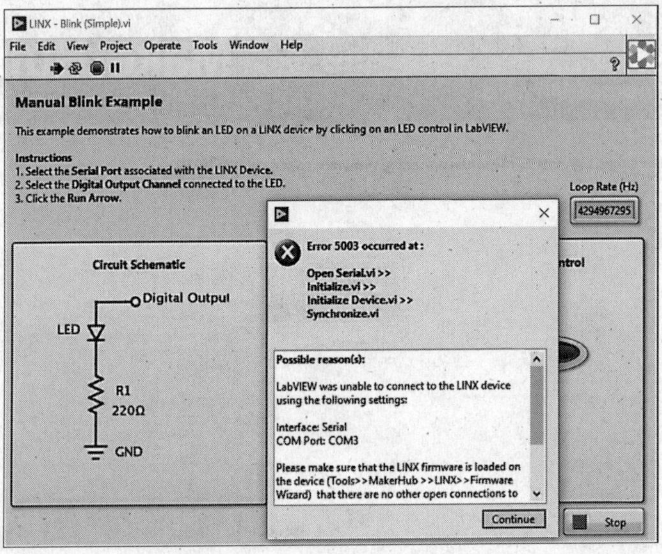

图 6-11　原生 LabVIEW 2020 社区版的 LINX 连接 WF32 错误

为了修复上述 Error 5003 的问题，退出 LINX Firmware Wizard，从本书附带的网盘中找到 lvh_linx-3.0.1.192.vip 安装包并双击打开，更新 LINX 工具包，进入图 6-12 所示界面。

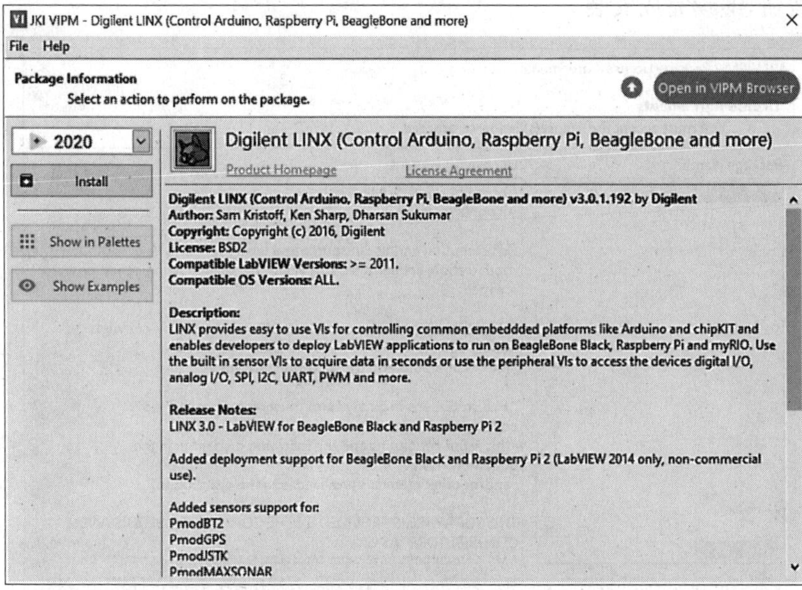

图 6-12　重新安装 DIGILENT LINX

确保左上角的 LabVIEW 版本为 2020 版本之后，单击 Install 按钮，进入如图 6-13 所示的安装界面。

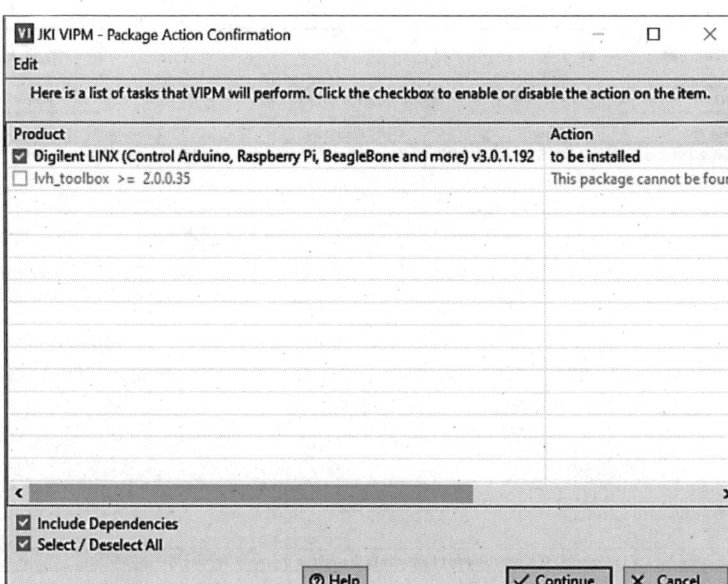

图 6-13　LINX 安装界面

选中 Digilent LINX(Control Arduino，Raspberry Pi，BeagleBone and more) v3.0.1.

192 和 Include Dependencies 复选框，单击 Continue 按钮，进入图 6-14 所示的许可证协议界面。仔细阅读相关协议内容，单击 Yes，I accept these license Agreement(s) Install Packages 按钮，继续完成安装。

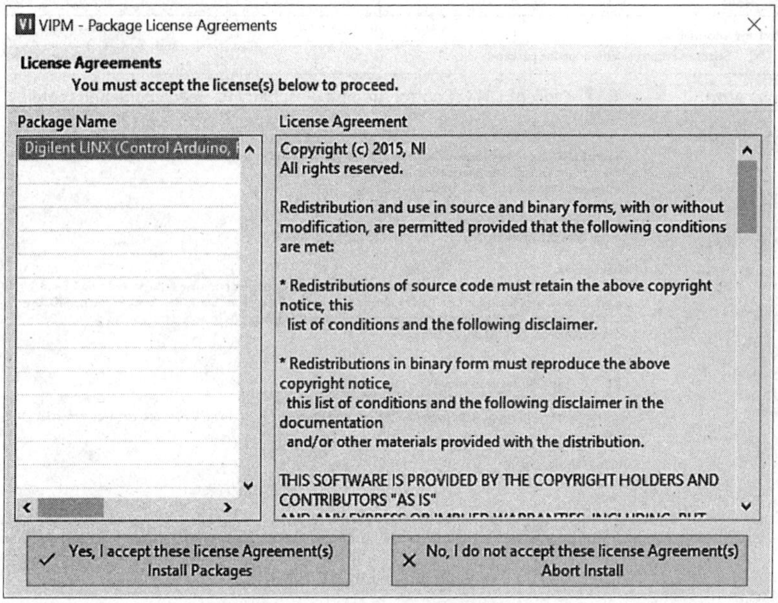

图 6-14　许可证协议界面

注意：在图 6-15 中的进度条显示了当前的安装情况。

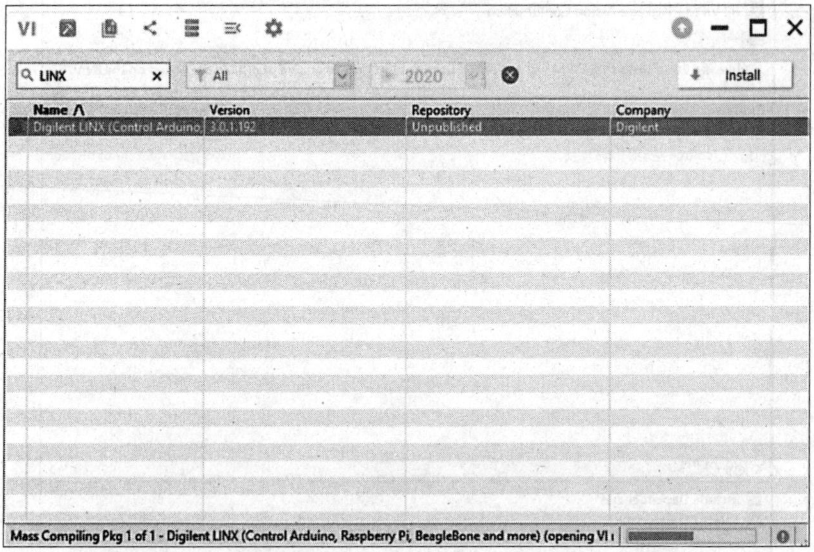

图 6-15　当前 LINX 安装情况

LINX 成功安装之后的界面如图 6-16 所示。单击 Finish 按钮，即完成对 LINX 工具包的更新。

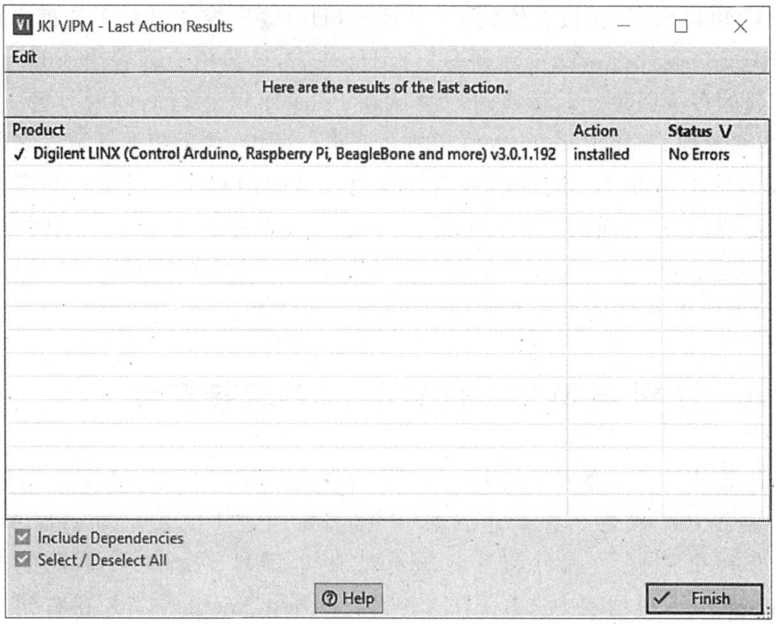

图 6-16 LINX 安装成功界面

重启 LabVIEW 2020 之后，再次通过选择 Tools→MakerHub→LINX→LINX Firmware Wizard...命令来启动 LINX 固件向导，按照前述提示的步骤，通过 COM3 重新对 WF32 中的“有线通信”固件进行上载。完成之后，可以通过 LINX-Blink(Simple).vi 示例程序来验证 LINX 工具包已经能够配套 WF32 正常工作。如图 6-17 所示，配置 LINX-Blink(Simple).vi 示例程序的前面板后运行该示例程序。

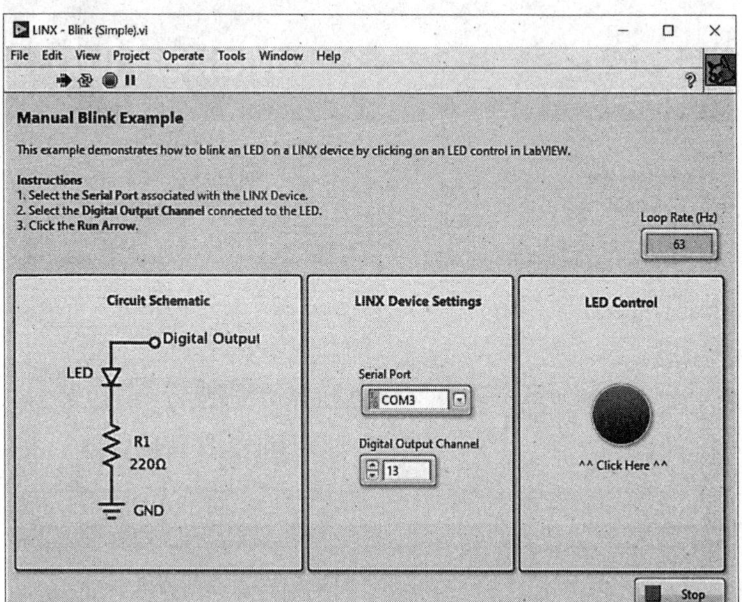

图 6-17 示例程序 LINX-Blink(Simple).vi

由图 6-17 可以发现，面板右侧的 Loop Rate(Hz)输出控件显示了当前 LabVIEW 软件程序对于 WF32 硬件控制的刷新频率为 63Hz 左右，该数值会随着当前 PC 的性能以及运行程序负载的多少而跳动。读者可以尝试在 LabVIEW 运行的同时打开一个大型 3D 游戏，此时能够发现 Loop Rate 的数值会随之变小。所以，如果想要获取较高的硬件控制更新率，需要确保计算机上尽可能少地运行其他大型应用程序。当单击前面板右侧的绿色按钮时会发现，随着前面板绿色按钮的亮和灭，WF32 硬件上第 13 号引脚对应连接的 LED 也随之点亮和熄灭。至此，完成了一个最简单的 LabVIEW 程序控制硬件对象的小项目。该 LabVIEW 程序的框图非常简单，这里不再赘述。

三、LabVIEW 与 WF32 的 WiFi 无线连接配置

除了上述通过有线连接方式由 LabVIEW 来控制 WF32 外，还可以用无线 WiFi 的连接方式来控制 WF32 硬件。想要达成这一点，需要通过 LINX Firmware Wizard 来对 WF32 上载有一个不同的固件程序。与有线版本固件更新唯一不同的是，这里在 Firmware Version 下拉列表中选择 LINX-WiFi[Debug Enabled]，并在右侧文本框中分别输入无线网络的名称(SSID)、指定给 WF32 的固定 IP 地址(IP Address)、无线网络的密码(Password)、无线网络加密方式(WiFi Security Type)及通信端口(Port)(默认情况下设置为 44300)。这里需要注意的是，需要确保指定给 WF32 的 IP 地址与运行 LabVIEW 控制程序的计算机位于同一个网段。图 6-18 所示示例中的 LabVIEW 所在 PC 位于 192.168.8.x 网段，所以这里将 WF32 也设置在该网段。

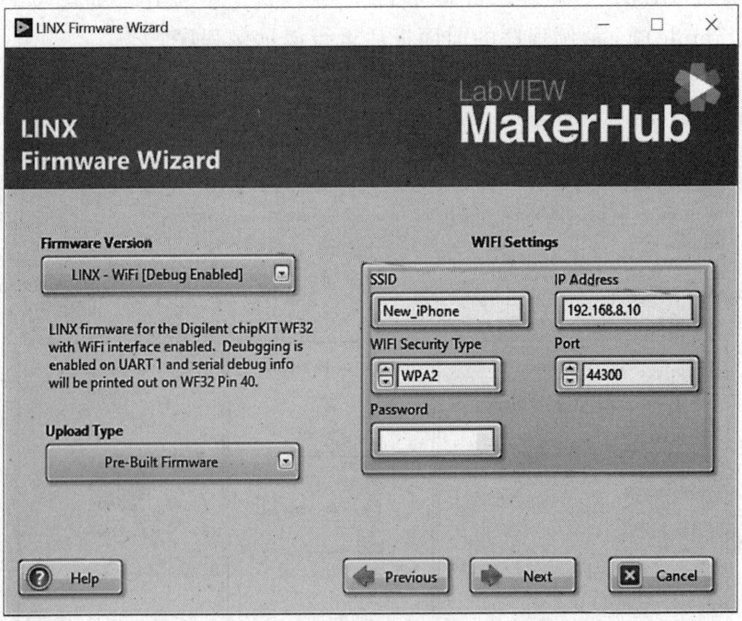

图 6-18　LINX 无线固件配置及 WiFi 连接选项

对于已经输入 WiFi 无线版本固件的 WF32，可以打开对应的无线版本示例程序

LINK-Blink(Simple)(TCP).vi 来进行无线点灯测试，如图 6-19 所示。其与有线控制点灯不同的是，原来选择 COM 口的输入控件变成了配置无线 IP 地址的输入控件，将先前烧写固件中指定的 WF32 IP 地址 192.168.8.10 以及通信端口 44300 输入控件后，运行 LabVIEW 程序，可以发现此时已经可以使用 LabVIEW 无线地控制 WF32。可以通过给 WF32 加配一块小型充电宝摆脱 WF32 由计算机 USB 口供电的有线连接。同时可以发现，在 PC 同样载荷的情况下，使用 WiFi 无线连接 WF32 的 Loop Rate 由原来的 63Hz 降到了 51Hz，即无线连接的控制更新频率相对于有线连接来说要略低一些。

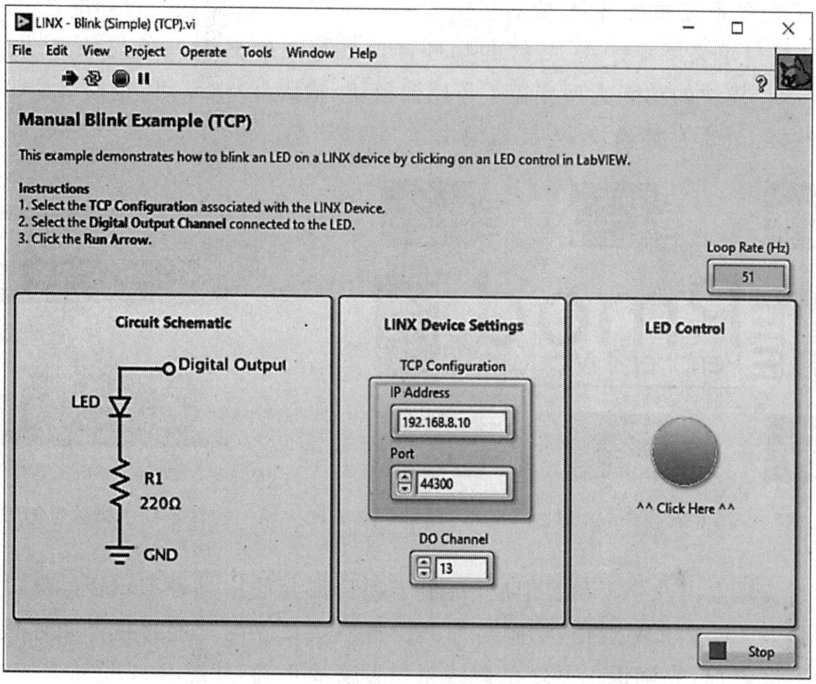

图 6-19 无线点灯示例程序 LINX-Blink(Simple)(TCP).vi

第二节 LabVIEW 与 Pmod 等积木式传感器结合

一、将八个 Pmod 数字积木与 LabVIEW 结合

第一节的点灯项目中使用了 LabVIEW 对 WF32 板载的最简外部设备，即 LED 小灯进行控制。在实际工程项目中会使用许多更加复杂的外部设备，如使用加速度计来测量系统的加速度、使用环境光传感器来获取系统周边环境的照明情况、使用数字罗盘来获取系统方位信息、通过陀螺仪来了解角度状态、通过热电偶来感知温度高低等。因此，应从成千上万种不同的外部设备中选取需要的多个种类并将它们与主控器(这里是 WF32)连

接，集成之后方能完成项目需要达成的功能。

将各种各样不同的外部设备都做成模块，并且将它们与主控器的接口做成统一的形式，就能够让创新项目原型搭建工作变得高效且灵活。当项目需要添加功能时，就使用统一的接口来添加一个外部设备模块；当项目需要裁剪多余功能时，就将连接在统一接口上的这个外部设备模块拆除，就好像搭建和拆除积木一样简单。

迪芝伦提出的专利接口 Pmod(Peripheral Module)，即外部设备模块接口，正是一种符合上述描述的模块化接口，如图 6-20 所示。它已经被众多半导体芯片业界的领先厂商应用于电路板级系统模块当中，成为事实上的业界开源外部设备接口标准之一。

Pmod 接口定义了 6 针或 12 针的物理接口规范来连接主控板与外部设备模块，如图 6-21 所示。模块的功能类型涵盖了传感器模块、输入/输出模块、数据采集模块、模数/数模转换模块、外部存储模块、连接器模块等。

图 6-20　Pmod 接口

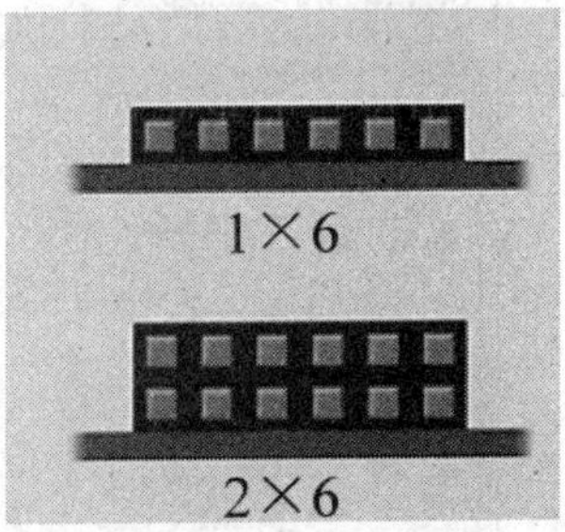

图 6-21　两种不同引脚数量的 Pmod 定义

该项目实际上由八个子项目组成，每个子项目都会使用一种 Pmod 外部设备模块来和 WF32 以及 LabVIEW 通信，达到与外部设备模块交互的功能。在开始连接 Pmod 传感器到 WF32 之前，先确保 WF32 的跳线帽位置安放正确，如图 6-22 所示。

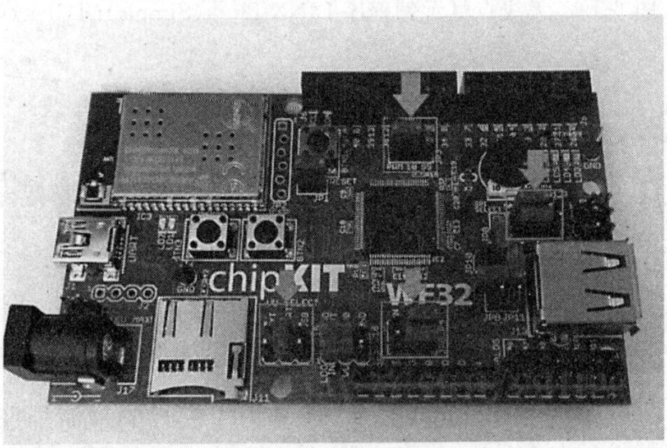

图 6-22　设置 WF32 跳线帽位置

本节选用的八个 Pmod 外部设备模块包含环境光传感模块 PmodALS、游戏摇杆模块 PmodJSTK、微机电麦克风模块 PmodMIC3、K 型热电偶温度模块 PmodTC1、加速度模块 PmodACL、电子罗盘模块 PmodCMPS、陀螺仪模块 PmodGYRO 以及数字温度模块 PmodTMP3。

这八个 Pmod 子项目对应模块的通信协议又可以分为两大类，即 SPI（Serial Peripheral Interface，串行外部设备接口）总线类型及 I^2C（Inter-Integrated Circuit）总线类型。其中，PmodALS、PmodJSTK、PmodMIC3 以及 PmodTC1 这四个模块均属于 SPI 总线类型模块，而 PmodACL、PmodCMPS、PmodGYRO 以及 PmodTMP3 这四个模块均属于 I^2C 总线类型模块。

首先介绍 SPI 总线。SPI 总线除了 3.3V 电源线以及 GND 地线外，还会用到一根控制线、两根数据线以及一根时钟线，它们分别是片选信号控制线（Chip Select，CS）、主控输出模块输入（Master Out Slave In，MOSI）数据线，主控输入模块输出（Master In Slave Out，MISO）数据线以及串行时钟线（Serial Clock，SCL）。在 WF32 上，默认情况下 SPI 总线接口控制器会将片选 CS 映射到数字接口 10 号引脚，MOSI 映射到数字接口 11 号引脚，MISO 映射到数字接口 12 号引脚，SCL 映射到数字接口 13 号引脚。图 6-23 所示是 PmodJSTK 的引脚及外形。这里以 PmodJSTK 为例进行介绍，只需要将 PmodJSTK 上的 CS 片选信号、MOSI 信号、MISO 信号以及 SCL 信号分别与 WF32 上的 10 号、11 号、12 号以及 13 号引脚对接，即可完成 SPI 总线外部设备模块与 WF32 主控模块的连接。当然，不要遗漏 3.3V 电源线以及 GND 地线的连接。这六根线正好构成了 1×6 线形式的 Pmod 接口。

图 6-23　PmodJSTK 的及引脚外形

在 LabVIEW 程序中，实际上控制的是 WF32 主控器上的 SPI 总线控制器，由 WF32 的该 SPI 总线控制器来和 Pmod 外部设备模块进行通信。默认情况下，由 10～13 号引脚构成的 SPI 控制器在 LabVIEW 程序中的引用名称是指 SPI Channel0，即 SPI 零号通道。PmodALS、PmodMIC3 以及 PmodTC1 在内的所有其他以 SPI 为通信协议的 Pmod 模块均可按照上述方法与 WF32 进行接口连接，可以十分方便地进行模块化积木式替换。

I^2C 是另一种十分常用的嵌入式串行外部设备总线，除了具有和 SPI 一样的时钟线 SCL、3.3V 电源线以及 GND 地线外，I^2C 仅有一根数据线 SDA。也就是说，对于包括 PmodACL、PmodCMPS、PmodGYRO 以及 PmodTMP3 在内的所有 I^2C 通信接口的 Pmod 模块来说，只需要通过四根连线就能完成与主控模块 WF32 的连接。默认情况下，WF32 上 I^2C 控制器的 SCL 线被映射到模拟信号通道 A5，SDA 数据线被映射到模拟信号通道 A4。图 6-24 所示是 PmodACL 的引脚及外形，这里以 PmodACL 为例，需要将 PmodACL 上的 SCL 片选信号、SDA 数据信号分别与 WF32 上的 A5、A4 号引脚对接，同时借助 4.7kΩ 的电阻完成对 SCL 及 SDA 信号的上拉之后，即可完成 I^2C 总线外部设备模块与 WF32 主控模块的连接。

图 6-24　PmodACL 的引脚及外形

当然，不要遗漏3.3V电源线以及GND地线的连接。

在LabVIEW程序中，实际上控制的是WF32主控器上的I²C总线控制器，由WF32的该I²C总线控制器来和Pmod外部设备模块进行通信。默认情况下，由A5及A4号引脚构成的I²C控制器在LabVIEW程序中的引用名称是指I²C Channel0，即I²C零号通道。包括PmodCMPS、PmodGYRO以及PmodTMP3在内的所有其他以I²C为通信协议的Pmod模块均可按照上述方法与WF32进行接口连接，可以十分方便地进行模块化积木式替换。

以PmodJSTK(SPI)以及PmodACL(I²C)为例，其与WF32的连接原理如图6-25所示。

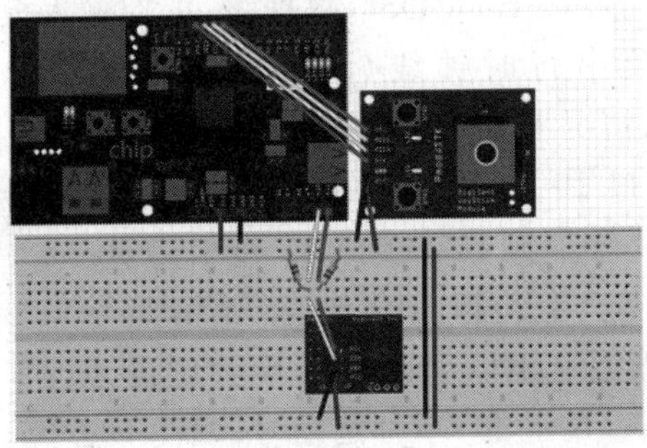

图6-25　WF32与SPI及I²C型Pmod连接原理

LabVIEW中WF32 Pmod积木传感器软件程序在配置完WF32以及对应的Pmod外部设备硬件连接之后，可以在本书配套的网盘文件夹中找到名为PlugandPlayPmod.vi的VI程序。其前面板如图6-26所示。

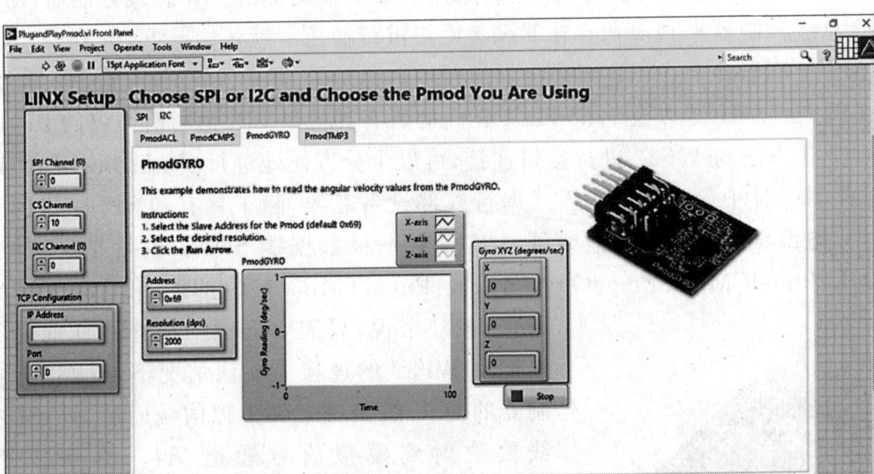

图6-26　Pmod即插即用示例程序前面板

程序前面板的左上角给出了需要使用的SPI控制器以及I²C控制器的通道选择，左下角则用于指定WF32板卡的WiFi连接IP地址以及对应端口信息(默认情况下使用

44300),右侧包含了 SPI 以及 I^{2}C 两个标签页控件。SPI 标签页中包含 PmodALS、PmodJSTK、PmodMIC3 以及 PmodTC1 四个 SPI 总线协议的 Pmod 模块显示面板,I^{2}C 标签页中包含 PmodACL、PmodCMPS、PmodGYRO 以及 PmodTMP3 四个 I^{2}C 总线协议的 Pmod 模块显示面板。对应各个不同 Pmod 硬件模块的连接,选择相应的 Pmod 标签页并运行程序,就能通过无线 WiFi 方式由 LabVIEW 来和不同的 Pmod 外部设备模块进行交互。

与 PmodALS 交互的程序框图如图 6-27 所示。

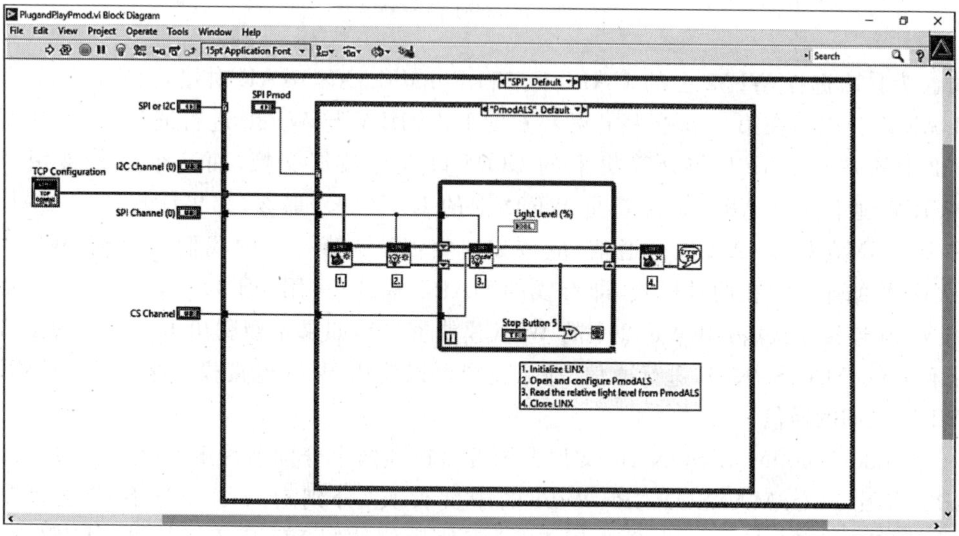

图 6-27　与 PmodALS 交互的程序框图

该程序采用了经典的初始化、配置、读取、关闭"四部曲"来完成与 Pmod 的交互。其他七个 Pmod 子项目的程序与 PmodALS 类似,感兴趣的读者可以依次递归双击每个 LINX Pmod 的函数图标,查看底层 VI 的具体内容,以了解 SPI 以及 I^{2}C 总线通信的机制,在此不再赘述。

二、PmodMAXSONAR 超声波传感器测距

PmodMAXSONAR 是一个超声波传感器模块,它有六个对外引脚,其中 Pin1 是模拟输入,Pin2 和 Pin3 是 UART(Universal Asynchronous Receiver/Transmitter,通用异步收发传输器)串口的发送引脚 TX 以及接收引脚 RX,Pin4 是读取 PWM 信号并最终转为距离信息的引脚,Pin5 是地,Pin6 是 3.3V 电源引脚,如图 6-28 所示。

本项目中使用 Pmod 上的 UART 串口来获取距离传感信息,所以需要连接的引脚为第 2、3、5、6 引脚。Pin2 与 Pin3 用于传感信息的串口通信,Pin5 和 Pin6 则为 PmodMAXSONAR 进行供电。项目中会使用到 WF32 上的串口 UART1,UART1 的 RX 和 TX 引脚分别是 39 和 40 号数字引脚,所以 PmodMAXSONAR 的 Pin2 需要连接到 WF32 上的 40 号数字引脚,PmodMAXSONAR 的 Pin3 需要连接到 WF32 上的 39 号

图 6-28　PmodMAXSONAR

引脚。为什么选择 WF32 上的 UART1 来和 PmodMAXSONAR 对接，而不用 WF32 上的 UART0？因为在第一节中为了正常配置 LabVIEW 与 WF32 进行通信，已经使用了 WF32 上的一个 UART 与计算机上的 COM 口进行数据交换，而这个已经被用于和 LabVIEW 通信的 UART 资源就是 WF32 上的 UART0。那么，如果就想使用 UART0 来和 PmodMAXSONAR 进行通信，应该如何实现？从第一节中我们了解到，WF32 与 LabVIEW 的连接存在两种模式，即有线的 UART 模式（占用 WF32 上的 UART0）及无线的 WiFi 连接模式（占用 WF32 上的 WiFi 模块资源），如果希望腾出 UART0 的接口资源来和 PmodMAXSONAR 进行通信，那么完全可以使用 WiFi 连接模式来完成 LabVIEW 与 WF32 之间的通信。

在 Code\PmodMAXSONAR 文件夹中可以找到两个分别名为 PmodMAXSONAR_ UART 以及 PmodMAXSONAR_ WiFi 的子文件夹，分别对应了使用有线通信控制 WF32 及 PmodMAXSONAR 和使用 WiFi 无线通信控制 WF32 及 PmodMAXSONAR 的代码实现。图 6-29 所示为使用有线通信方式交互的 LabVIEW 软件程序框图。

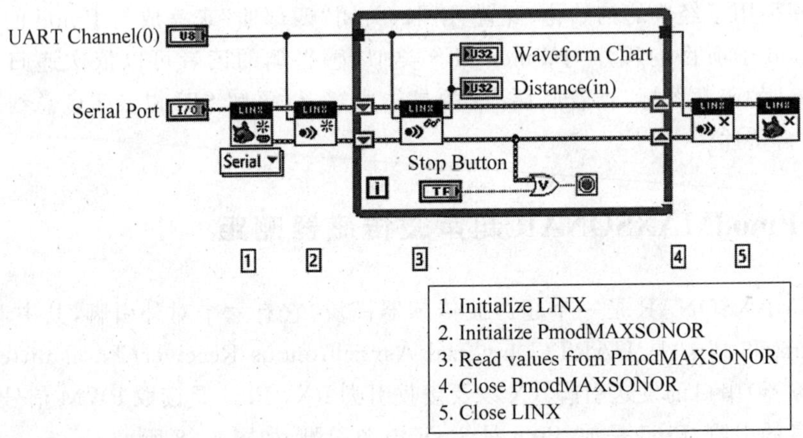

图 6-29　使用有线通信方式交互的 LabVIEW 软件程序框图

LabVIEW 程序依旧使用了经典的五步式结构。其中，第一步用于初始化 LabVIEW 与 LINX 对象 WF32 的连接，本项目中使用有线连接方式；第二步是初始化 PmodMAXSONAR 通过串口与 WF32 的配置；第三步在 while 循环内部不断地通过串口读取 PmodMAXSONAR 采集到的超声距离信息；第四步在循环结束后关闭，释放 WF32 与 PmodMAXSONAR 通信的串口资源；第五步是关闭和释放 LabVIEW 与 LINX 对象 WF32 的连接，即相应资源。

三、使用 PmodHB3/HB5 及 WF32 搭建无线遥控的运动小车

本项目将通过图 6-30 所示的各种机械小零件配合 WF32、PmodHB5（和/或 PmodHB3），以及 LabVIEW 搭建一个无线遥控的运动小车。

图 6-30 基于 PmodHB3/HB5 及 WF32 的无线程控小车零件

本项目中搭建的小车也需要依靠电动机才能驱动，所以电动机的驱动和控制是必须要解决的问题。PmodHB3 和 PmodHB5 是经常会被使用到的 H 桥驱动器，通过 WF32 上的 GPIO（通用 I/O），即能轻松地控制驱动器来驱动电动机的运动。

首先以 PmodHB3 为例进行介绍，其电动机驱动模块如图 6-31 所示。

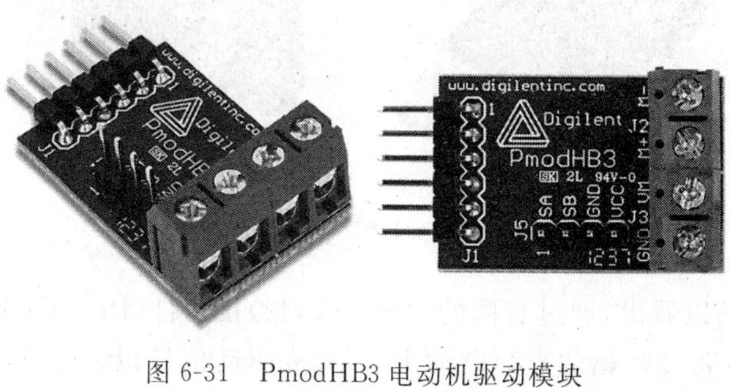

图 6-31 PmodHB3 电动机驱动模块

PmodHB3 的结构原理如图 6-32 所示，其中左侧的 J1 接插件上的六个 Pmod 标准引脚 DIR（Direction）、EN（Enable）、SA（Sensor A）、SB（Sensor B）、GND 地以及 VCC（3.3V）电源引脚需要和 WF32 进行对应的连接。其中，DIR 引脚与 EN 引脚作为 WF32

的控制输出分别控制 PmodHB3 驱动电动机的旋转方向(正转还是反转)以及 PWM (Pulse Width Modulation,脉冲宽度调制)转速快慢。DIR 引脚为高电平时控制电动机正转,DIR 引脚为低电平则控制电动机反转。EN 引脚由 WF32 输出的 PWM 波形控制,当脉宽有效值电平越高时,电动机将旋转得越快。为了防止系统出现不可修复的故障,当 EN 引脚处于高电平状态时,不允许切换 DIR 引脚上的电平状态,否则会导致短路。SA 以及 SB 用于接收电动机反馈传感器信号,若使用开环控制,则这两个引脚可以不用连接。由于普通的 DC 直流电动机的工作电压都高于 3.3V,因此用来给电动机供电的电源应该被连接到 J3 接线柱上的 VM 引脚以及 GND 引脚。PmodHB3 的 VM 引脚最高接入电压为 12V。通过螺钉接线柱接口将 J2 上的 H 桥电路输出 M+与 M−分别与直流电动机相连。

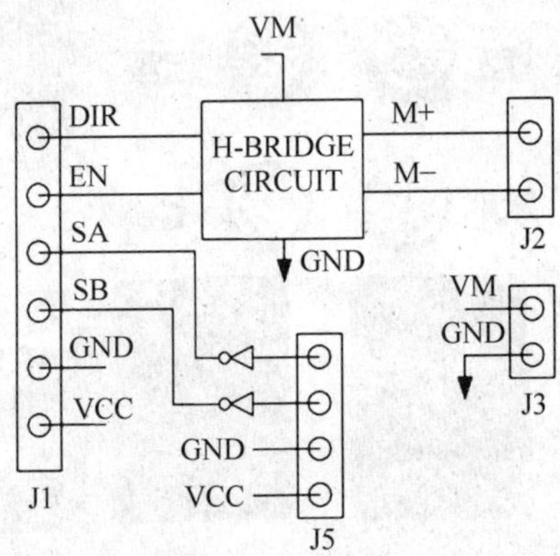

图 6-32　PmodHB3 的结构原理

为了让连线更加简单高效,可以选择 PmodHB5 来替代 PmodHB3。PmodHB5 电动机驱动模块如图 6-33 所示。

图 6-33　PmodHB5 电动机驱动模块

从图 6-33 中可以看出,通过右侧的白色 JST(J2)接插件,PmodHB5 能够直接连接到 DIGILENT 提供的带变速箱的直流电动机上,完成驱动信号以及正交编码器反馈信号的一键连接。PmodHB5 的结构原理如图 6-34 所示。

由图 6-34 中不难发现,其接口信号与 PmodHB3 十分类似。关于 DIR、EN、GND、VCC、VM 等引脚的连接,在此不再赘述。

我们可以选择两个 PmodHB3/PmodHB5 驱动两个直流电动机来实现两驱小车;当

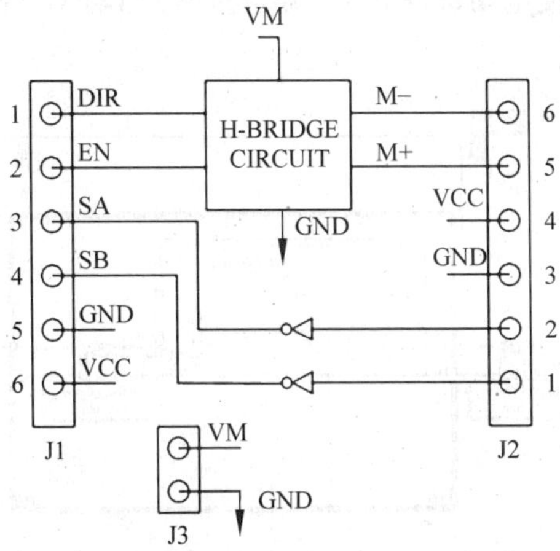

PmodHB5 block diagram(top-down view)

图 6-34　PmodHB5 的结构原理

然也可以通过选择四个 PmodHB3/PmodHB5 来驱动四个直流电动机，从而实现动力强劲的四驱小车。完工后的基于 WF32 及 Pmod 的无线程控小车如图 6-35 所示。

图 6-35　基于 WF32 及 Pmod 的无线程控小车

这里的 LabVIEW 程序以控制两个电动机的两驱小车为例。第一步通过 TCP WiFi IP 配置方式建立 LabVIEW 与 LINX 对象 WF32 之间的初始化连接。第二步分别配置 WF32 上的 33 和 32 号引脚，它们分别被连接到了两个 PmodHB3 的 EN 端，用于控制电动机的正转与反转。在图 6-36 所示的程序框图中可以看到输入布尔变量一个为 True，另一个为 False，所以一个电动机被配置为正转动，另一个电动机被配置为反转。这样的配置与镜像放置电动机刚好匹配。第三步进入 while 循环分别为左轮和右轮实时地配置 PWM 脉宽，从而调整单击的转速。WF32 上输出 PWM 信号的引脚分别是 3 号引脚与 5 号引脚，而两个单击的转速则由 while 循环中的输入旋钮控件 x 控制。第四步退出 while 循环之后，再次调用 while 循环设置 PWM 占空比函数，唯一不同的是将两个 PWM

占空比都设置为零,从而使电动机停下来。第五步断开 LabVIEW 与 WF32 的连接,释放相应资源。

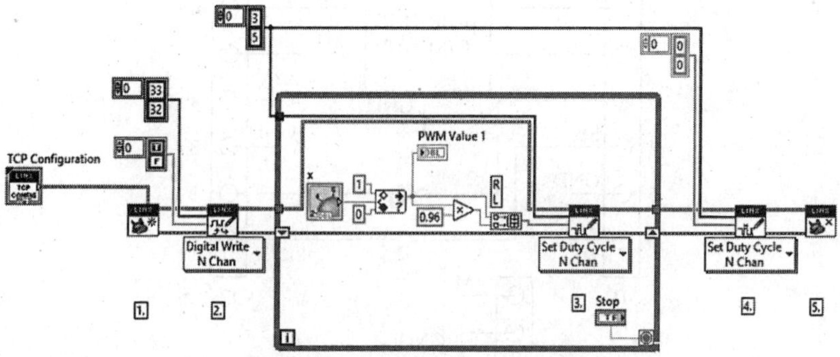

图 6-36　双电动机驱动小车程序框图

至此,我们已经可以通过转动 LabVIEW 前面板上的旋钮控件来无线遥控小车了。那么还有没有其他控制小车运动的方式呢?其实,还有一种可以让我们实现隔空操作的传感器 Leap Motion 就能做到。在 LabVIEW 同样提供了相应的 API 工具包,在下一节中将做具体的介绍。

第三节　LabVIEW 与 Leap Motion 虚拟现实隔空操作传感器结合

一、Leap Motion 概述

Leap Motion 传感器设备使用高级的动作感应专利技术进行人机互动,无须接触诸如鼠标、键盘等控制设备,只需要在传感器前摆出各种具体的动作就能使传感器根据动作来操控被控对象,如图 6-37 所示。使用 Leap Motion 传感器设备,只需挥动一根或多根手指即可浏览网页、阅读文章、翻看照片、播放音乐;不使用任何画笔或笔刷,用指尖即可以绘画、涂鸦和设计。它同样适合于游戏场景中,用手指即切水果、打坏蛋,双手隔空控制赛车、驾驶飞机;在 3D空间进行雕刻、浇铸、拉伸、弯曲以及构建 3D 图像,还可以把它们拆开以及再次拼接。合理地设计和利用该传感器,还能创新一种全新的学习体验,用双手探索世界,触摸星星,翱翔宇宙。

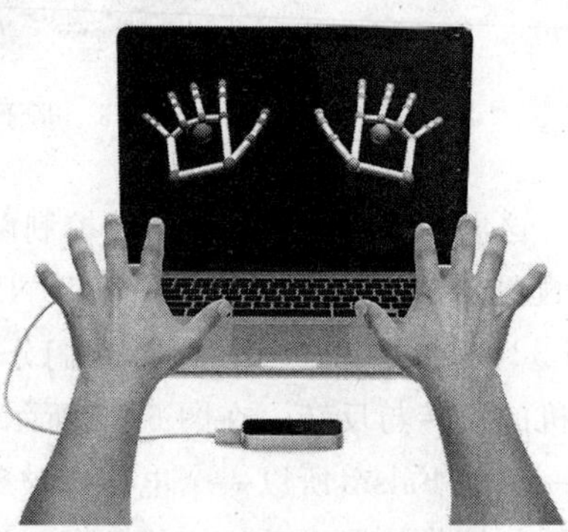

图 6-37　Leap Motion 实现隔空交互

二、工具包配置 LabVIEW Leap Motion

要想将 Leap Motion 连接到 LabVIEW，需要做好以下准备工作。

通过 NI 官方网站下载 LabVIEW Leap Motion 控制器 API 安装包，如图 6-38 所示。

图 6-38　下载 Leap Motion 控制器 API 安装包

单击 Download Toolkit 按钮，系统自动调用 VIPM 进行安装；也可以单击 Download from FTP 超链接，从 FTP 上下载离线.vip 安装包进行安装。本书对应的电子网盘资源中包含 lvh_leap-2.0.0.62.vip，读者可以直接在网盘中下载该文件进行安装。双击该安装包，打开 Leap Motion 控制器 API 安装包安装界面，如图 6-39 所示。

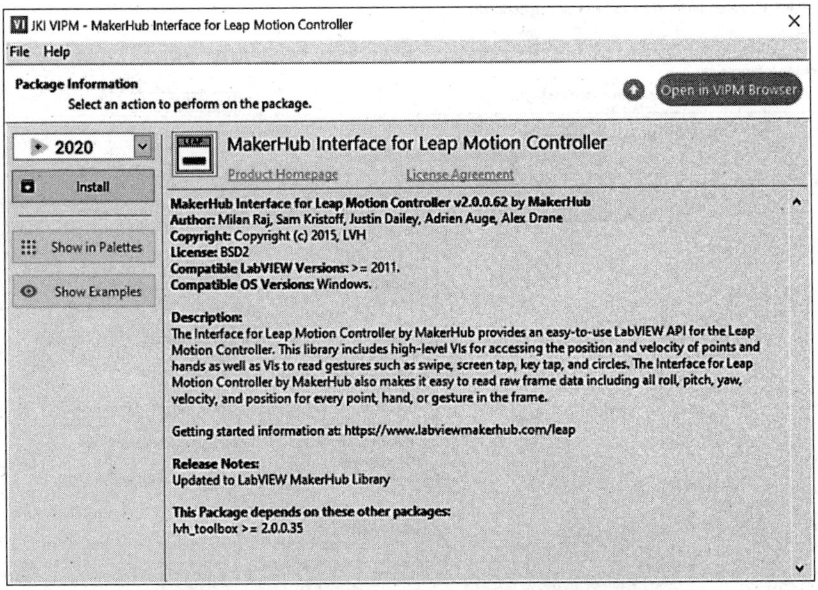

图 6-39　Leap Motion 控制器 API 安装包安装界面

确认左上角选择的是2020版本后，单击Install按钮。如图6-40所示，在Product列表中选中MakerHub Interface for Leap Motion Controller，单击Continue按钮继续安装。

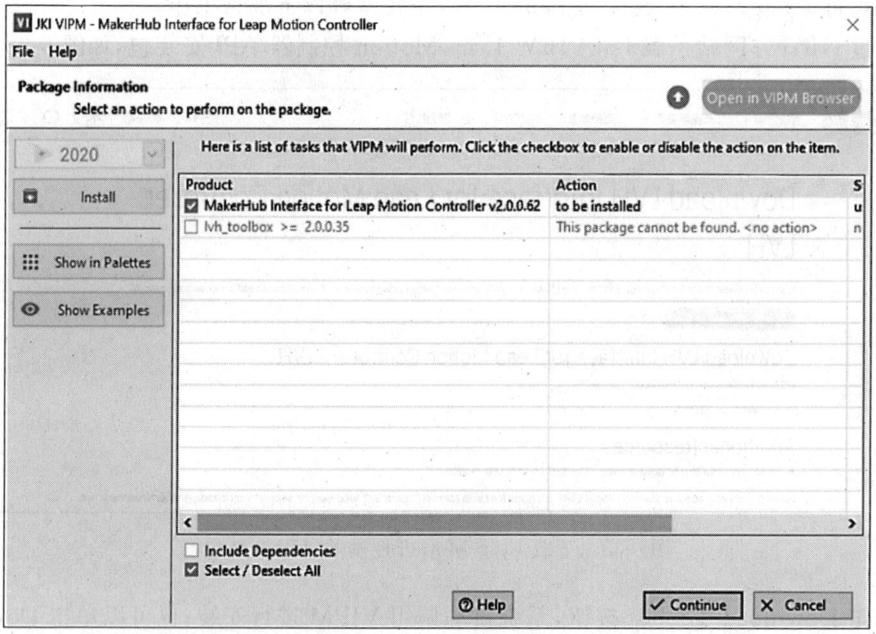

图 6-40 选择相应版本

在图6-41所示的许可证协议界面单击Yes，I accept these license Agreement(s)

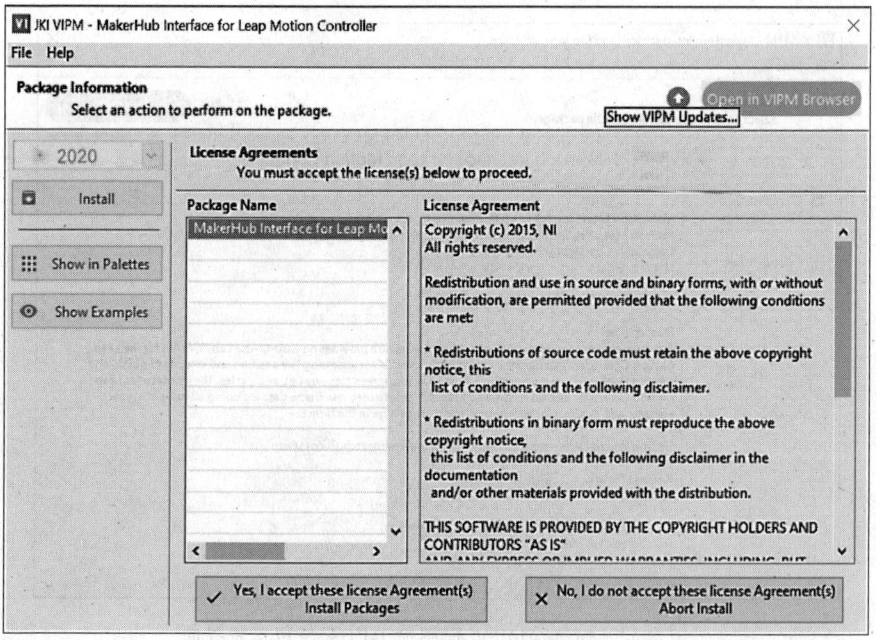

图 6-41 许可证协议界面

Install Package 按钮，正式进入安装模式。在此过程中会跳出图 6-42 所示的 LVH 提示界面，单击 Next 按钮，安装 Leap Motion 的硬件驱动程序。LVH 驱动下载过程如图 6-43 所示。

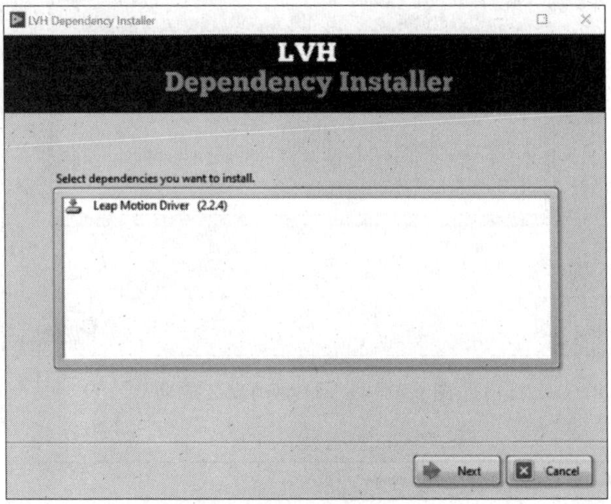

图 6-42　LVH 提示界面

图 6-43　Leap Motion 驱动下载过程

如图 6-44 所示，驱动安装显示 Done 后，单击 Cancel 按钮，帮助 LabVIEW 继续完成 LVH VIPM 包的安装。

如图 6-45 所示，Leap Motion 工具包安装完成后，单击 Finish 按钮。此时可以在 VIPM 窗口中单击 Show Examples 按钮，打开和 Leap Motion 相关的 LabVIEW 范例程序，如图 6-46 所示。默认情况下，它们会被放置在如下路径中：C:\Program Files (x86)\NationalInstruments\LabVIEW 2020\examples\MakerHub\Leap。

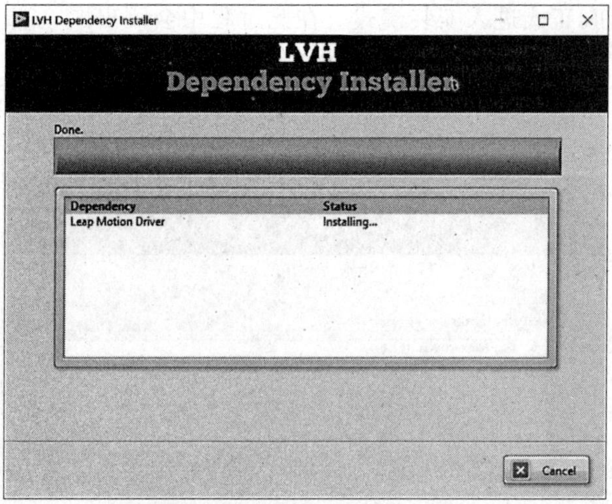

图 6-44 LVH 驱动安装成功

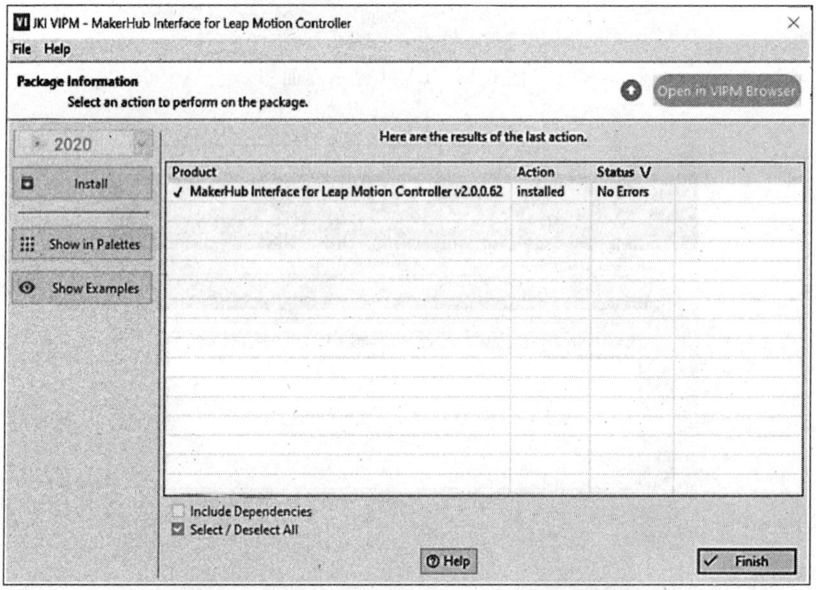

图 6-45 Leap Motion 工具包安装成功

三、LabVIEW 控制 Leap Motion 隔空操作显示手势项目

在正确安装完 Leap Motion 控制器的硬件驱动以及其 LabVIEW Makerhub 的 VI Package 之后，可以打开 LabVIEW 的程序框图，右击，此时在 MakerHub 子选版下会出现一个新的 Leap 选版，里面包含了众多和手势控制器 Leap Motion 相关的 API 函数，如图 6-47 所示。

打开 Position.vi 并运行程序，可以看到 Leap Motion 硬件传感器配合 LabVIEW 中

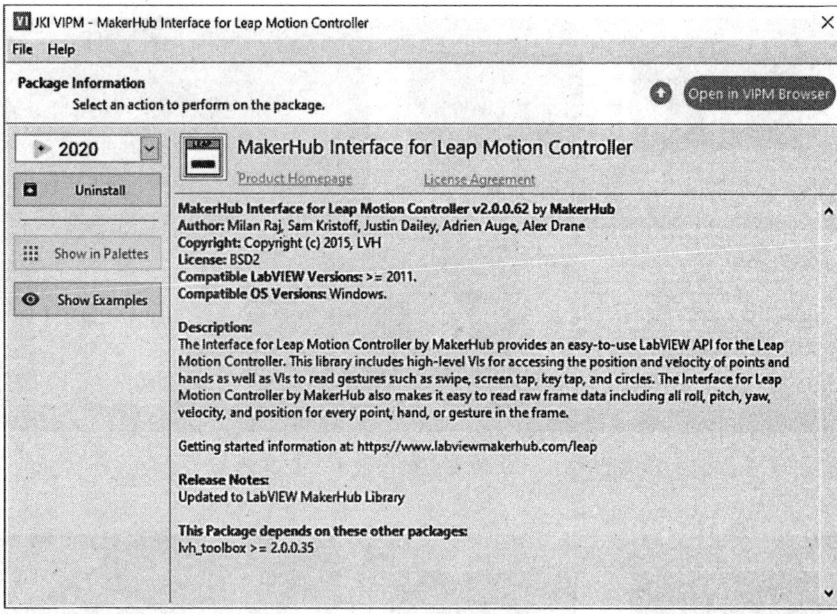

图 6-46　单击 Show Examples 按钮以进入例程

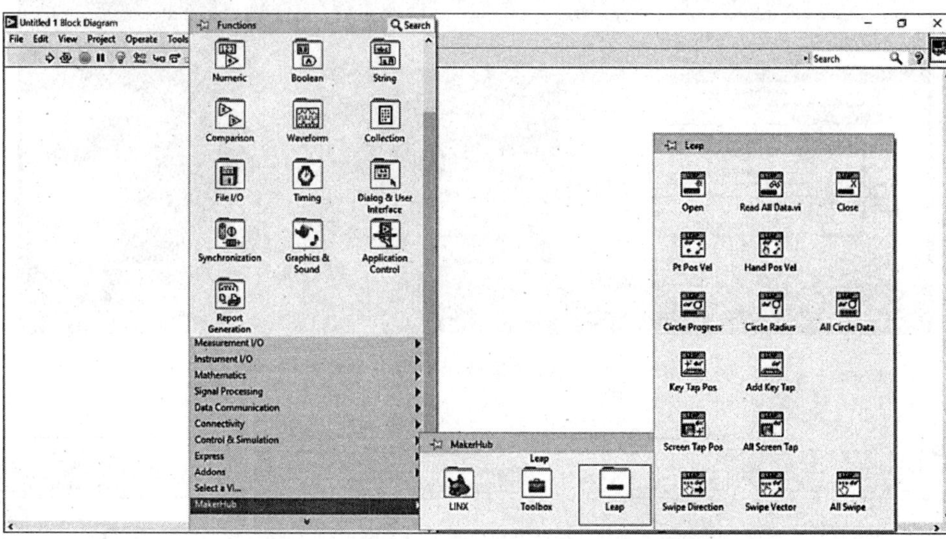

图 6-47　Leap Motion VI 选板

的 Leap Motion API 能够精准捕捉到紧握拳头的一只手，如图 6-48 所示，其在前面板上以一个圆点显示。

当五指张开时会发现 Leap Motion 传感器成功捕捉到了所有手指，并在前面板中以五个小圆点的形式实时显示出来，如图 6-49 所示。

在空中画圈来转动 LabVIEW 中的码盘。打开名为 Leap Circle Gesture Progress.vi 的 LabVIEW 程序，按 Ctrl＋T 组合键，将 LabVIEW 前面板以及程序框图平铺在桌面上，如图 6-50 所示。

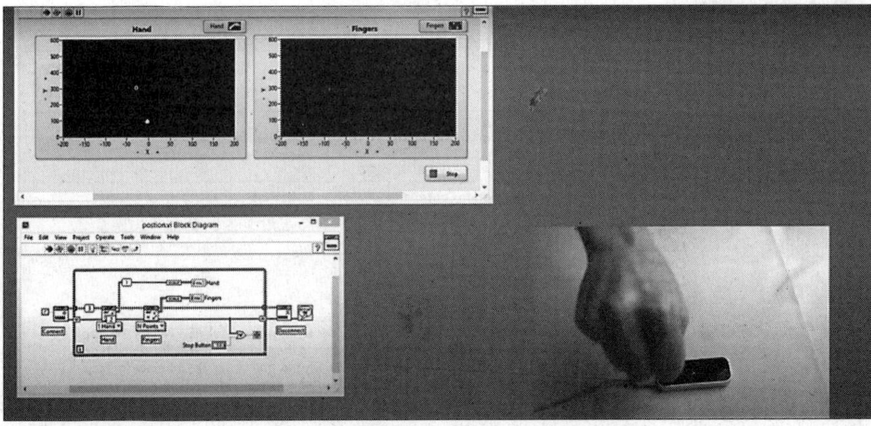

图 6-48　一个拳头会被识别为一个有效点

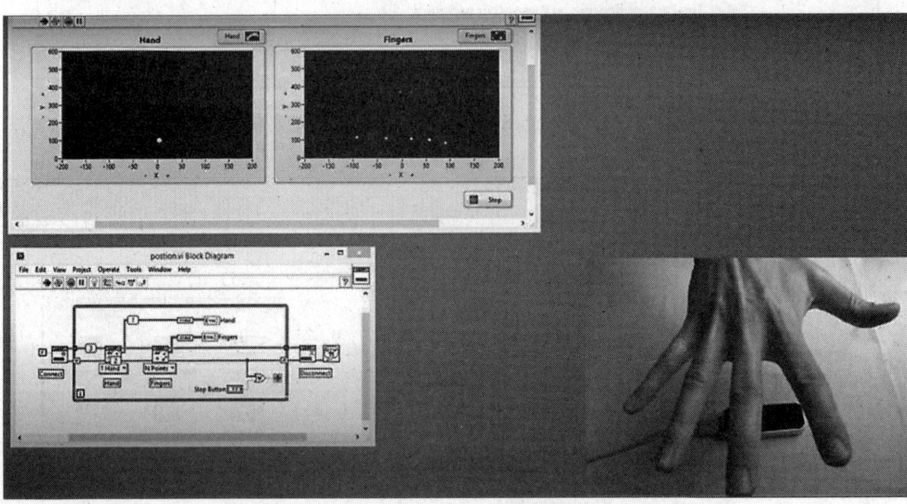

图 6-49　五根手指被识别为五个有效点

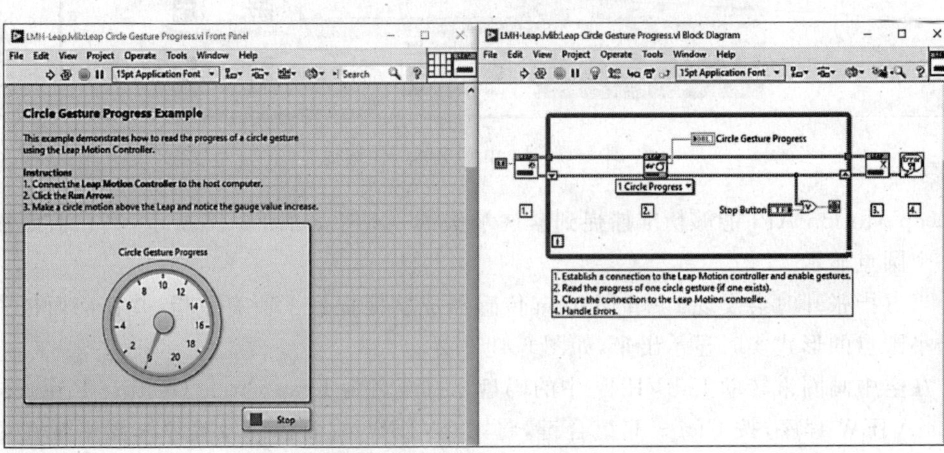

图 6-50　Leap Motion 转圈操控 VI 程序

从程序框图中能够看到，该项目只需要使用标准的“三部曲”，即三个 VI 函数就能完成悬空手指画圈转动码盘的应用。第一步，在 while 循环外放置 Open.vi，用于建立 LabVIEW 与 Leap Motion 硬件资源的连接并初始化和启用 Leap Motion 上的手势识别功能。第二步，在 while 循环中循环往复地调用 Read 1 Circle Progress.vi 来获取手指转过的圈数，并将结果显示在名为 Circle Gesture Progress 的显示控件中。该显示控件就是前面板中的原型“码盘”，码盘上的数字对应手指转过的圈数。while 循环会一直运行直到我们按下前面板上的 Stop 按钮，Stop 按钮此时会输出一个 True 值到逻辑或函数，逻辑或函数的输出直连 while 循环的结束端子，从而跳出 while 循环。第三步，在程序退出 while 循环之后，Close.vi 用于断开 LabVIEW 与 Leap Motion 控制器间的连接并释放必要的资源句柄。跟在 Close.vi 后的 Simple Error Handler.vi 则用来处理可能遇到的一些运行时错误。运行 LabVIEW 程序，在 Leap Motion 上方用单根手指顺时针画圈，会发现 LabVIEW 前面板上的“码盘”也会随之旋转，如图 6-51 所示。

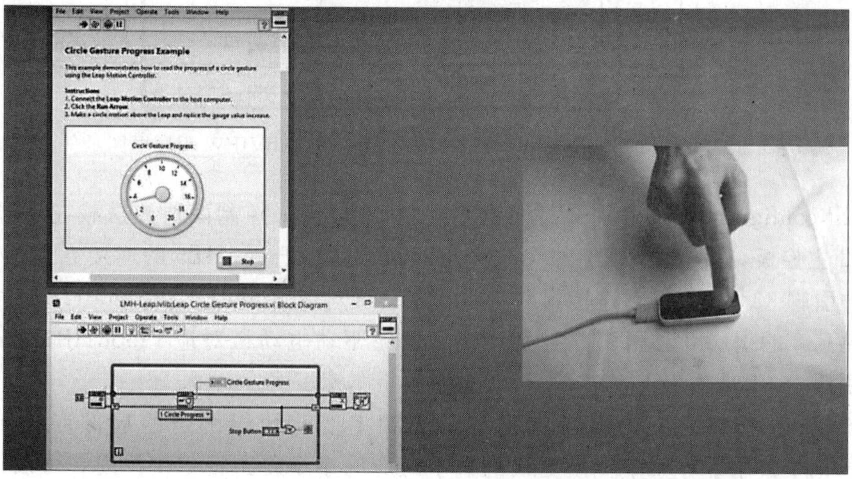

图 6-51 手指隔空画圈操作

四、使用 Leap Motion 隔空操作遥控小车

前面已经介绍了通过 Leap Motion 隔空操作前面板控件的知识。回顾 WF32 遥控小车项目，我们可以利用 Leap Motion 的隔空操作来替代原先鼠标点选前面板控件来控制小车的运动。图 6-52 给出了将 Leap Motion 与 WF32 遥控小车结合的 LabVIEW 程序框图示例。

由图 6-52 中可以发现，程序由两个独立的并行循环组成。其中上面的循环使用了 Leap Motion 的一系列 API 函数并通过一系列数学运算函数来计算手势变化的频率快慢。之所以分出了两个通道，是因为该程序支持两个人的手势频率快慢识别，识别结果分别被放置到名为 mean 和 mean2 的输出控件中。

程序下面的 while 循环则是对两个独立小车的运动进行控制。TCP configuration1

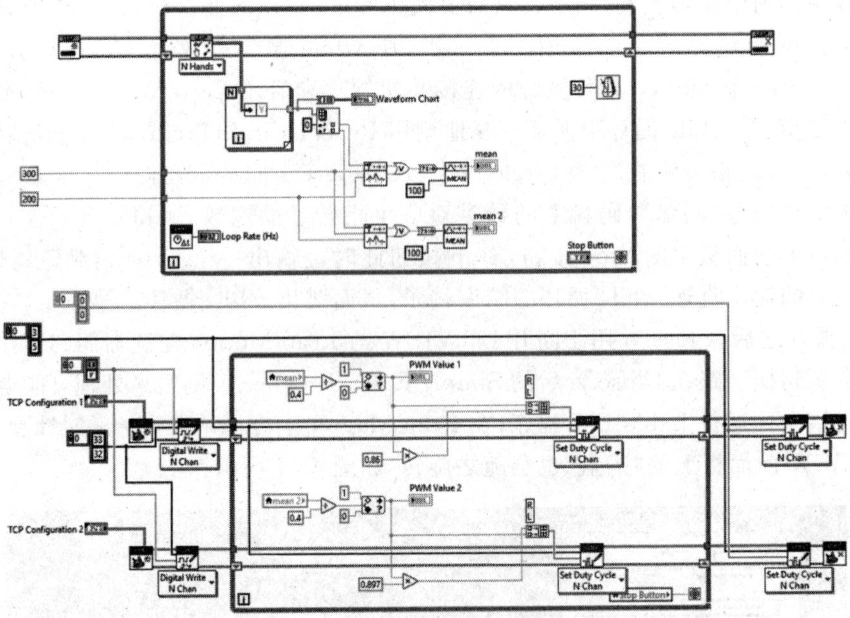

图 6-52　Leap Motion 与 WF32 遥控小车结合的 LabVIEW 程序框图示例

以及 TCP configuration2 分别通过两个不同的 IP 地址来控制两块被搭载在不同小车上的 WF32 主控板，且两部小车上的 WF32 与 PmodHB3/PmodHB5 的连接方式一模一样。WF32 的引脚 33 和 32 分别连接到两轮驱动电动机对应 PmodHB3/PmodHB5 的 DIR 引脚上。WF32 的引脚 3 和引脚 5 分别连接到两轮驱动电动机对应 PmodHB3/PmodHB5 的 EN 引脚上，用来输出 PWM 脉宽，从而控制小车速度。

两个 while 循环之间的纽带就是与手势频率变化快慢绑定的局部变量 mean 和 mean2，即两个人中手势频率变换更快的选手对应的小车将跑得更快。读者可以在 Code\RacingRobotCar＋Leapmotioncontrol 文件夹下找到该 VI。

第四节　LabVIEW 与高级通信类传感器互联

一、使用 PmodGPS 获取定位信息项目

本项目将借助 PmodGPS 模块获取精确的定位信息并在 LabVIEW 中显示。

该项目将使用到如下软硬件。

(1) 免费 LabVIEW 社区版正版软件。

(2) DIGILENT ChipKIT WF32。

(3) USB A 接口到 mini USB 连线。

(4) PmodGPS 模块。

(5) 杜邦线。

要想获取位置信息,GPS 模块是关键。本项目中用到的 PmodGPS 模块在获取到位置信息后,将以串口方式将相关位置数据传递给主控板 WF32,而 WF32 会将这些信息最终通过 LINX 串口连接传送回计算机上的 LabVIEW 进行显示。

串口 UART 通常有四根主要的数据和控制线,其中 RTS(Ready to Send)表示已经准备好发送的控制信号线,CTS(Clear to Send)表示清除发送信号的控制信号线,RX(Reccive)表示接收数据信号线,TX(Transmit)表示发送数据信号线。本项目中只用到了 TX 和 RX 这两根数据线,用来获取 PmodGPS 模块上的数据信息。

PmodGPS 使用的是六针标准 Pmod 引脚封装。引脚 1(3DF)指明当前用户的位置信息是否固定。当模块获取固定值时,该引脚输出为低电平。当模块无法固定位置信息时,将每隔一秒改变一次其电平的状态。RX 以及 TX 分别占据了 2 号和 3 号引脚。4 号引脚是 1PPS 引脚,它将连续输出一个高电平为 100ms 的脉冲信号。最后两个引脚分别是 GND 地信号以及 3.3V 电源。PmodGPS 外形及引脚如图 6-53 所示。

PmodGPS 和 WF32 通过串口进行通信,但 WF32 已经使用了其上的串口 UART0 与 LabVIEW 进行通信,为了不让硬件资源产生冲突,这里使用 WF32 上的 UART1 串口来和 PmodGPS 进行连接。WF32 上 UART1 的 RX 和 TX 通道分别是 39 号及 40 号引脚。所以需要将 PmodGPS 的 RX(2 号)引脚连接到 WF32 的 40 号引脚,将 PmodGPS 的 TX(3 号)引脚连接到 WF32 的 39 号引脚上,如图 6-54 所示。

图 6-53 PmodGPS 外形及引脚

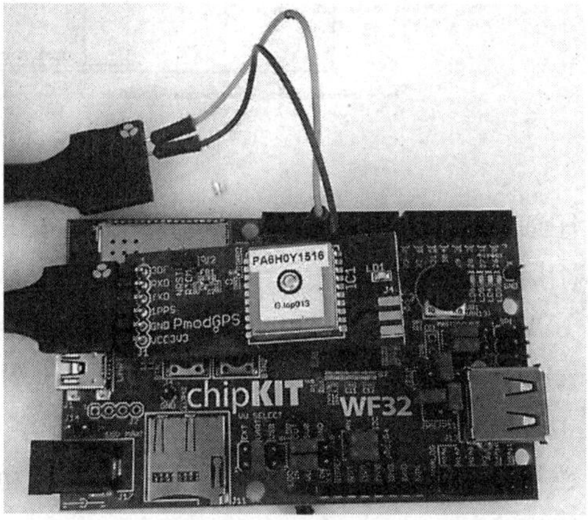

图 6-54 WF32 与 PmodGPS 的硬件连接

完成 TX RX 信号连线后,还需要将 PmodGPS 上的 3.3V 以及 GND 地线与 WF32 上的对应电源和地连接。硬件配置完毕,打开名为 PmodGPSExample.vi 的 LabVIEW 程序,如图 6-55 所示。

由图 6-55 可以看出,整个程序框图非常简洁,同样是基于经典的五段式结构。第一步初始化 WF32 与 LabVIEW 的串口连接。第二步配置 WF32 上 UART1 与 PmodGPS 模块间的连接。第三步在 while 循环内部调用 PmodGPS 读取函数来获取详细的 GPS 位置信息。第四步退出循环后释放 WF32 与 PmodGPS 的串口连接。第五步则是释放

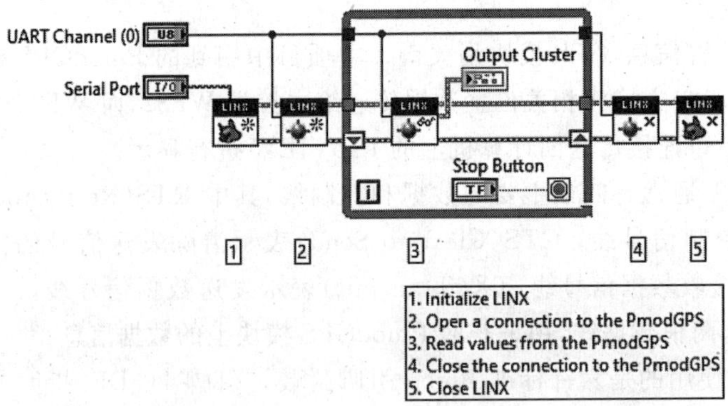

图 6-55　PmodGPS 最简交互程序

LabVIEW 与 WF32 之间的通信连接及相应资源。

程序中最关键的部分就是第三步，即 while 循环中的 PmodGPS read.vi，其程序框图如图 6-56 所示。

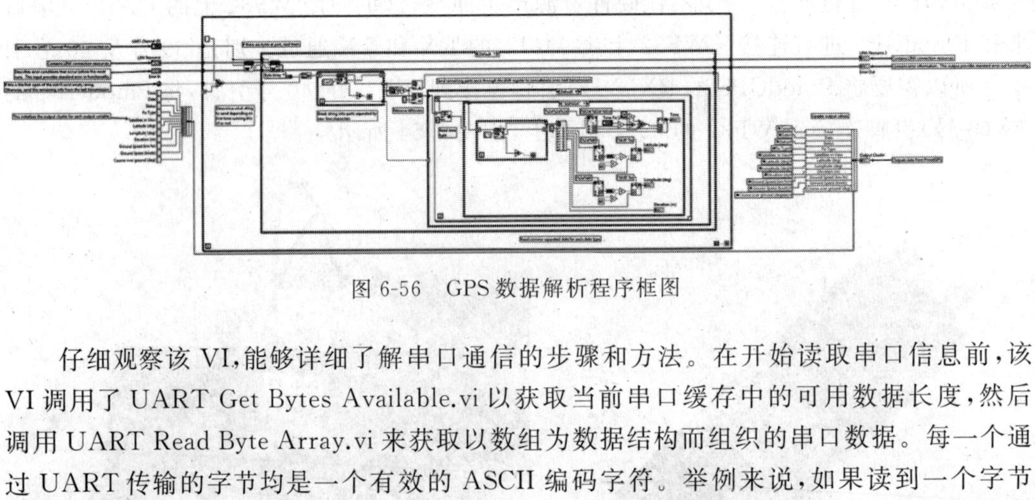

图 6-56　GPS 数据解析程序框图

仔细观察该 VI，能够详细了解串口通信的步骤和方法。在开始读取串口信息前，该 VI 调用了 UART Get Bytes Available.vi 以获取当前串口缓存中的可用数据长度，然后调用 UART Read Byte Array.vi 来获取以数组为数据结构而组织的串口数据。每一个通过 UART 传输的字节均是一个有效的 ASCII 编码字符。举例来说，如果读到一个字节值为 48 的数据，那么它代表的就是 ASCII 字符 0。其中使用了 Byte Array to String 将字节数据转化为字符串格式，以得到 GPS 规范的 NMEA 字符串数据。以如下的 GPS 示例字符串为例：

```
$GPGGA,123519,4807.038,N,01131.000,E,1,08,0.9,545.4,M,46.9,M,,*47.
```

由于每个有效的 NMEA 数据段以换行符为结尾，因此程序中的第一个 while 循环就以/n 换行符作为结束条件，那些多余的数据将被送到移位寄存器中用于下一次有效数据传输。更多关于 GPS NMEA 的相关信息可以在浏览器中搜索“gpsinfor mation”获得。

每个有效数据段的最初六个字节都会通过一个 Case 结构来进行解析，从而判断后面紧跟着的是什么类型的数据。在上面这个例子中，其头部六个字节是“$GPGGA”，于是程序调用图 6-57 对应的 case 内容来解析后续的数据信息。

所有的数据信息均以逗号隔开，所以程序中分别将各个数据信息截断提取后以相应

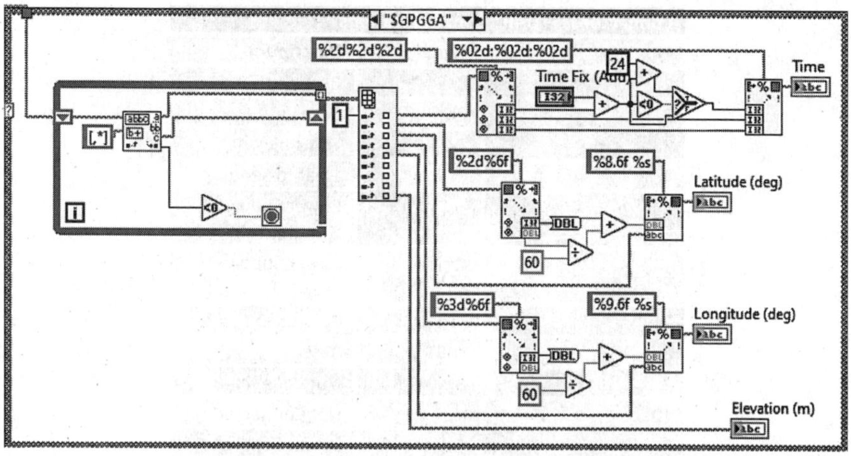

图 6-57　GPS 数据字符串处理

的格式显示在对应的显示控件中。不难发现，该项目中最花费时间的部分恰恰就是拆分和解析 GPS NMEA 数据。除此之外，借助上面对串口的 LabVIEW 数据操作，我们清晰地掌握其他基于 UART 串口通信 Pmod 的使用方法。

二、使用 PmodBT2 与智能手机蓝牙控制伺服电动机

本项目将使用蓝牙传感模块来连接智能手机，并由智能手机触控界面来控制两个伺服电动机的运动。

本项目中需要使用到的硬件有 DIGILENT ChipKIT WF32、PmodBT2、PmodCON3、两个伺服电动机、杜邦线若干。

本项目中需要使用到的软件为 LabVIEW 2020 社区版(带有 LabVIEW MakerHub LINX)。

首先需要确保 WF32 上的几处跳线帽配置正确。VU SELECT 选择 UART 的同时，电压选择 5V，如图 6-58 所示，这样 WF32 即能输出 5V 以驱动本项目中的伺服电动机。

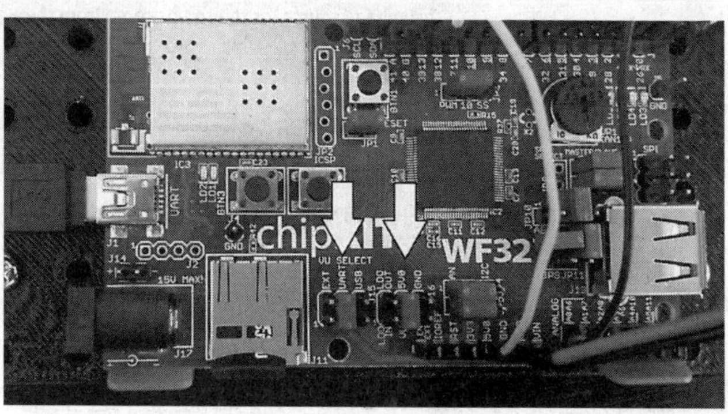

图 6-58　设置 WF32 跳线帽

PmodBT2 的 12 个引脚定义如图 6-59 所示。

Connector J1 – UART Communications		
Pin	Signal	Description
1	RTS	Ready to Send
2	RX	Receive
3	TX	Transmit
4	CTS	Clear to Send
5	GND	Power Supply Ground
6	VCC	Power Supply (3.3V)
7	STATUS	Connection Status
8	~RST	Reset
9	NC	Not Connected
10	NC	Not Connected
11	GND	Power Supply Ground
12	VCC	Power Supply (3.3V)

图 6-59　PmodBT2 的 12 个引脚定义

本项目中 WF32 并不会用到 CTS 和 RTS 引脚，所以可以直接将这两个引脚接地。WF32 与 PmodBT2 模块的通信通过串口 UART 完成，所以需要将 WF32 上 UART1 的 TX 引脚(Pin40)与 PmodBT2 上的 RX 引脚(Pin2)相连，同时将 WF32 上 UART1 的 RX 引脚(Pin39)与 PmodBT2 上的 TX 引脚(Pin3)相连。将 PmodBT2 上的 Pin7(STATUS)连接到 WF32 上的 Pin26(RE00)，同时将 PmodBT2 上的 Pin8(～RESET)连接到 WF32 上的 Pin27(RE01)。将 PmodBT2 的 Pin11 接地，并给 Pin12 供电，即连接到 3.3V。完成 WF32 与蓝牙模块 PmodBT1 的连接之后，需要将伺服电动机与 PmodCON3 模块进行连接。PmodCON3 的引脚定义如图 6-60 所示。

Header J1	
Pin Number	Description
1	Servo P1
2	Servo P2
3	Servo P3
4	Servo P4
5	Ground
6	VCC

Jumper JP1	
Jumper Setting	Description
VCC	The voltage source for the servos comes from VCC and Ground
VE	The voltage source for the servos come from the + and - screw terminals

图 6-60　PmodCON3 的引脚定义

将一个伺服电动机连接到 P1，另一个连接到 P2(注意，这里的 P1 和 P2 指的是 PmodCON3 上的竖直插针)，同时将 WF32 的 Pin28(RE02)连接到 PmodCON3 的 P1，将 WF32 的 Pin29(RE03)连接到 PmodCON3 的 P2(注意，这里的 P1 和 P2 指的是 PmodCON3 上横向的标准 6Pin Pmod 引脚中的 P1 与 P2)。为了给伺服电动机供电，在螺钉端子(Screw Terminal)的正极(＋)和负极(－)分别连接 5V(WF32 上的 5V0 口)以及地。硬件连接原理如图 6-61 所示。

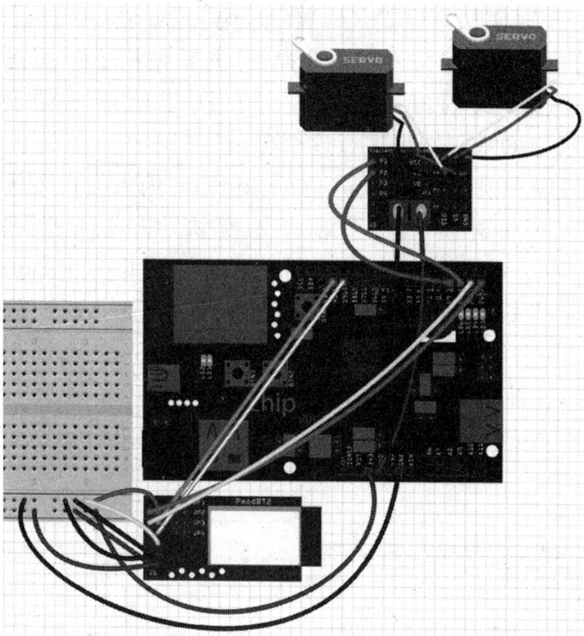

图 6-61　硬件连接原理

LabVIEW 软件设计：在 Pmod_BT2_Servo.vi 中首先通过 Initialize.vi 初始化 LabVIEW 与 WF32 的串口 UART0 连接，其次调用 UART Open.vi 打开 WF32 上与 PmodBT2 通信的窗口 UART1（注意，PmodBT2 蓝牙模块 RN-42 使用的串口波特率为 115200），最后通过 Servo Open N Channels.vi 配置 WF32 上用于控制伺服电动机的通道，如图 6-62 所示。

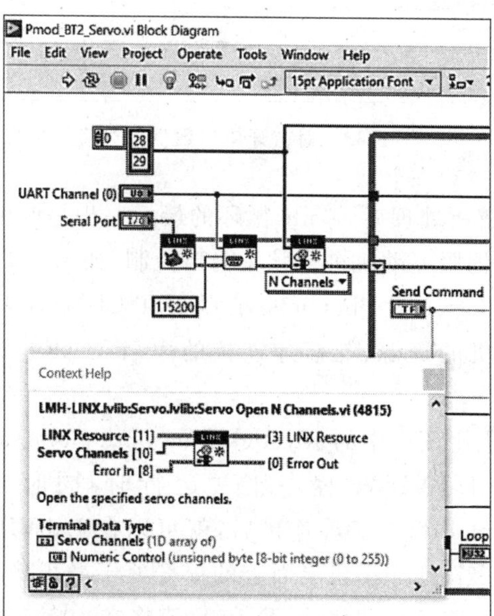

图 6-62　WF32 配置伺服电动机

在 while 循环中分别使用了 UART Write Byte Array.vi 以及 UART Read Byte Array.vi 来对蓝牙模块进行串口写入和读取操作，并且使用了一系列数组操作以及字符串数值变换操作的函数，我们可以通过 Ctrl＋H 组合键并结合本书前序章节中 LabVIEW 数据结构操作的基础知识进行逐个分析，如图 6-63 所示。为了测试这些数据结构操作的有效性，可以在前面板的 Command to Send 输入控件中输入“$ $ $”并单击 Send Command 控件来发送“$ $ $”给蓝牙模块，以进入蓝牙模块的命令模式(Command Mode)。如果顺利进入该模式，则在前面板的 Raw Reading 显示控件中将显示 CMD。要退出蓝牙模块的命令模式，可以在前面板的输入控件中输入“---”并点亮“Add <n>?”布尔控件来添加一个回车(Carriage Return)，之后单击 Send Command 控件即可。正常退出后，在前面板的 Raw Reading 显示控件中将显示 END。对于蓝牙模块命令的详细信息，在本书配套网盘的 bluetooth_cr_UG-v1.0r.pdf 文档中有详细描述，这里不再赘述。

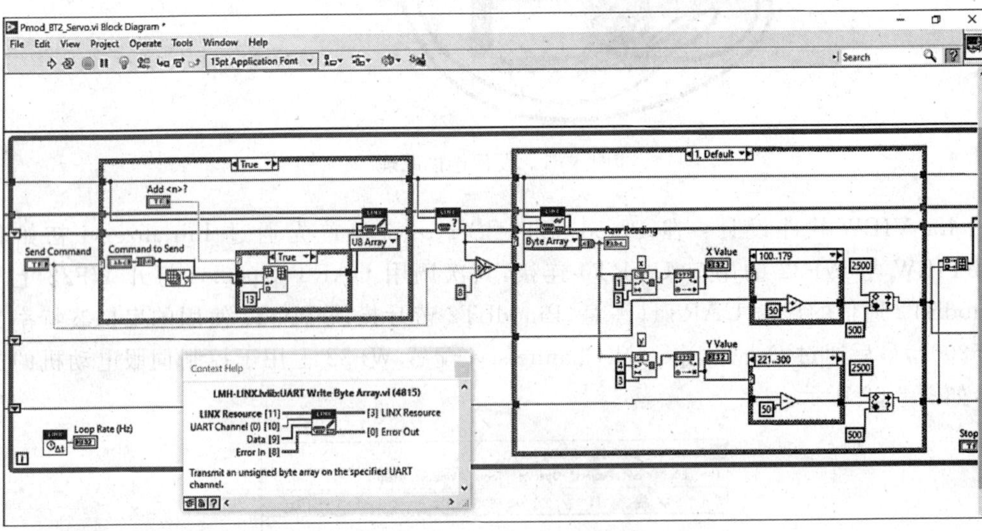

图 6-63 对蓝牙串口数据的处理

在对串口数据完成解析处理后，while 循环的最后一步是调用 Servo Set Pulse Width N Channels.vi 来对两个伺服电动机进行脉宽输出控制，如图 6-64 所示。在跳出 while 循环后，还需要调用 Servo Close N Channels.vi、UART Close.vi 以及 Close.vi 来分别释放 WF32 上控制伺服电动机的资源、与蓝牙连接的串口 UART 资源，以及 LabVIEW 与 WF32 连接的串口资源。

这里选用 Android 应用商店中的 Joystick bluetooth Commander 应用程序来对伺服电动机进行控制。当 LabVIEW 程序正常运行时，同时运行 Joystick bluetooth Commander 并连接到 PmodBT2，正确连接后，就可以在 LabVIEW 前面板的 Raw Data 显示控件中读取 ASCII 字符。当手机界面上的摇杆处于静止状态时，PmodBT2 的 X 和 Y 数值都将固定在 200，随着摇杆的移动，X 和 Y 值将在 100～300 变化。为了获得良好的项目体验，在 Joystick bluetooth Commander 的选项设置中将发送间隔(Transmission

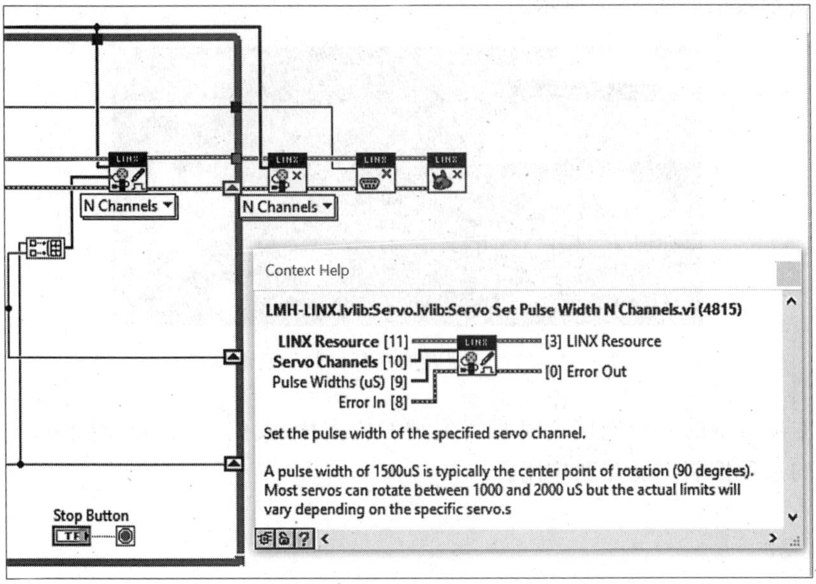

图 6-64　对伺服电动机进行脉宽输出控制

Interval)设置为 100ms,并设置在闲置时依旧连续发送数据,如图 6-65 和图 6-66 所示。

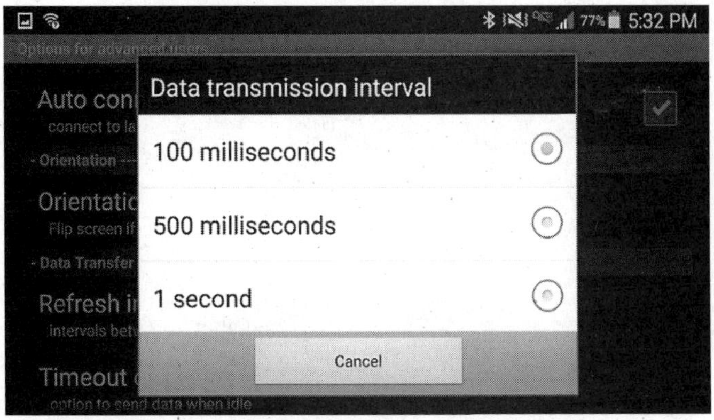

图 6-65　设置数据发送间隔

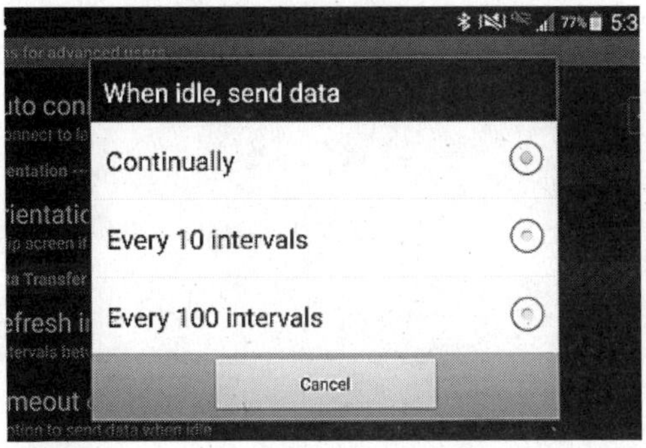

图 6-66　设置在闲置时依旧连续发送数据

项目演示效果如图 6-67 所示。

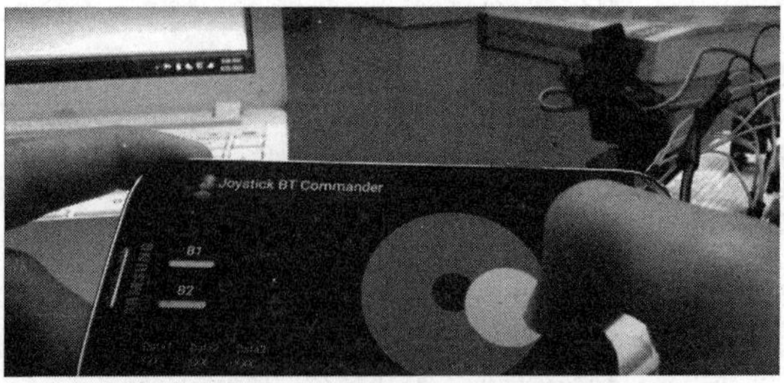

图 6-67　通过手机触屏摇杆控制伺服电动机

借助本项目中的蓝牙连接 API 即可实现对应支持，我们可以实现更多基于智能手机蓝牙连接的远程控制智能互联应用。

第七章 LabVIEW与物联网开源硬件设备互联及程序部署

第一节 LabVIEW 与树莓派互联应用

一、边缘计算开源硬件 RaspberryPi

作为开源硬件社区中最受欢迎的单板计算机，树莓派以超过 3000 万件的全球销量当之无愧成为边缘计算嵌入式应用中的佼佼者。最新一代的树莓派 4b(见图 7-1)带有媲美桌面性能的 ARM 处理器，超大的 DDR 内存，支持 4K 显示以及高速的 USB 3.0 和以太网与 WiFi 接口。令人振奋的是，这样一款性能堪比桌面计算机名片大小的单板计算机售价低至 35 美元。免费的 LabVIEW 2020 社区版软件配合 LINX 工具包，同样支持对它进行编程。

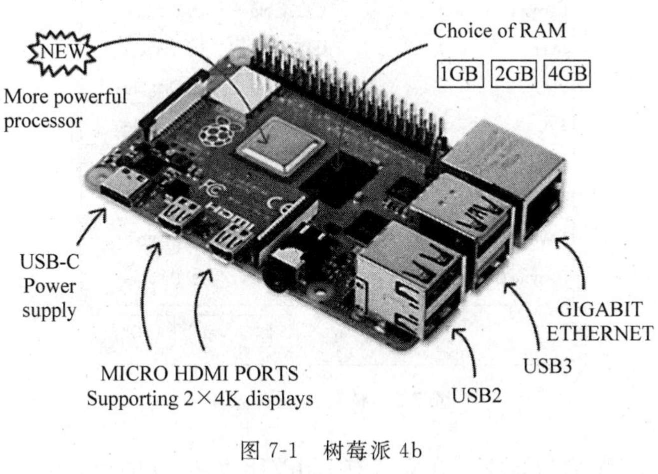

图 7-1 树莓派 4b

二、树莓派与 LabVIEW 2020 的连接配置

下面实践一个使用 LabVIEW＋树莓派“点灯”的最简入门项目，从而熟悉其开发

流程。

本项目硬件准备如下。

(1) 安装了 LabVIEW 2020 社区版的计算机(注意,下载软件安装包时的账号与安装完成后在 NI 许可证管理器中激活软件时的账号需一致,如此才能正常免费激活)。

(2) 树莓派 4b＋microSD 卡。

(3) 树莓派 4b USB type-C 电源线。

(4) 树莓派 4b micro HDMI 视频线＋显示器。

(5) 键盘、鼠标。

(6) 面包板＋杜邦线＋LED。

软件准备如下。除了正确安装 LabVIEW 2020 社区版外,还需要正确下载并烧录到 microSD 卡的 Raspbian 镜像(本书中刻录的是 Raspbian Buster with desktop and recommended software),可以通过搜索 raspberrypi.org 进入下载页面进行下载。

为了简化配置流程,在本书配套网盘中给出了已经配置好的树莓派 microSD 卡镜像文件,可以直接下载使用。通过在计算机上安装 Win32DiskImager 工具,将本书配套网盘上的树莓派镜像文件烧录到 microSD 卡后,将其插入树莓派 microSD 卡槽后上电启动树莓派。

在树莓派启动之后,还需要简单地对其进行一些配置。首先,为确保树莓派与计算机处于同一个 WiFi 局域网,在 command line 中输入 ifconfig,获得树莓派的 IP 地址,本例中的树莓派 4b 的 IP 地址为 192.168.50.121;接着需要在树莓派上开启 SSH 服务。在树莓派的用户图形界面中配置选项的选择如图 7-2 所示。

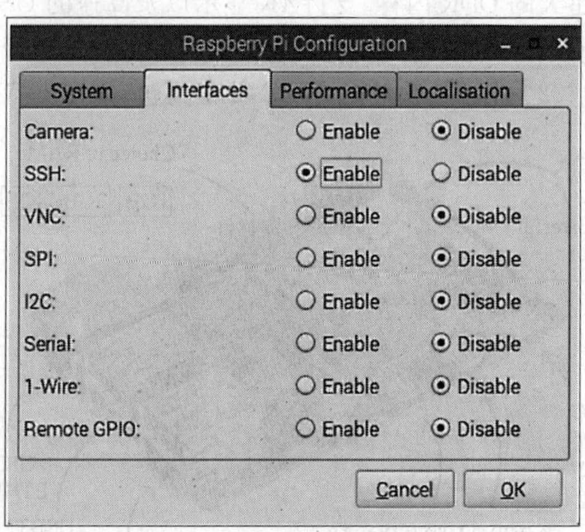

图 7-2 树莓派配置界面

单击 OK 按钮,重启树莓派。在安装有 LabVIEW 2020 的计算机上打开 LabVIEW,选择 Tools→MakerHub→LINX→LINX Target Configuration...命令,如图 7-3 所示。

打开 LINX Target Configuration 窗口,输入树莓派的 IP 地址、用户名以及密码。默认情况下,用户名是 pi,密码是 raspberry,如图 7-4 所示。

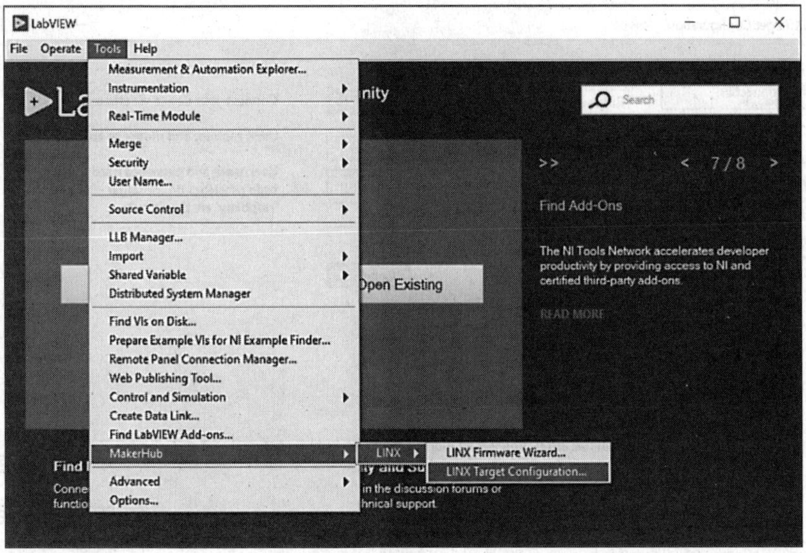

图 7-3　启动 LINX Target Configuration

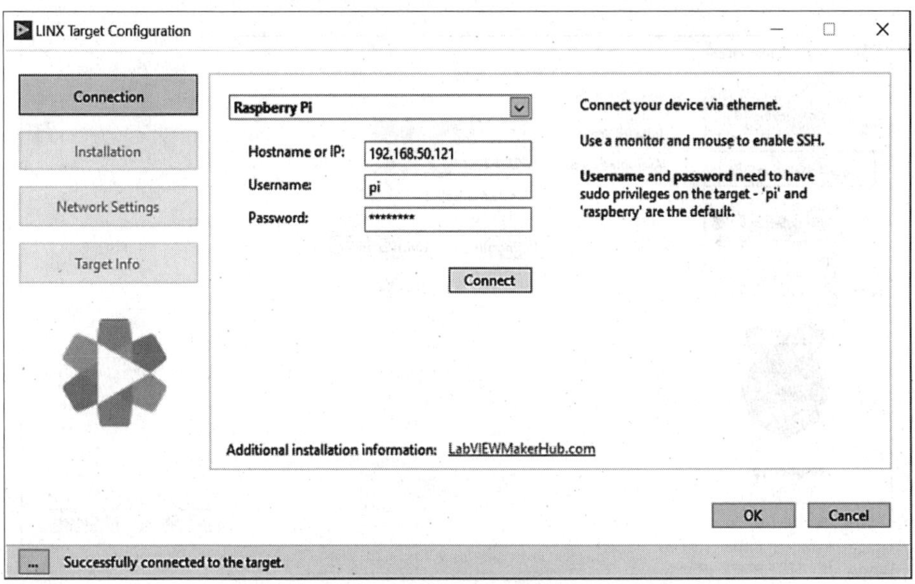

图 7-4　输入 LINX Target 树莓派的登录连接信息

单击 Connect 按钮，如果连接正确，则可以在最底下的状态栏中看到 Successfully connected to the target，单击 Connection 按钮，即可看到树莓派的图标，如图 7-5 所示。

单击 Installation 按钮，可以看到尚未配置的树莓派上的 Installed Version 为空，如图 7-6 所示。

单击 Upgrade 按钮，对树莓派上的软件进行升级。由于网速和系统不同，可能需要等待几分钟，升级成功后的状态如图 7-7 所示。

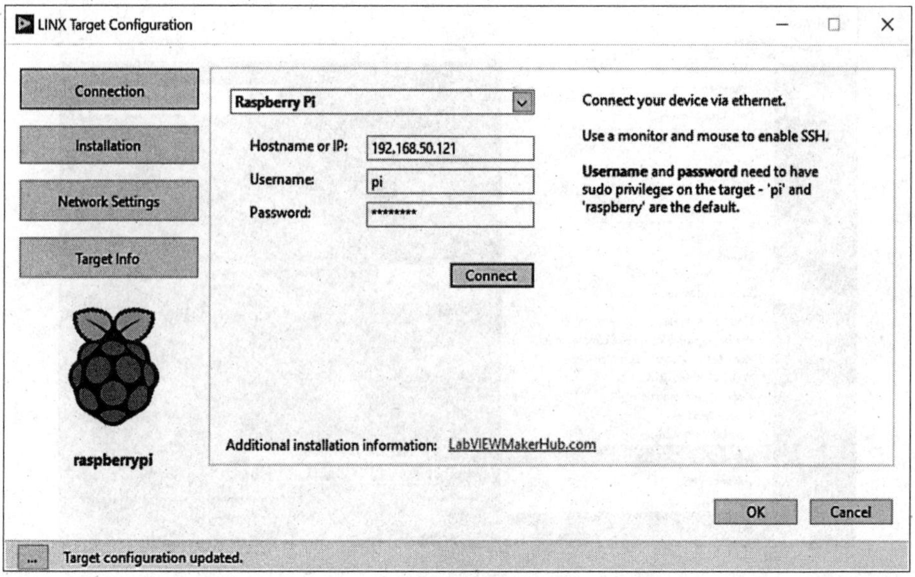

图 7-5　出现树莓派图标

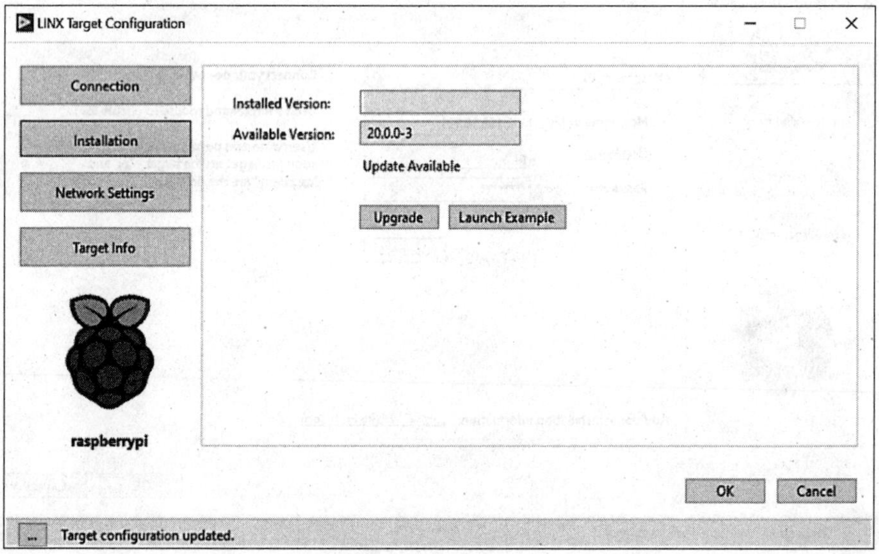

图 7-6　未配置正确前 Installed Version 为空

本书配套网盘中的树莓派镜像文件已经事先将上述几步中升级树莓派中对应文件的操作配置完成，读者可以直接跳过上述配置，只需确认当前 Installed Version 为 20.0.0-3 版本即可。单击图 7-7 中的 Launch Example 按钮，开启第一个 LabVIEW+树莓派项目。注意图 7-8 中的树莓派 IP 地址和上面配置的 IP 地址必须一致，本例中为 192.168.50.121。右击 LabVIEW 项目树中的树莓派图标，在弹出的快捷菜单中选择 Connect 命令，如图 7-8 所示。

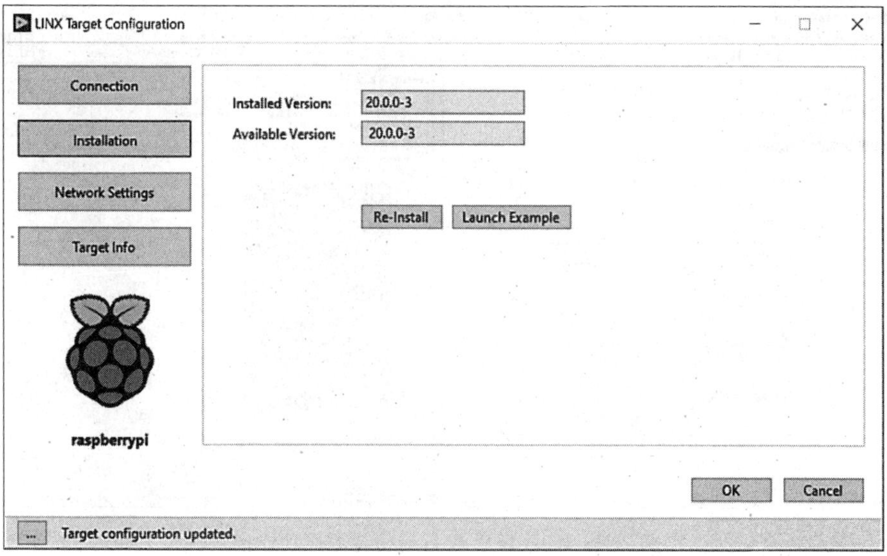

图 7-7　正确配置后显示 Installed Version

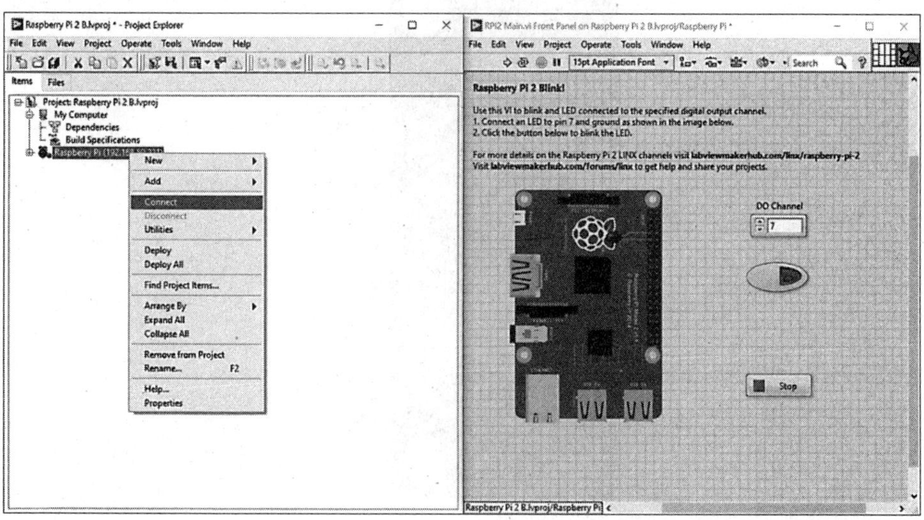

图 7-8　在 LabVIEW 项目中连接树莓派

成功连接到树莓派后，可以发现项目树中的 Raspberry Pi 树莓图标右下角的指示灯被点亮，表示连接成功，如图 7-9 所示。

在运行图 7-9 右侧的 VI 程序之前，先根据树莓派的 GPIO 引脚定义将一个 LED 的正极连接到 Pin7，将 LED 的负极连接到 Pin9(GND)，参考图 7-10。

单击 LabVIEW 的运行按钮，等待程序部署成功，如图 7-11 所示。

此时单击 VI 前面板上的布尔输入控件，即能控制 LED 的亮和灭，如图 7-12 所示。

本项目中用到的全部软硬件如图 7-13 所示。

与 LabVIEW 控制 WF32 不同的是，LabVIEW 编写的树莓派程序可以通过下载方式

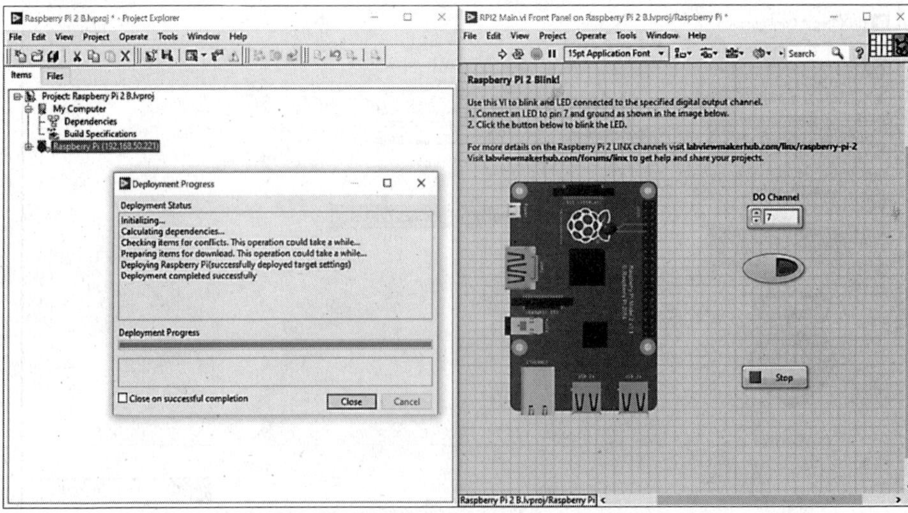

图 7-9　LabVIEW 项目与树莓派成功连接

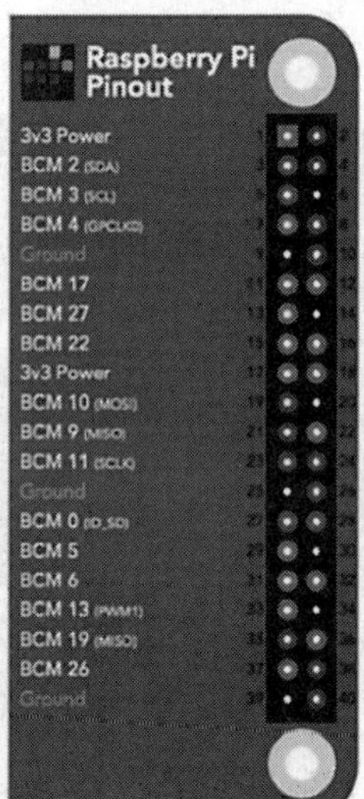

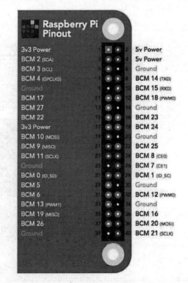

图 7-10　树莓派的 I/O 引脚

完全部署到树莓派上，使得树莓派能够独立于 PC 运行。右击 Build Specifications，在弹出的快捷菜单中选择 New→Real-Time Application 命令，即可将编写好的 LabVIEW 程序创建成为可以独立运行在树莓派上的可执行文件，如图 7-14 所示。

部署完成之后，可以设置程序开机即运行，如图 7-15 所示，而不再需要 PC 上的 LabVIEW 对树莓派进行介入，这将大幅扩展树莓派运行 LabVIEW 程序的应用场景。

感兴趣的读者可以仿照基于 WF32 的遥控小车来搭建基于 LabVIEW 和树莓派的遥控小车，如图 7-16 所示。

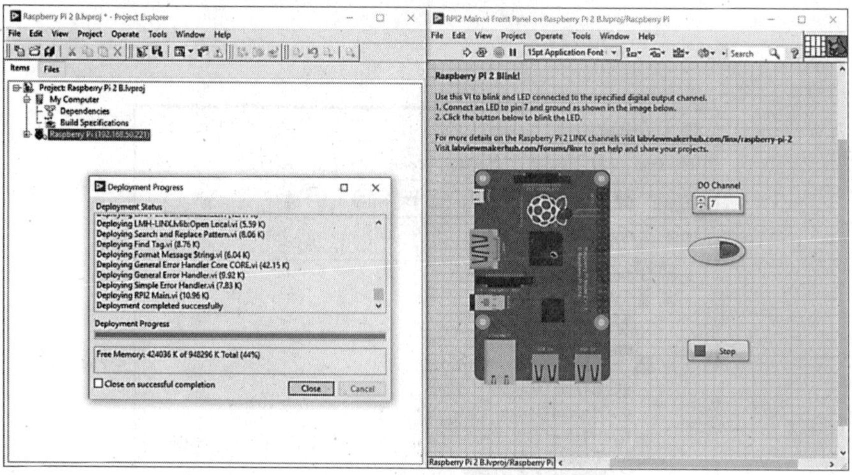

图 7-11　等待程序部署成功

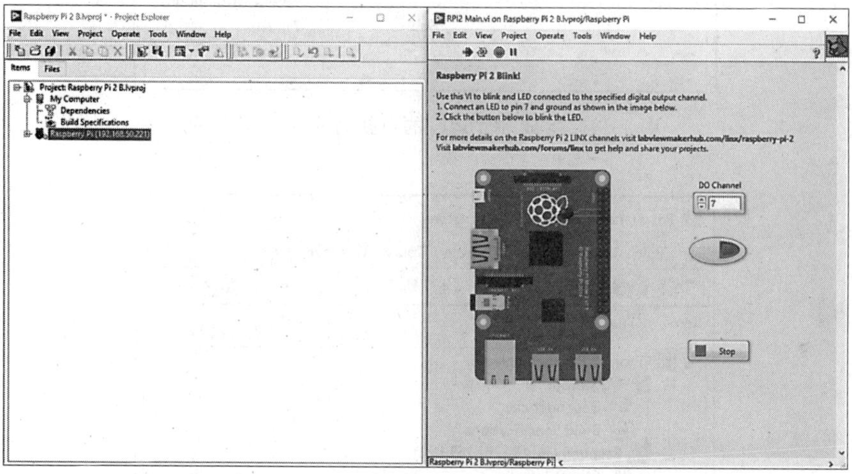

图 7-12　成功控制 LED

图 7-13　本项目中用到的全部软硬件

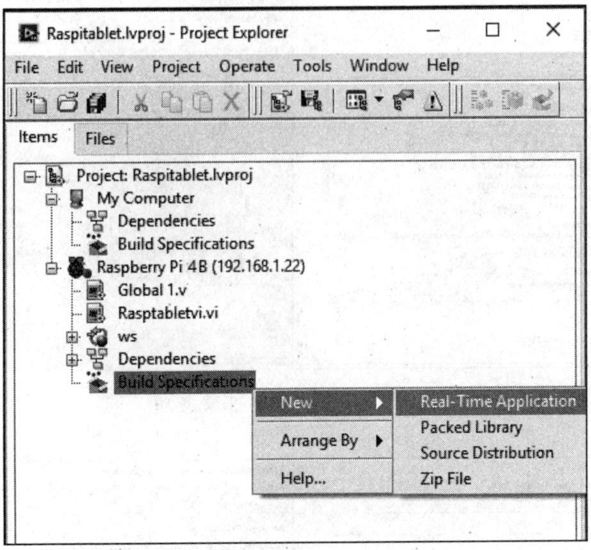

图 7-14 生成独立运行的可执行实时应用程序

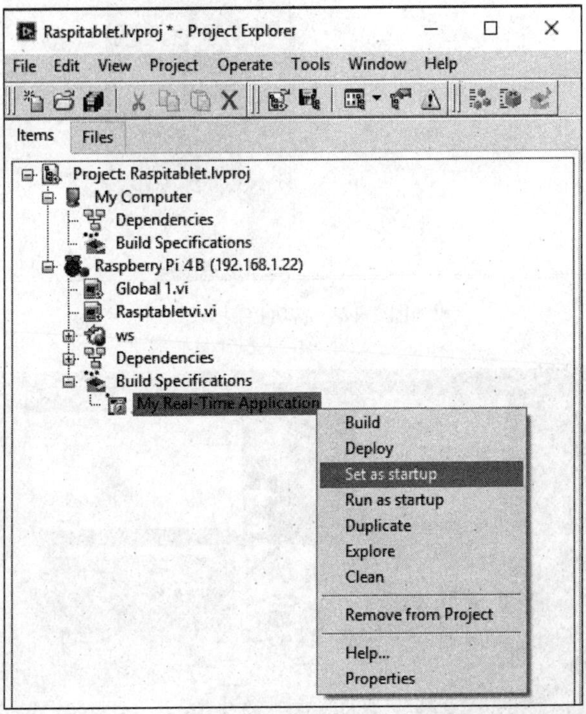

图 7-15 配置可执行应用程序在树莓派开机时运行

图 7-16 树莓派小车

第二节 LabVIEW 与 BeagleBone Black 互联应用

一、BeagleBone Black 概述

除了树莓派外，众多全球领先半导体厂商都发布过基于自己处理器芯片的嵌入式边缘计算硬件。本节以 Texas Instruments 公司的 BeagleBone Black 平台为例，介绍 LabVIEW 如何与该平台进行交互。BeagleBone Black（以下简称 BBB）的外形如图 7-17 所示。

BBB 选用的处理器是 TI 公司出品的 AM3359 芯片，这是一款性价比极高的 ARM Cortex-A8 内核芯片，功能非常丰富，其配套芯片文档多达 4000 多页，对此感兴趣的读者可以充分挖掘其潜力，这与树莓派的核心芯片相对神秘形成了鲜明对比。BBB 作为 TI 公司的官方指定开发板之一，可以说是一款十分优秀的开源硬件，在 BBB 官方 wiki 页面可以下载到它的电路原理图和 PCB 设计文件。BBB 的扩展性能也十分出众，其引出的 92 个引脚可以用于扩展创新活动所需的各种外部设备，也可以直接与 DIGILENT 的上百种 Pmod 外部设备模块结合使用。BBB 配合 LabVIEW 的相关驱动程序，能够极大提升项目开发效率。

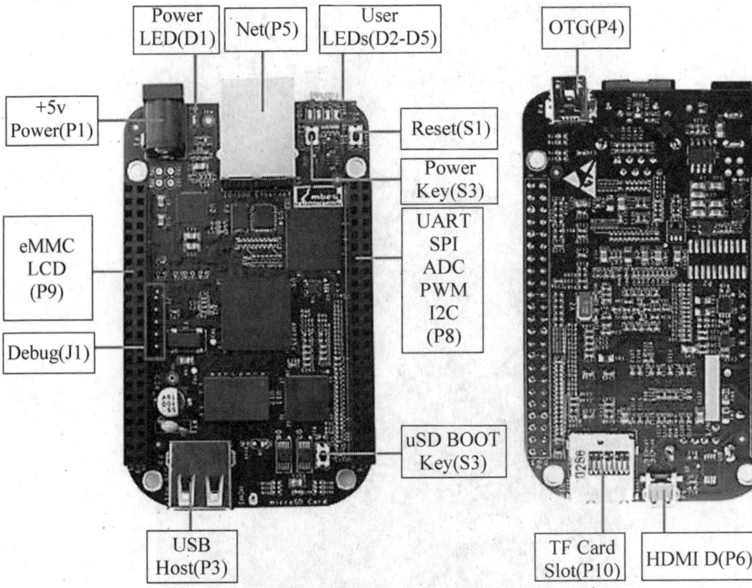

图 7-17　BBB 的外形

二、LabVIEW BeagleBone 驱动及工具包配置

在开始项目前，首先需要做一些软硬件准备工作。通过一根 Mini USB 线将BBB连接到 PC 上的 USB 接口，BBB 会以一个 USB 存储设备以及 USB 虚拟网口设备的双重形式出现在 PC 上。

在 PC 上找到 BBB 这个 USB 存储设备，双击进入，会看到如图 7-18 所示的目录结构。

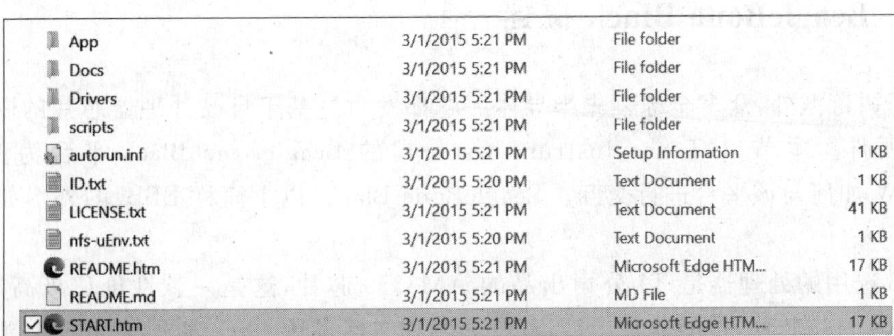

图 7-18　BBB 目录结构

单击 START.htm，打开网页，如图 7-19 所示。

我们需要在 PC 上安装 BBB 的虚拟网卡驱动程序。根据用户的计算机操作系统选择相应的驱动程序进行安装。本书配套网盘的 Beaglebone_Windows64bit_Driver 文件夹中给出了 64 位 Windows 操作系统下的 BBB 驱动安装包 BONE_D64.exe，如图 7-20 所示，读者可以直接单击使用。

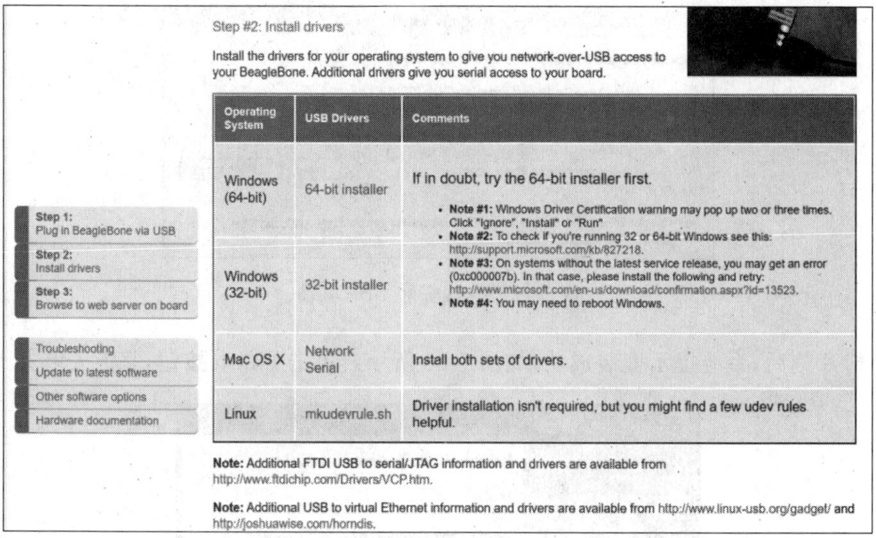

图 7-19　BBB 驱动安装网页

图 7-20　BBB 驱动安装包文件

下面以 Windows 操作系统安装驱动为例进行介绍，双击 BONE_64.exe，打开图 7-21 所示安装向导，单击 Next 按钮。

图 7-21　BBB 驱动安装向导

打开图 7-22 所示的 Windows 安全提示界面，单击 Install 按钮，继续安装。

图 7-22　确认安装 BBB 驱动

等待片刻后，系统提示安装成功，如图 7-23 所示。单击 Finish 按钮，完成安装并退出。

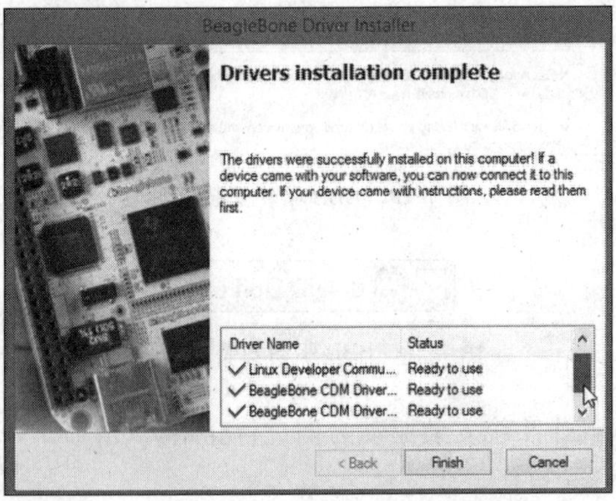

图 7-23　BBB 驱动安装成功

完成 BBB 虚拟网口驱动的配置之后，即可通过 LabVIEW 来配置 BBB 上的相关配置文件。如图 7-24 所示，选择 Tools→MakerHub→LINX→LINX Target Configuration...命令。

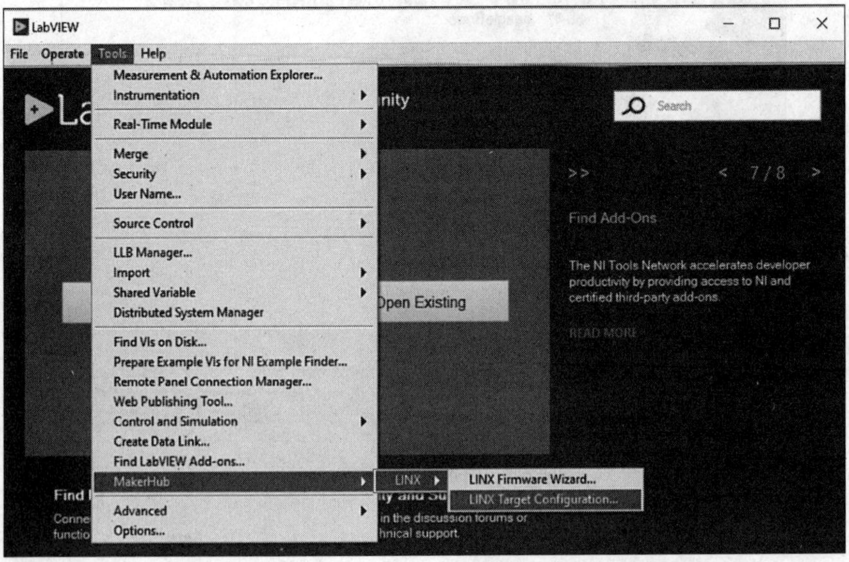

图 7-24　启动 LINX Target Configuration 工具

在图 7-25 所示的配置窗口中输入 BBB 默认的 IP 地址 192.168.7.2 以及默认的用户名 root,密码区留空即可,单击 Connect 按钮进行连接。

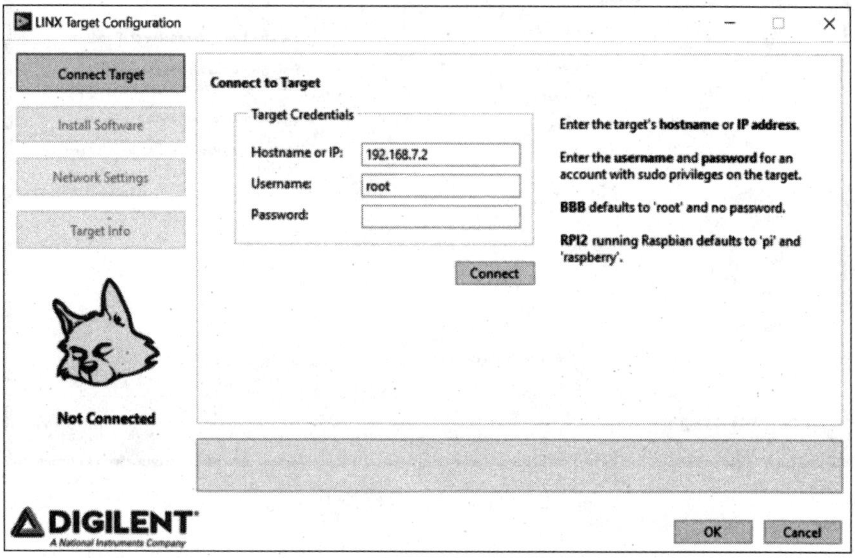

图 7-25 BBB Target 连接设置

成功连接后,窗口下方会显示 Successfully connected to the target.,如图 7-26 所示。

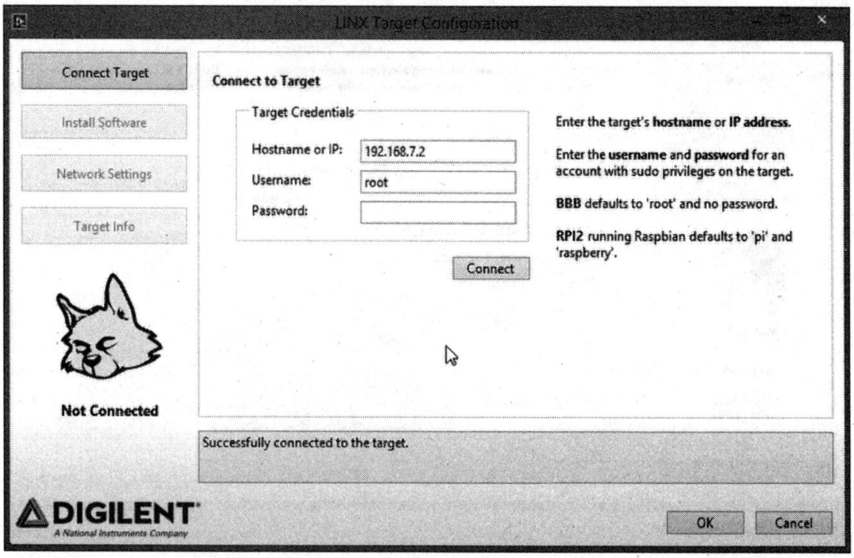

图 7-26 BBB 成功连接

稍后在窗口左下角会显示两个不同的 IP 地址,如图 7-27 所示,其中 192.168.7.2 是 BBB 通过 USB 虚拟网口与 PC 相连的 IP 地址,而 192.168.1.91 则是 BBB 与路由器连接分配到的具有 Internet 连接的 IP 地址。

单击 Network Settings 按钮,为 BBB 手动配置相应的 Hostname(主机名称)以及是

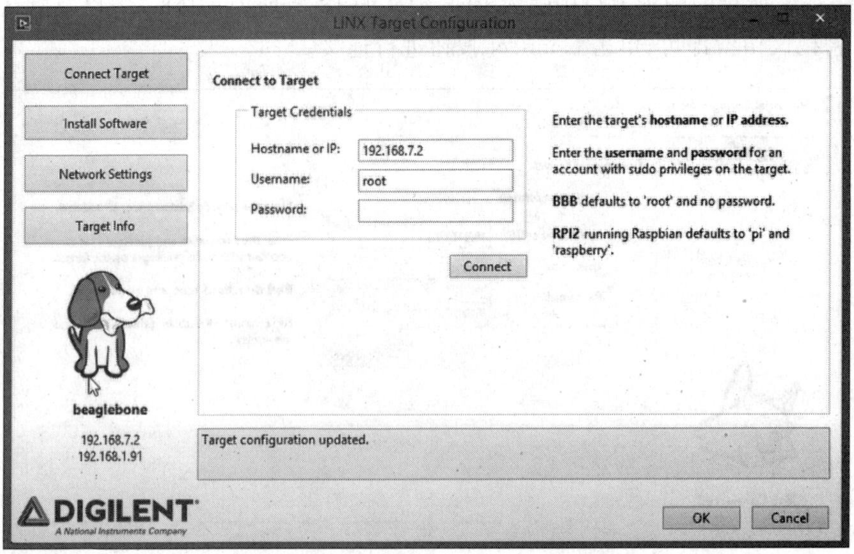

图 7-27　左下角显示额外 IP 信息

否通过 DHCP(Dynamic Host Configuration Protocol，动态主机配置协议)自动获取 IP 地址或是手动给予静态 IP 地址，如图 7-28 所示。

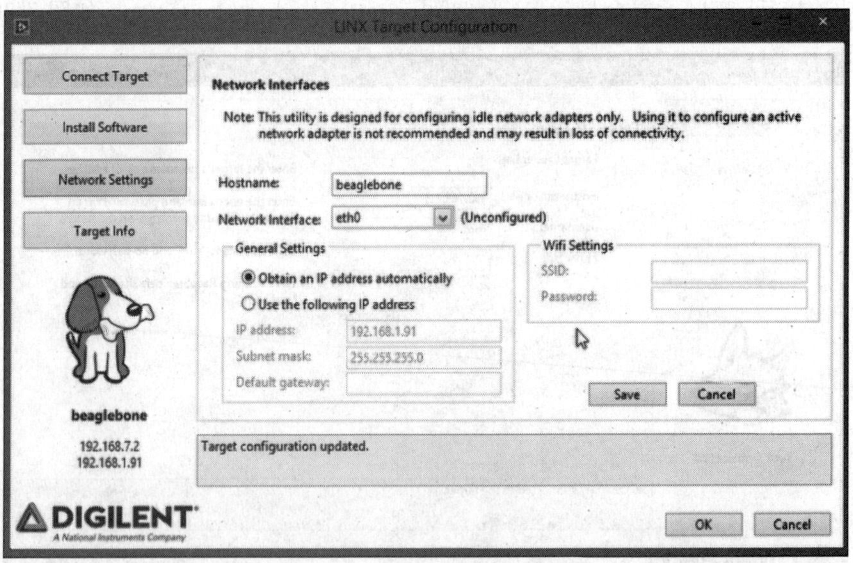

图 7-28　BBB 网络及 IP 设置

此外，还有最重要的一步，即给 BBB 安装必要的与 LabVIEW 相关的运行时引擎及配置文件。单击 Install Software 按钮，可以看到在 Installed Version 显示框中提示没有安装相应的 LabVIEW 运行时引擎。单击 Install 按钮开始安装，如图 7-29 所示。整个安装需要花费几分钟时间，过程中可能会跳出如图 7-30 所示的问题警告。该问题与 Linux 分区的大小有关，建议进行扩展分区操作。在 LINX Target Configuration 向导中提供了一个 Expand Partition 按钮，只需单击该按钮就能修复该警告。

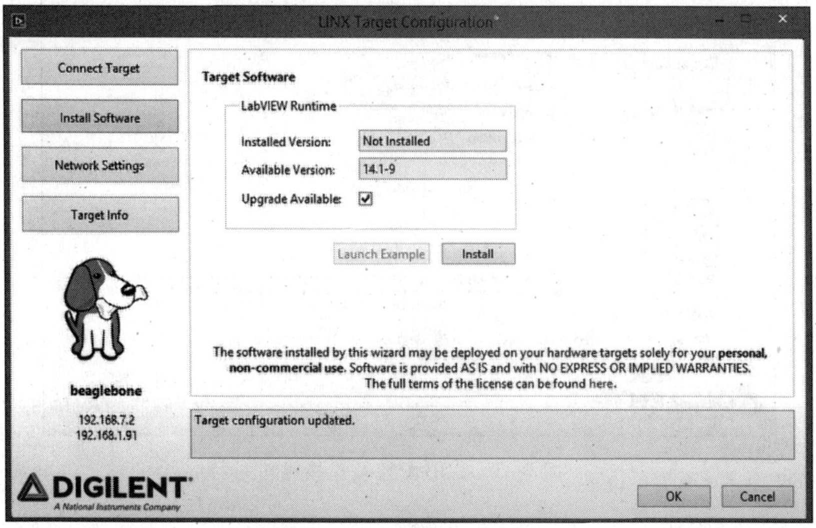

图 7-29　为 BBB 安装软件

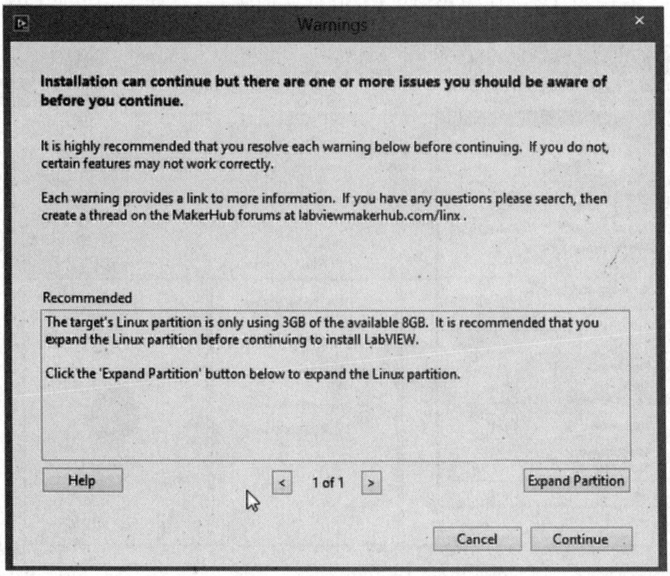

图 7-30　BBB Linux 分区警告

成功完成安装之后，窗口下方会提示 Installation completed successfully 信息，如图 7-31 所示。此时，BBB 连接 LabVIEW 的准备工作即全部完成。

三、LabVIEW BeagleBone 点灯 Hello World 项目

这里以简洁的点灯项目来介绍 LabVIEW 控制 BBB 的开发流程。打开 LINX-Blink

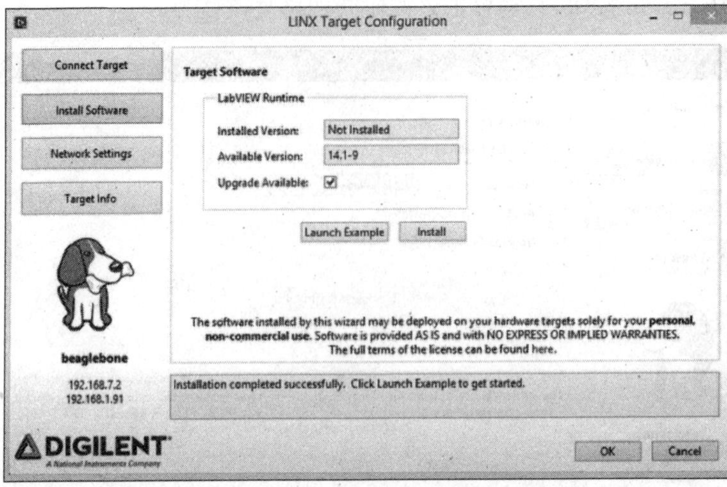

图 7-31　BBB 配置及连接成功

(Advanced).vi，为了让该 LabVIEW 程序最终被部署到 BBB 上运行而不是在 PC 上运行，需要为其创建一个对应的项目(Project)。如图 7-32 所示，选择 File→New...命令，在打开的 New 窗口中选择 Create Empty Project，如图 7-33 所示，单击 OK 按钮。

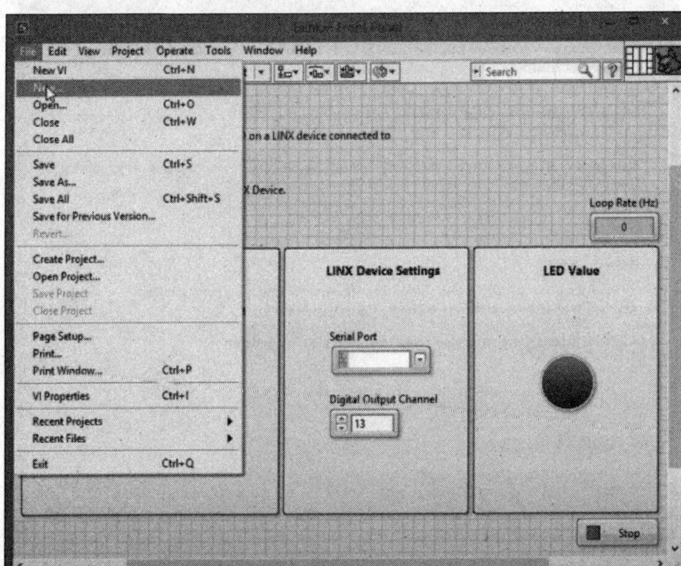

图 7-32　为示例程序建立一个 LabVIEW 项目

系统弹出如图 7-34 所示的提示框，提示是否需要将当前 VI 程序添加到该空项目中，这里单击 Add 按钮。

在全新的 LabVIEW 项目中右击项目树中的顶端，在弹出的快捷菜单中选择 New→Target and Devices...命令，如图 7-35 所示。

在 Targets and Device 列表框中单击 LINX 左侧的加号，LabVIEW 会自动搜索当前

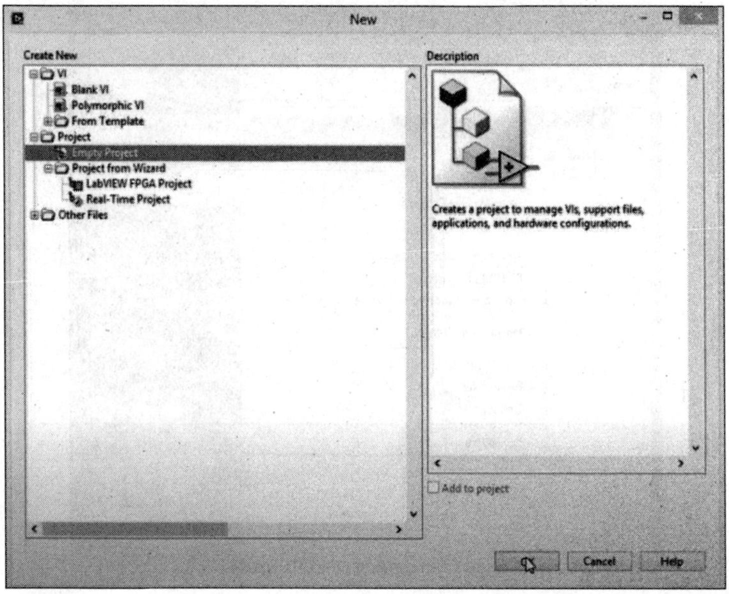

图 7-33　选择新建一个空白项目

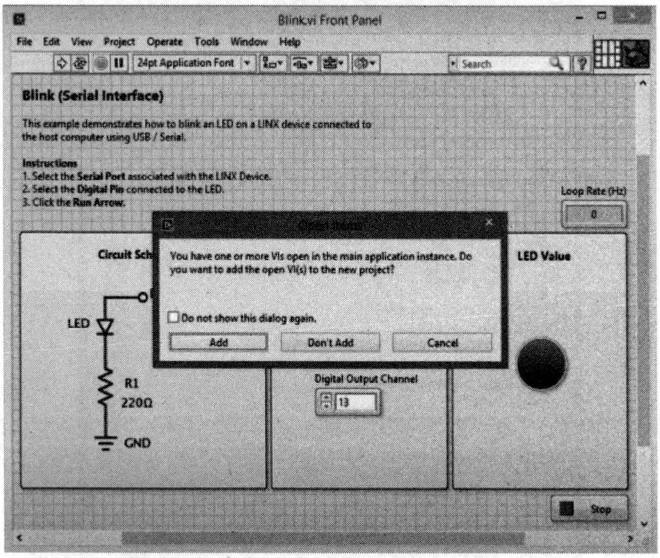

图 7-34　将当前 VI 程序添加到空项目中

已经连接到 PC 上的 BBB 设备，选择该 BBB 后，单击 OK 按钮，如图 7-36 所示。

回到 LabVIEW 项目窗口，可以发现先前配置过的 BBB 已经出现在项目树中，如图 7-37 所示，BBB 的 IP 地址和先前配置时的一致。当有多个 BBB 同时被连接到 PC 时，可以用不同的 IP 地址来区分多个不同的 BBB 设备。

右击 BBB，在弹出的快捷菜单中选择 Connect 命令，尝试联立 LabVIEW 项目与 BBB 硬件之间的连接，如图 7-38 所示。

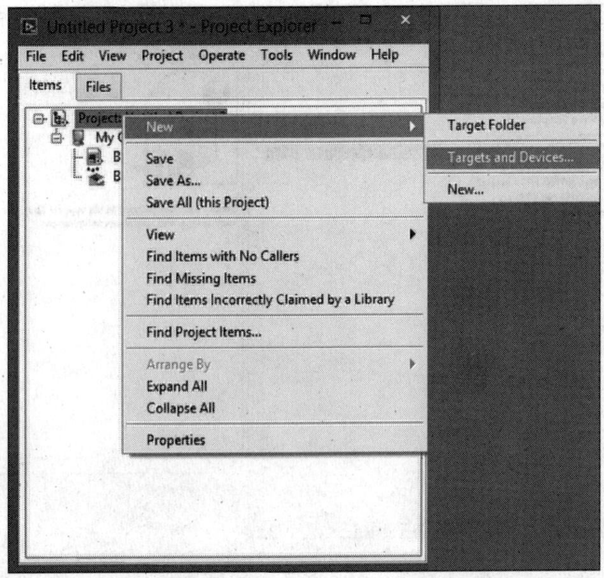

图 7-35　新建终端设备

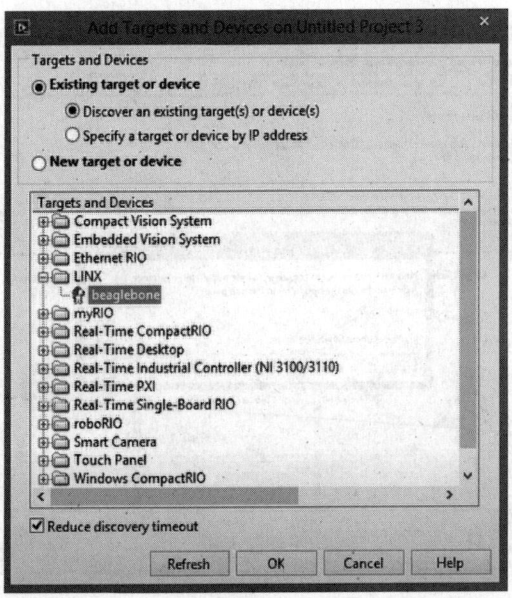

图 7-36　选择设备列表中的 BBB

正确连接后，可以发现图 7-38 左侧的 BBB 小狗图标右下角的绿色 LED 会被点亮，表示连接成功。双击 Blink.vi，打开该点灯闪烁 VI 程序，可以发现该程序默认使用串口方式来控制 I/O。对于 BBB 来说，我们并不需要使用串口来控制它，而是希望它自己运行程序并控制小灯闪烁。所以，这里单击左侧的 Open Serial.vi，将这个多台 VI 配置为 local I/O，其余程序保持不变，如图 7-39 所示。

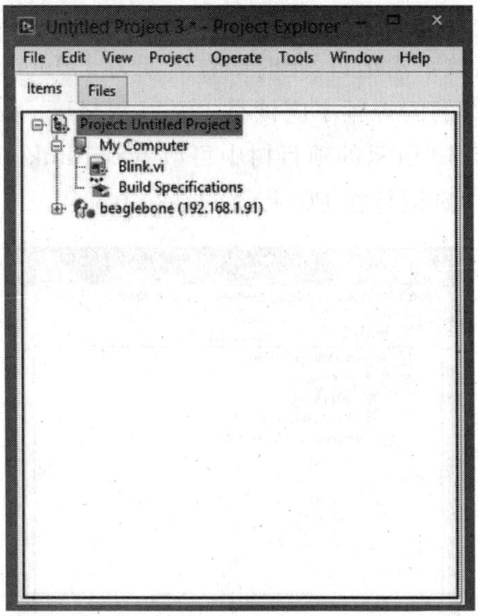

图 7-37　BBB 的 IP 地址显示在项目树中

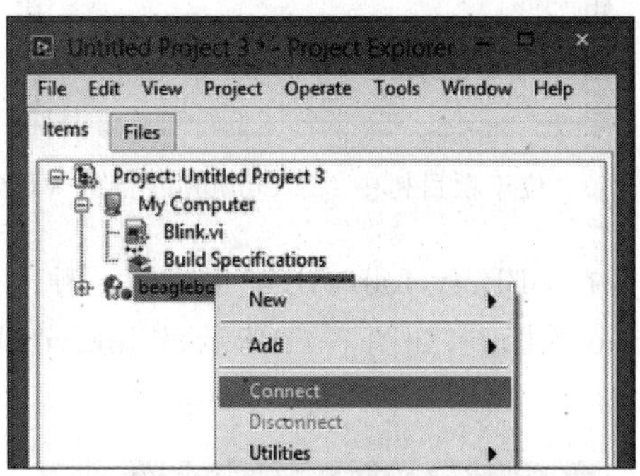

图 7-38　在项目树中建立与 BBB 的连接

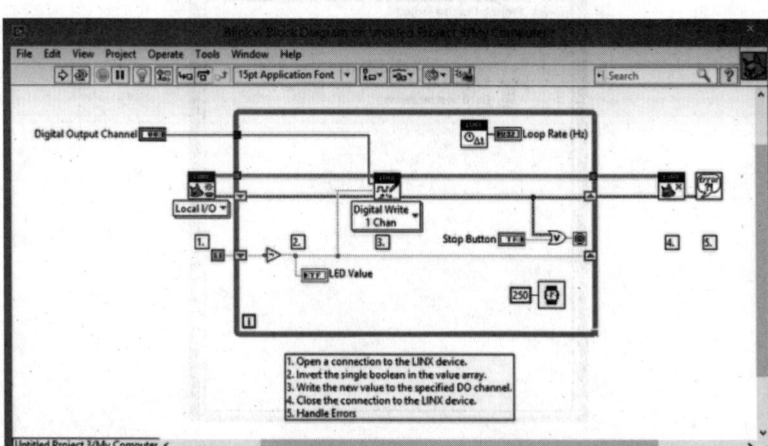

图 7-39　配置为 Local I/O 模式

不难发现,该程序在 while 循环内部每一次循环都会借助移位寄存器对前一个循环的布尔值进行取反后送入数字输出口,延时函数周期为 250ms。所以可以预见,被连接到该数字输出口上的 LED 灯的闪烁频率应该是 1/0.25=4Hz。按 Ctrl+S 组合键,保存 VI 程序后关闭该 VI。如图 7-40 所示的项目树中可以看到 Blink.vi 位于 My Computer 对象下,即当前该程序依旧被指定运行在 PC 上,而不是 BBB 上。

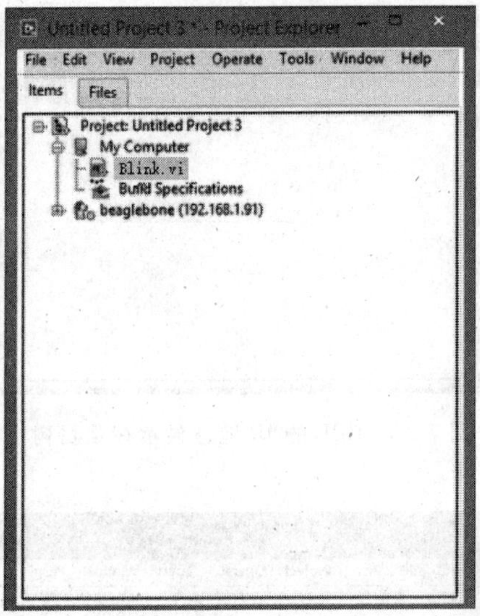

图 7-40　位于项目树中 My Computer 下的 VI 程序

为了让该 VI 最终运行在 BBB 上,LabVIEW 提供了一种十分简便且直观的方式:拖曳该 Blink.vi 到 BeagleBone 图标上,如图 7-41 所示,Blink.vi 即出现在 BeagleBone 对象的树型结构中。

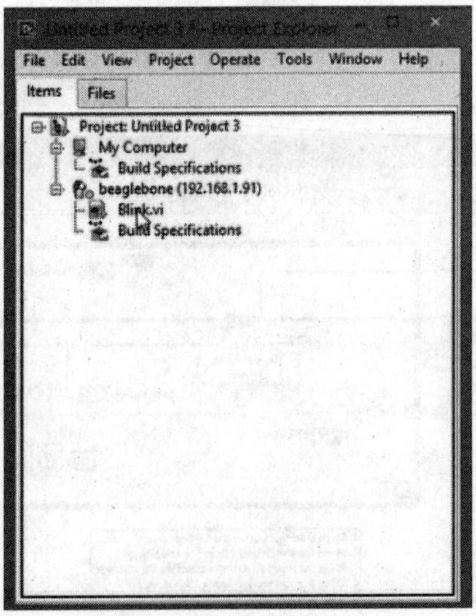

图 7-41　被拖曳到 BBB 对象下的 VI

此时，再次双击打开该 Blink.vi，在图 7-42 所示的前面板窗口左下角可以清楚地看到该 VI 被指定运行在 Untitled Project3 中的 BeagleBone Target 下，即 Blink.vi 此时已经是一个嵌入式程序而不是在先前在 WF32 项目中看到的计算机端 LabVIEW 程序。

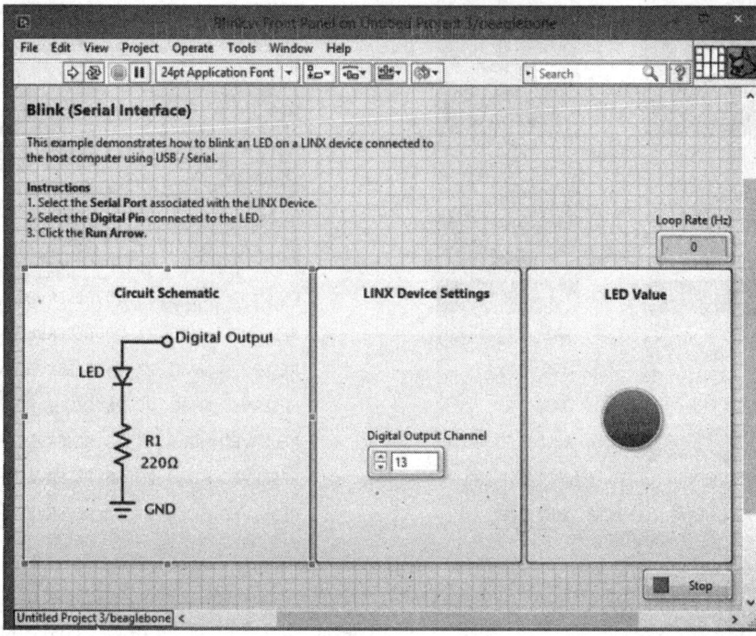

图 7-42　前面板左下角显示了运行在具体哪个 Target 上

由于这是一个软硬件协同的程序，因此在运行该程序之前需要先弄清楚究竟希望控制哪个数字输出引脚来点亮 LED 灯。如图 7-43 所示，在 LabVIEW 中选择 Help→MakerHub→LINX→Pinout-BeagleBone Black...命令。

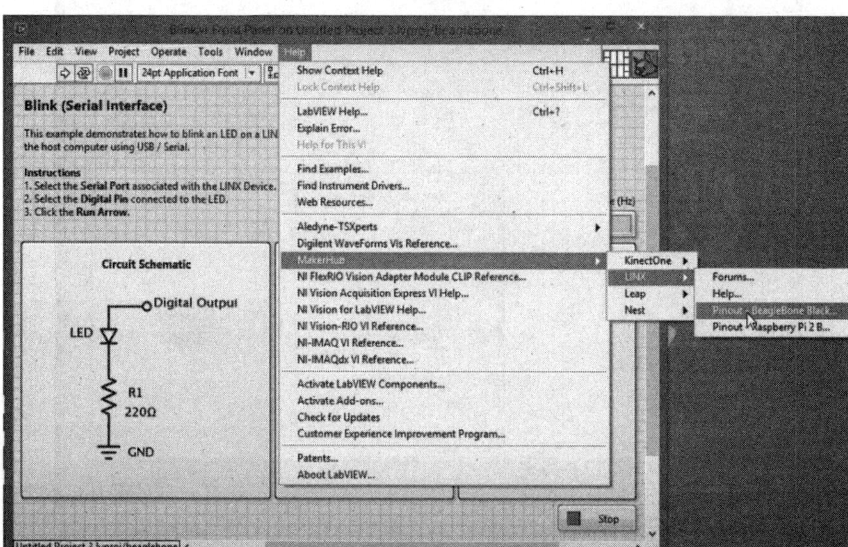

图 7-43　访问 BBB 的引脚分布

在打开的BBB全局引脚图中，可以十分直观地了解每个引脚的具体功能，如图7-44所示。

P9

DGND	47	48	DGND
VDD_3v3	49	50	VDD_3v3
VDD_5v	51	52	VDD_5v
SYS_5v	53	54	SYS_5v
PWR_BUT	56	55	SYS_RESET
UART4_RX	57	58	DIO_58
UART4_TX	59	60	PWM_60
DIO_61	61	62	PWM_62
RESERVED_SPI0_CS0	63	64	SPI0_MOSI
I2C2_SCL	65	66	I2C2_SDA
SPI0_MISO	67	68	SPI0_SCLK
DIO_69	69	70	UART1_TX
RESERVED_PRU	71	72	UART1_RX
DIO_73	73	74	RESERVED_HDMI
RESERVED_HDMI	75	76	DIO_76
RESERVED_HDMI	77	78	ADC_VDD

P8

DGND	1	2	DGND
RESERVED_MMC	3	4	RESERVED_MMC
RESERVED_MMC	5	6	RESERVED_MMC
DIO_7	7	8	DIO_8
DIO_9	9	10	DIO_10
DIO_11	11	12	DIO_12
PWM_13	13	14	RESERVED
DIO_15	15	16	DIO_16
DIO_17	17	18	DIO_18
PWM_19	19	20	RESERVED_MMC
RESERVED_MMC	21	22	RESERVED_MMC
RESERVED_MMC	23	24	RESERVED_MMC
RESERVED_MMC	25	26	DIO_26
RESERVED_HDMI	27	28	RESERVED_HDMI
RESERVED_HDMI	29	30	RESERVED_HDMI
RESERVED_HDMI	31	32	RESERVED_HDMI

图7-44　BBB全局引脚定义

本项目中选择BBB上数字I/O的7号口来连接LED灯的正端，BBB的GND地信号连接LED灯的负端。如图7-45所示，在Blink.vi的前面板上将输入控件Digital Output Channel设置为7。

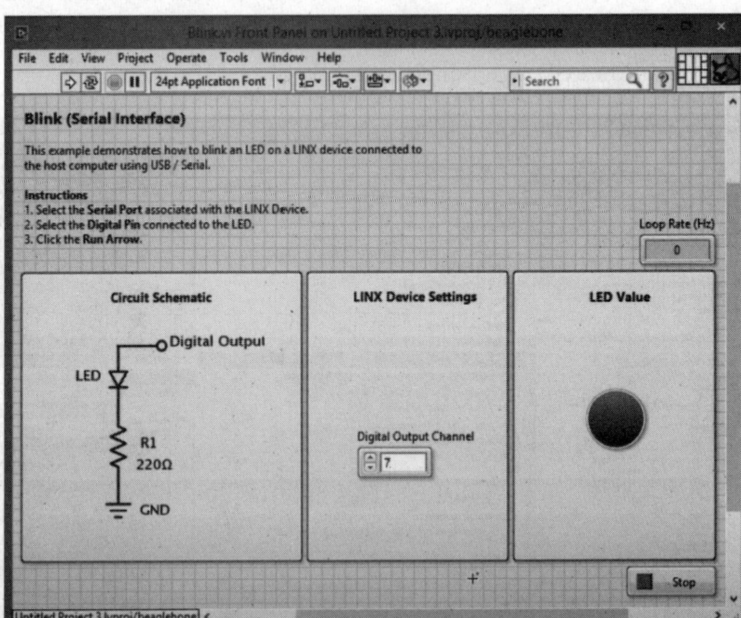

图7-45　设置前面板输入控件

单击运行按钮后，LabVIEW 开始编译和部署当前程序到 BBB 硬件上。整个过程的部署提示如图 7-46 所示。

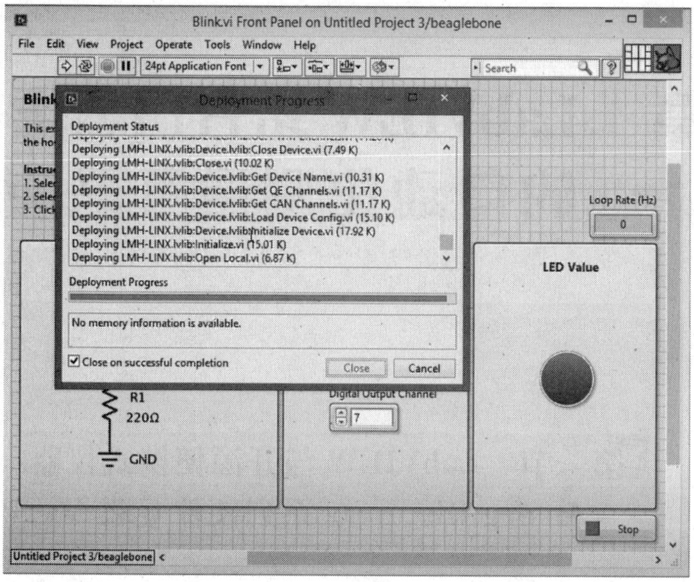

图 7-46　整个过程的部署提示

部署成功之后，在图 7-47 所示的程序前面板上可以看到 LED 的闪烁频率和我们预期的一样，Loop Rate 为 4Hz。BBB 硬件 7 号引脚上连接的 LED 灯应该与前面板上的 LED 灯一样同频闪烁。

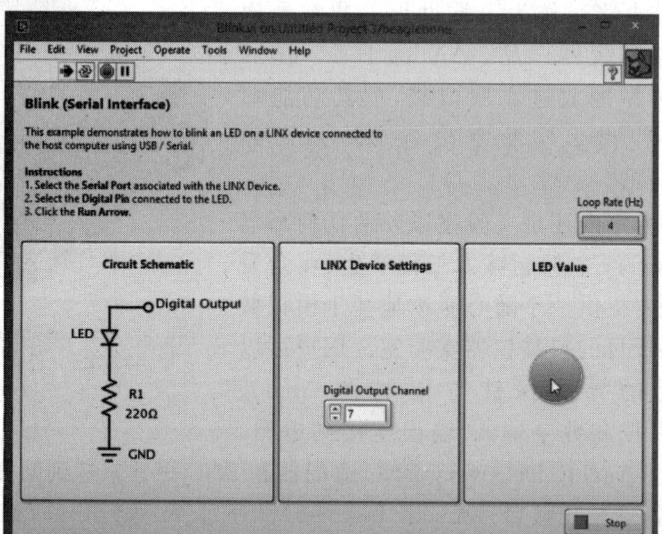

图 7-47　程序运行后单击前面板的 LED 控件

让 VI 在 BBB 上电启动时就自动运行的配置方式与树莓派的配置方式类似，这里不再赘述。

第八章　LabVIEW 结合口袋虚拟仪器的自动化测量互联应用

第一节　LabVIEW 与开源便携式仪器 Analog Discovery 系列硬件互联

一、口袋仪器实验室 Analog Discovery 2 概述

Digilent Analog Discovery 2(简称 AD2)是一个迷你型 USB 示波器和多功能仪器,可以让用户方便地测量、读取、生成、记录和控制各种混合信号电路。作为一款世界上非常受欢迎的开源便携口袋仪器产品,Analog Discovery 2 小到可以轻而易举地放进衣服口袋,但其功能却强大到足以替代很多实验室设备。其外形如图 8-1 所示。

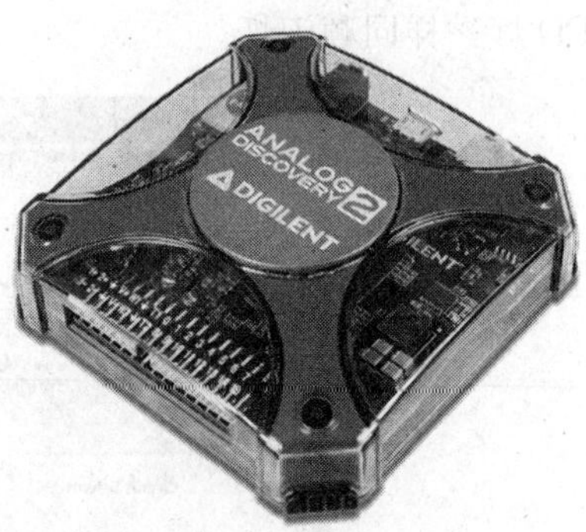

图 8-1　Digilent Analog Discovery 2 外形

无论是在实验室内还是实验室以外的任何环境下,Analog Discovery 2 都能够为工科学生、业余爱好者或电子发烧友提供一个随心所欲地基于模拟数字电路开展动手项目的口袋仪器实验室。用户可以通过一根简易的导线探针方便地将 Analog Discovery 2 的模拟和数字输入/输出连接到电路。此外,也可以通过 Analog Discovery BNC 适配器和 BNC 探针来达到同样的目的,以调用这些模拟/数字输入/输出接口。Analog Discovery 2 通过 WaveForms (兼容 MAC、Linux 和 Windows)软件驱动,通过包括 LabVIEW、C、Python 等编程语言可以将其配置成任意一种传统仪器。Analog Discovery 2 的引脚定义如图 8-2 所示。

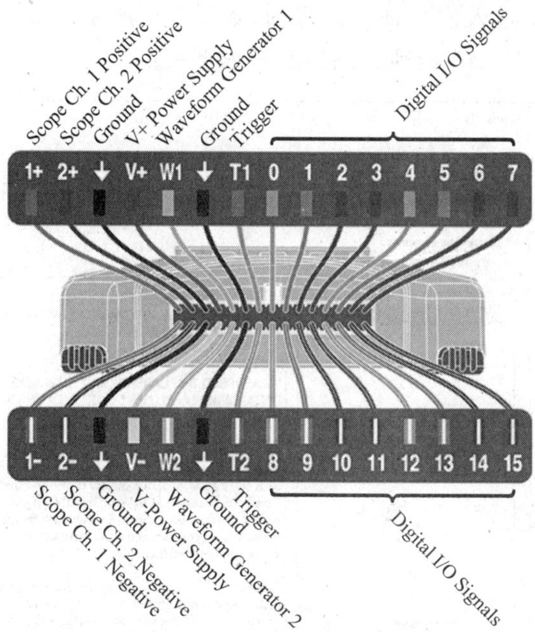

图 8-2 AD2 的引脚定义

二、配置 LabVIEW Waveforms 工具包

访问 NI 官方网站，搜索并下载 DIGILENT Waveforms VI for LabVIEW。双击 digilent_waveforms_vis-1.0.3.26.vip，调用 VIPM 来安装面向 LabVIEW 的 Waveforms 工具包，如图 8-3 所示。

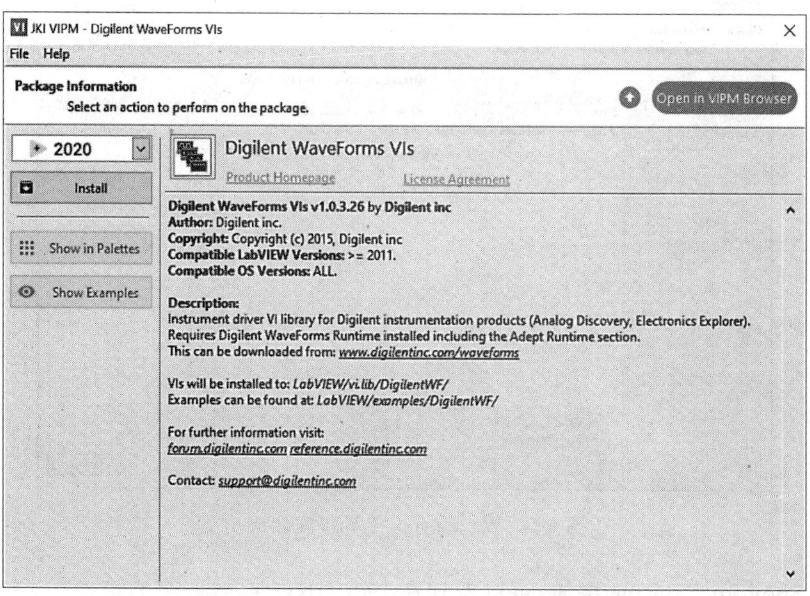

图 8-3 Waveforms 工具包安装欢迎界面

单击 Install 按钮，进入许可证协议界面，如图 8-4 所示。单击 Yes，I accept these license Agreement(s) Install Package 按钮，进入下一步。

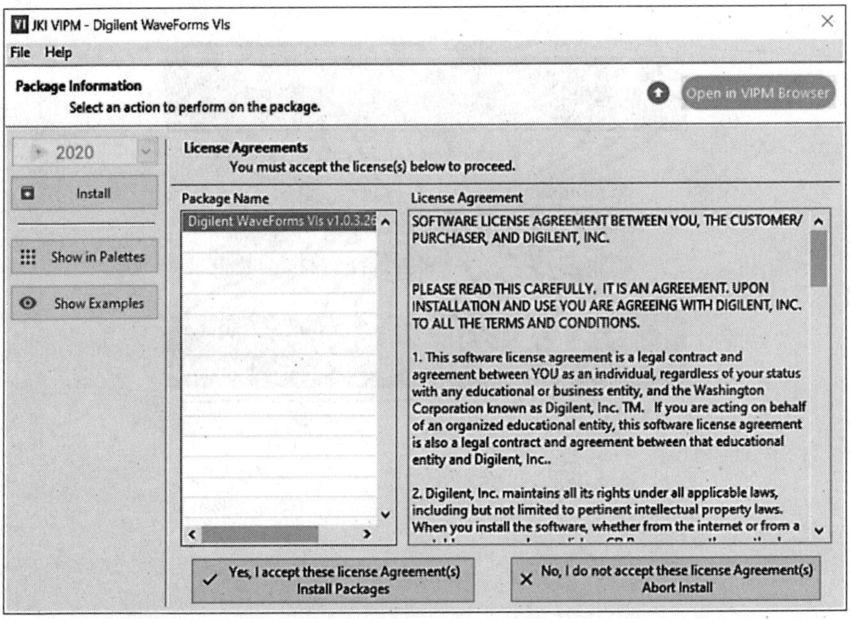

图 8-4　Waveforms 工具包的许可证协议页面

VIPM 显示 Installed No Errors，则表示已安装成功，如图 8-5 所示。单击 Finish 按钮，会发现 Show in Palettes 及 Show Examples 按钮已经从灰色变为可选，如图 8-6 所示。

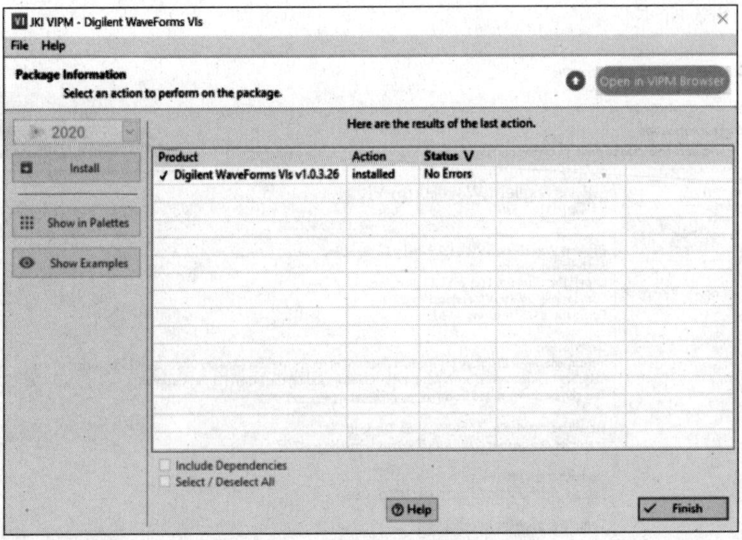

图 8-5　Waveforms 工具包安装成功

单击 Show in Palettes 按钮，可以看到在 LabVIEW 程序框图的可选 VI 列表中多出

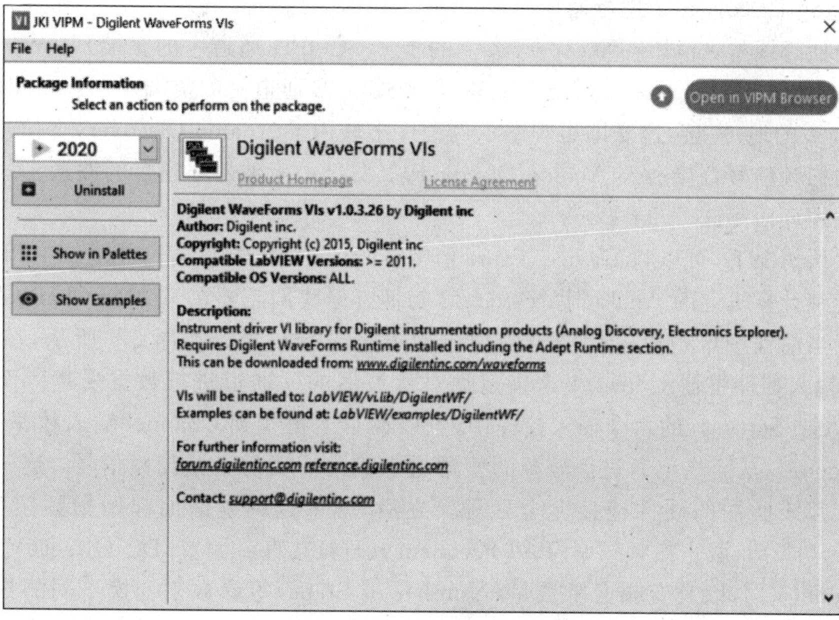

图 8-6　Show in Palettes 及 Show Examples 按钮从灰色变为可选

了如图 8-7 所示的 Digilent WF VIs 选项，其中包括控制 Analog Discovery 系列产品上不同硬件资源的一系列 API 函数。MSO 选板对应 Analog Discovery 上的示波器硬件模块；FGEN 选板对应信号发生器硬件模块；Power Supply 选板对应程控电源硬件模块；Dig 选板对应数字输入/输出，即逻辑分析仪硬件模块。

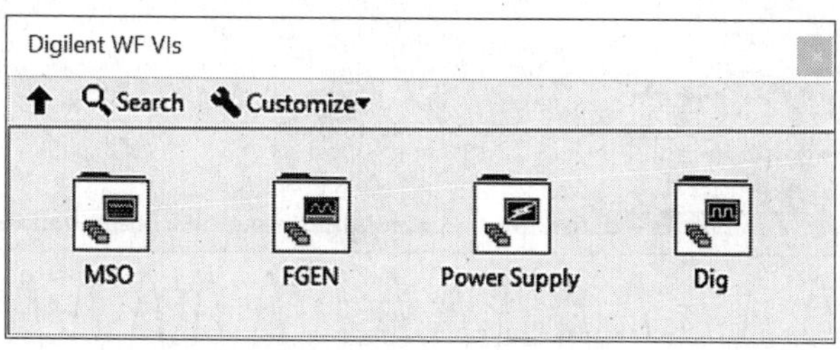

图 8-7　Waveforms 工具包 LabVIEW 选板一览

三、LabVIEW Waveforms 工具包实现波特图仪自动化测试

单击 Show Examples 按钮，Windows Explorer 会自动打开安装好的与 Waveforms API 相关的一些示例程序，默认情况下这些程序都会被放置在 C:\Program Files (x86)\National Instruments\LabVIEW 2020\examples\DigilentWF。

这里以波特图扫频仪为例进行介绍。双击打开 Digilent_WaveForms_Frequency Sweep Generator and Acquisition (FGEN and MSO).vi，通过 microUSB 线缆将 Analog Discovery 2 连接到计算机的 USB 接口上，以保证计算机上的 Waveforms 软件能够正常

地与 Analog Discovery 2 进行通信。

使用杜邦线将 Analog Discovery 2 上的 1+(SCOPE 通道一的正端)与 W1(信号发生器 1)短接，将 Analog Discovery 2 上的 1-(SCOPE 通道一的负端)与 Ground(Analog Discovery 2 的地)短接，这样即可观察示例程序中调用了 Analog Discovery 2 信号发生器来输出的扫频信号直接送入 Analog Discovery 2 自己的示波器通道后的波形。这也就是自发自收的环回测试(Loop Back)。

在默认情况下，可以将 Device Name 留空，LabVIEW 中的 Waveforms API 会自动找到连接到计算机上的 Analog Discovery 2 句柄。但我们需要在 Analog Channel 输入控件中指定当前程序希望通过示波器的哪个通道来进行采集。如图 8-8 所示，在 Analog Channel 输入控件中输入 mso/1 来指定通过示波器的一通道进行数据采集。而在 Sine Wave Sweep Settings 的六个输入控件中，可以在右下角找到 Channel 输入枚举控件，这里选择 fgen/1，从而指定通过信号源的一通道来输出需要的正弦扫频信号，这一软件设置与用杜邦线所做的硬件连接完全匹配。之后，就可以调整诸如起始扫频频率[Start Frequency(Hz)]、截止扫频频率[End Frequency(Hz)]、直流偏置[DC Offset(V)]、幅值[Amplitude(V)]，以及变频台阶数量(Number of Steps)等参数来变换不同的扫频输出波形。参数设置完毕，单击左上角的白色按钮运行，即可看到一个频率逐渐变高的正弦波形出现在前面板的波形图空间中，如图 8-8 所示。

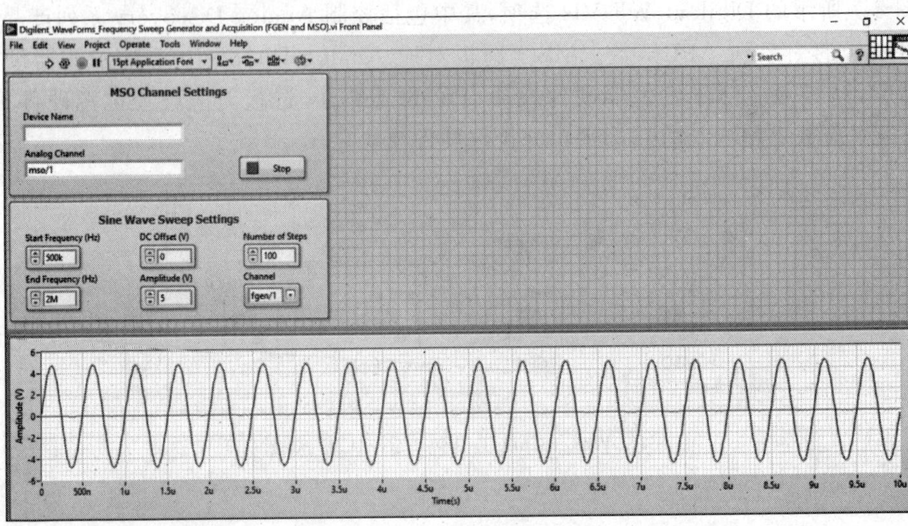

图 8-8 通过 Waveforms 工具包搭建的 Analog Discovery 2 扫频仪前面板

下面分析该示例程序的实现过程，其程序框图如图 8-9 所示。可以看到在控制 Analog Discovery 2 时，LabVIEW 采用了经典的四段式结构，即初始化软硬件会话(Initialize Session)、配置仪器(Configure Instrument)、循环操作(Perform Operation)及关闭会话(Close Session)。程序框图的上半部分是对 Analog Discovery 2 的信号源硬件进行会话配置操作及释放，我们可以很容易地发现上半部分使用的 VI 都是 WF-FGEN 系列 VI；而下半部分则是对 Analog Discovery 2 的示波器硬件进行相关操作，所以使用的都是 WF-MSO 系列 VI。我们也可以通过高亮运行该程序来了解程序的工作机理。

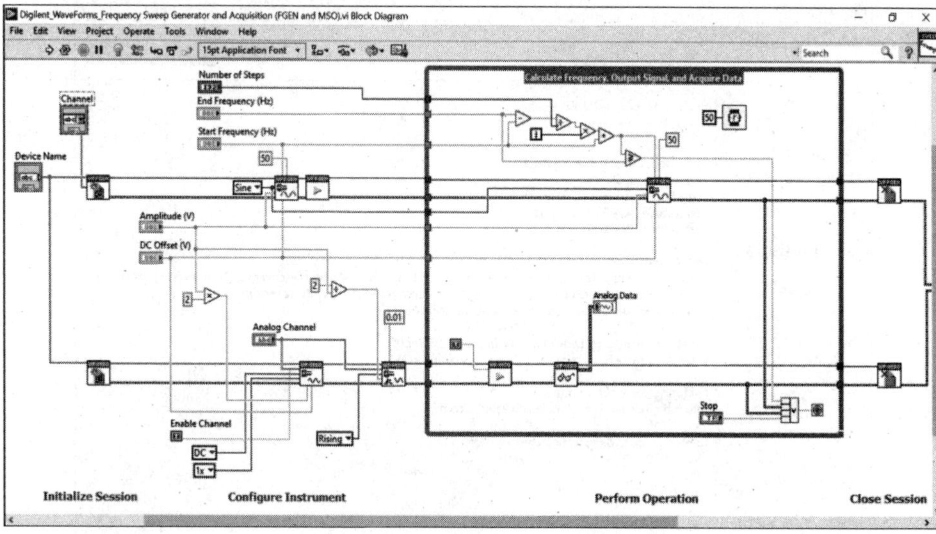

图 8-9　扫频仪程序框图

四、LabVIEW ADT 工具包实现自动化数据采集

除了 DIGILENT Waveforms VI for LabVIEW 用于控制 DIGILENT 之外，还开发了一套类似于工业数据采集应用的 API 函数，熟悉数据采集应用的读者一定知道 DAQmx 驱动及 API，这里所介绍的 Analog Discovery Toolkit for LabVIEW（以下简称 ADT）就是一套针对 Analog Discovery 2 硬件的类 DAQmx 驱动 API。它的使用方式与作者的另一本教材《基于项目的工程创新学习入门：使用 LabVIEW 和 myDAQ》（清华大学出版社，2014）中提到的 myDAQ 的 API 使用方式十分类似，主要区别在于 myDAQ 是一个相对更早发布的旧款硬件设备。下面以更新的 Analog Discovery 2 硬件为例，介绍这套为它量身定制的 API 工具包的具体应用。

通过访问 NI 官方网站或者直接在本书配套资源中找到 Analog Discovery Toolkit for LabVIEW 工具包的安装文件，即 digilent_lib_ad2_toolkit-1.0.0.3.vip。双击该文件，进入 LabVIEW Analog Discovery 2 工具包的安装欢迎界面，如图 8-10 所示。

确认左上角的对应 LabVIEW 版本为 2020 后，单击 Install 按钮开始安装。仔细阅读图 8-11 中的许可证协议内容，单击 Yes, I accept these license Agreement(s) Install Packages 按钮，VIPM 会对工具包中的函数进行重新编译，针对 LabVIEW 2020 进行工具包的安装，该过程需要花费几分钟的时间。

进入如图 8-12 所示界面，则说明安装成功且没有任何错误。

单击 Finish 按钮，可以在图 8-13 所示的安装成功界面中看到 Show in Palettes 及 Show Examples 按钮。分别单击这两个按钮，就能在 LabVIEW 程序框图选板中找到刚刚安装好的 ADT 工具包及对应该工具包的一些示例程序。

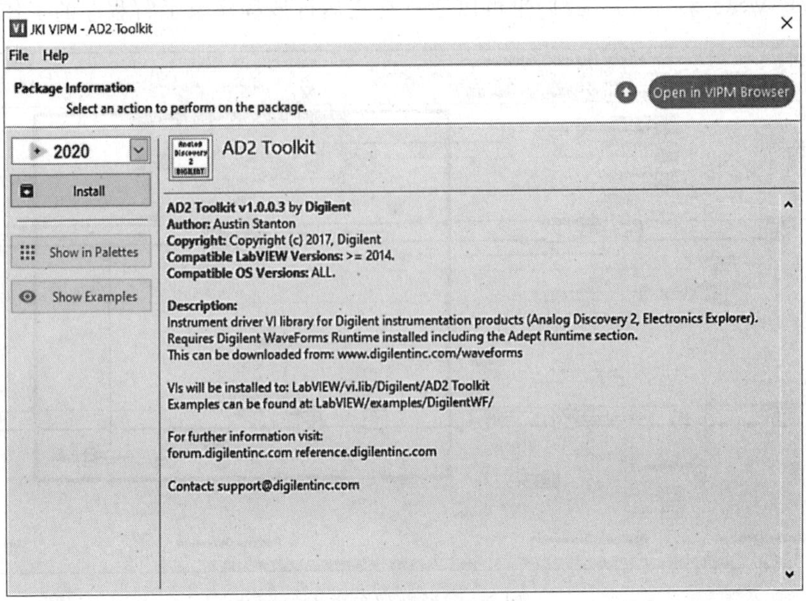

图 8-10　LabVIEW Analog Discovery 2 工具包安装欢迎界面

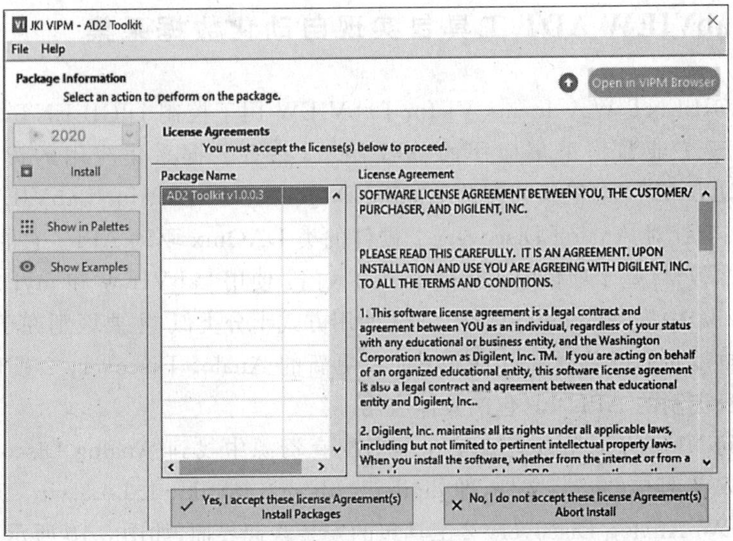

图 8-11　许可证协议界面

如图 8-14 所示，ADT 工具包中的函数分为四类，分别是初始化函数(Initialize)、数字接口类函数(Digital)、模拟接口类函数(Analog)及释放资源函数(Close)。

通过示例程序，可以帮助用户快速熟悉 ADT 工具包中函数的使用方式。在示例程序文件夹中打开 Analog Discovery 2 Analog Example(Multiple).vi，其程序框图如图 8-15 所示。

按照 LabVIEW DAQmx 进行数据采集的模式，ADT 通过初始化函数 initialize.vi 来建立与硬件 Analog Discovery 2 的通信，之后通过 Analog-Timing. vi 对 Analog

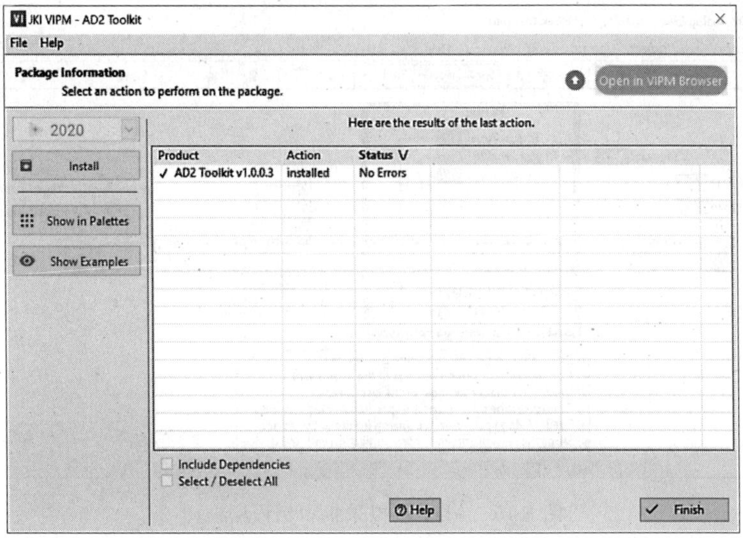

图 8-12　成功安装无报错

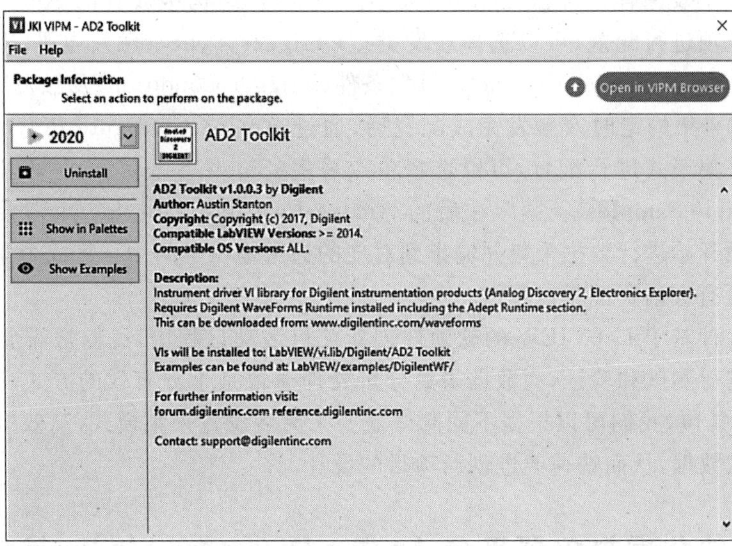

图 8-13　安装成功界面

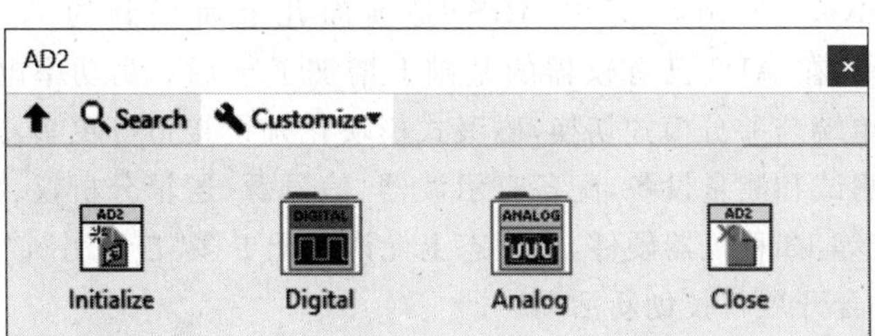

图 8-14　ADT 工具包选板一览

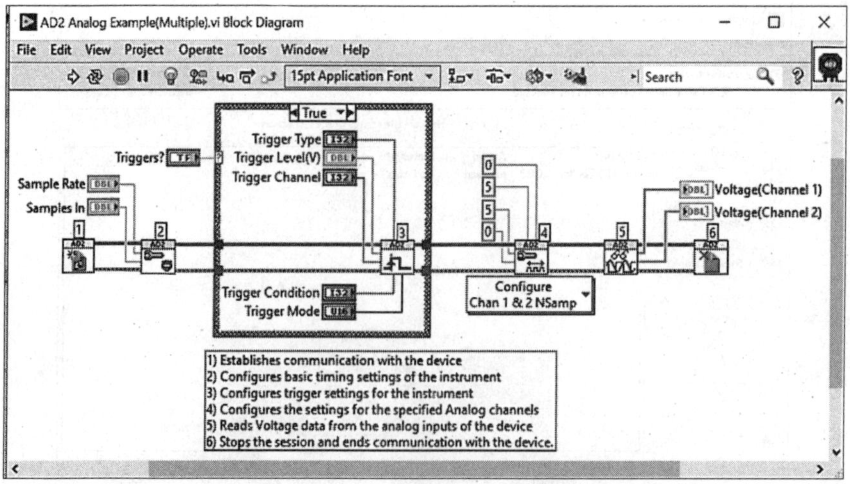

图 8-15　ADT 模拟采集示例程序框图

Discovery 2 的采样定时进行配置，这里的 Sample Rate 及 Samples In 输入控件分别用于设置采样率大小及采样缓冲区(Buffer)大小。在 Case 结构中放置的 Analog-Trigger.vi 则是对触发选项进行配置，可以选择触发类型(Trigger Type)、触发电平[Trigger Level (V)]、触发源通道(Trigger Channel)、触发条件(Trigger Condition)及触发模式(Trigger Mode)。在对采集的定时及触发完成配置后，通过 Analog-Configure Polymorphic.vi 对两个通道的采集模式进行配置，可以选择单点采集(Single Sample)，也可以选择多点连续采集(Multiple Samples)。紧跟在后的 Analog-Read Polymorphic.vi 则会根据前面所有的配置选项开始进行数据采集并输出到对应的通道输出空间中。完成采集之后，close.vi 会负责将所有会话资源予以释放。

在开展各种基于 LabVIEW 的软硬件创新项目活动过程中，我们常需要对所设计的系统反复地进行测试和验证，而数据采集分析处理通常是十分有效的方式。通过上面介绍的 ADT 工具包，我们可以根据不同测试需要来灵活设置采集模式，高效准确地获取我们需要的测试数据，从而快速改进创新项目的设计。

五、模块化虚拟仪器平台 Analog Discovery Studio 简介

Analog Discovery Studio(简称 ADS)是前面几节所提到的 Analog Discovery 2 (AD2)的进阶版本，在 AD2 已有仪器的基础上增加了±12V 高功率电源，USB Hub 扩展，示波器 BNC 单端与差分模式切换，磁吸式模块化外设接口等更多功能。它是一款功能完备的便携式测试和测量设备，配备有示波器、信号源、逻辑分析仪、程控电源、频谱分析仪、网络分析仪等 13 种仪器硬件，在形态上允许适配更多“自定制”，“可扩展”的测量和控制对象，十分适合开展科技创新活动。

图 8-16 给出了 ADS 的接口一览。

不难发现，中间白色的“标配面包板模块”是利用磁吸的方式与 ADS 黑色底座相连，

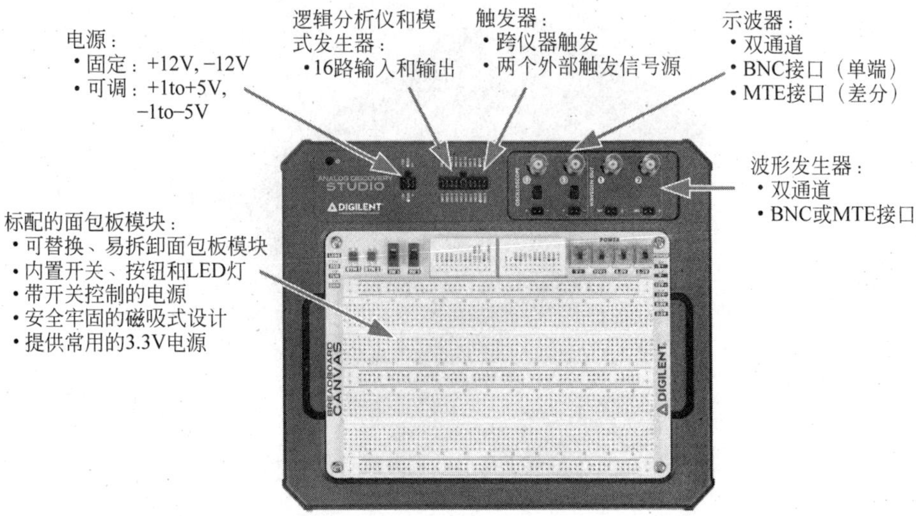

图 8-16　Analog Discovery Studio(ADS)模块化十三合一虚拟仪器平台接口概览

黑色底座主要提供了学生创新活动需要使用到的 13 种测量仪器和控制 I/O，当我们取下白色面包板后，就可以替换我们创新活动所需要操控的“模块化”实验对象，这些模块化对象被我们称为 Canvas，可谓“即插即用”。

目前 Analog Discovery Studio 具有非常广泛的实验对象 Canvas 生态系统。图 8-17 给出了包括 10 多种传感器在内的 LabVIEW 传感体验实验对象 Canvas。其中涵盖了光敏电阻、硅光电池、光敏二极管、光敏三极管、PIN 二极管、热释红外线、直流电机测速、热敏电阻、热电偶、金属箔应变测量等丰富的可实践内容。

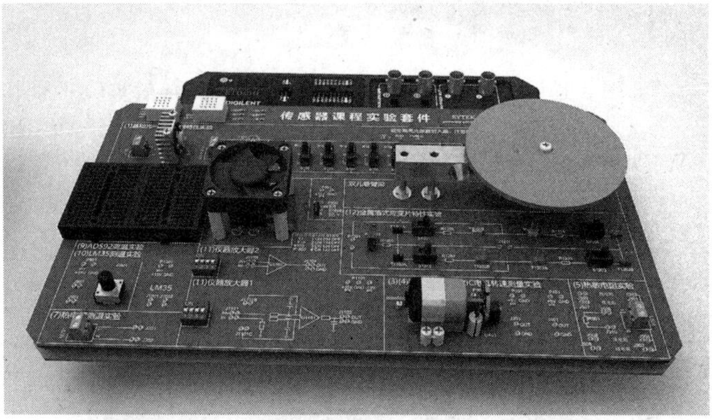

图 8-17　ADS 搭载了传感器创新套件 Canvas 模块的实例

图 8-18 给出了一些基本模拟电路实践的 Canvas 实例。

图 8-19 给出了信号系统处理分析实践的 Canvas 实例。

图 8-20 给出了基于 MCU 微处理器的创新实验 Canvas 实例，这里的微处理器核心模块本身也是可以替换的，结合本书第六章所介绍的 Arduino 兼容开源硬件 ChipKIT WF32 及 LabVIEW，我们就能通过 LabVIEW 图形化的软件来同时操控 ADS 虚拟仪器

图 8-18　ADS搭载了模拟电路实验 Canvas 的实例

图 8-19　ADS搭载了信号系统实验 Canvas 的实例

及基于 ChipKIT WF32 的微处理器 MCU Canvas，来实现交叉式的创新实验。

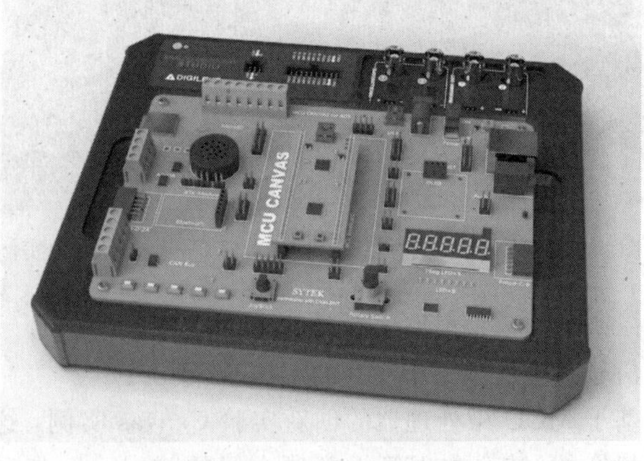

图 8-20　ADS搭载了嵌入式单片机实验 Canvas 的实例

图 8-21 给出了基于现场可编程门阵列 FPGA 的创新实验 Canvas 实例，其中使用了入门级 FPGA 开源硬件 Basys3，众多的开源爱好者已经基于图形化设计软件 LabVIEW 及电路设计软件 Multisim，在 FPGA Canvas 上进行多种创新实践。

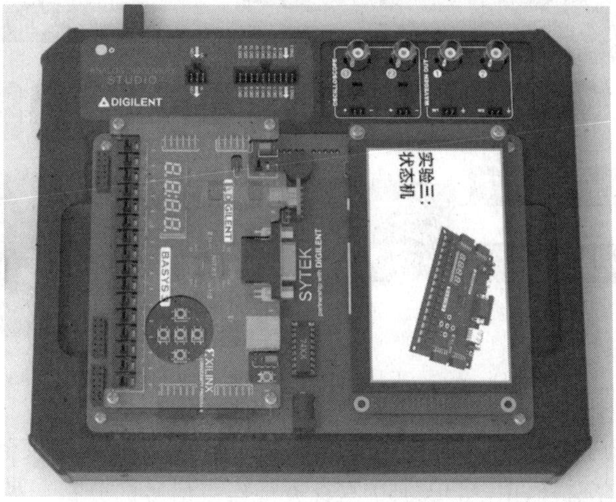

图 8-21　ADS 搭载了 Basys3 FPGA 创新实验 Canvas 的实例

Analog Discovery Studio 除了上述丰富的生态系统外，其使用的上位机软件 Waveforms 及配套的 LabVIEW 接口 API 等函数使用体验与前面所介绍的 Analog Discovery 2 一脉相承，针对 Analog Discovery 2 编写的 LabVIEW 程序可以无缝地在 ADS 上快速运行起来，而且基本没有额外的移植工作，可以说这是使用 Analog Discovery 系列虚拟仪器的一大特色和优势。

六、通过 Analog Discovery Pro 将传感器数据送上云端

在第六章中，我们介绍了如何使用 Arduino 兼容的嵌入式系统获取传感器数据，在本章前几节我们介绍了如何使用 Analog Discovery 2 和 ADS 虚拟仪器进行测试和测量，那么有没有一个设备使它能够将嵌入式系统与虚拟仪器合二为一呢？下面我们介绍的 Analog Discovery Pro（简称 ADP）硬件就是为这一类创新实践应用所设计的专属平台。

从名字就能够看出 Analog Discovery Pro 实际上包含了前面提到的 Analog Discovery2 及 Analog Discovery Studio 的所有功能，它是一个增强型的“Pro”版本。在原有功能基础上，除了 WaveForms 支持的 13 种内置仪器之外，Analog Discovery Pro 不仅带有以太网接口可以连接到互联网，同时还引入了独立的嵌入式 Linux 模式。Linux 模式提供了一个基于终端 Terminal 的板上操作系统，当与 WaveForms SDK 结合使用时，它可以完成各种自定义的测试和应用。我们可以使用 LabVIEW 作为上位机界面，而在 ADP 的板载 Linux 系统上运行一些我们的 Python 或者 C 应用，组成式创新。

图 8-22 给出了 ADP3450 这一全新智能虚拟仪器的接口介绍。

在本部分的科技创新实践项目中，我们将会编写一个 Python 脚本程序，让它独立地

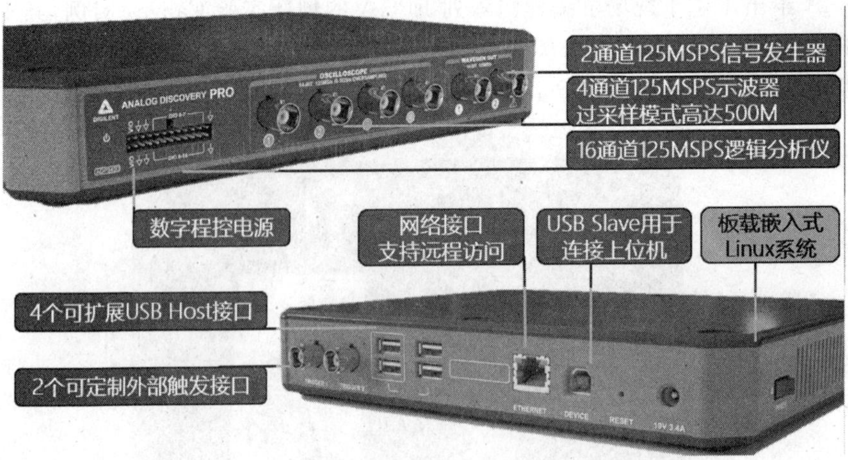

图 8-22　Analog Discovery Pro(ADP3450)全新智能虚拟仪器接口及特性

运行在 ADP3450 的嵌入式 Linux 系统中，由 ADP3450 智能虚拟仪器读取 Pmod MIC3 麦克风采集到的声音信号，由 ADP3450 本身进行噪声信号的分析与处理，并由 ADP3450 将结果通过互联网上传到云端的 ThingSpeak.com 通道中进行图形化显示。不难发现，在该项目中无论是虚拟仪器的测量还是嵌入式系统的处理，都不需要经过上位机计算机，全部由 ADP3450 平台独立完成，这就扩充了我们进行创新实验的发挥空间。

当然读者也可以自行编写 LabVIEW 程序在上位机上展示采集和处理后的声音信息。

本项目需要使用的硬件包括：Analog Discovery Pro3450 或 Analog Discovery Pro3250 智能虚拟仪器、Pmod MIC3 声音传感器、U 盘一个(格式化为 FAT32)。

本项目 PC 端需要使用的软件包括：DIGILENT Waveforms、Putty（或其他串口 Terminal 软件）、Visual Studio Code（或其他程序文本编辑软件）、LabVIEW 可选。

本项目在 ADP3450/3250 上需要使用的软件包括：Python3、Waveforms SDK(已经预装)、GNUNano（或其他文本编辑软件）。

首先，对于项目硬件的配置：如图 8-23 所示完成智能虚拟仪器与传感器间的连接，当然除图示的连线外，我们还需要将 ADP3450 背后的网线连接至互联网，接通 ADP3450 的电源，并通过 PC 上位机 Waveforms 软件将其启动到独立运行的 Linux 模式下。

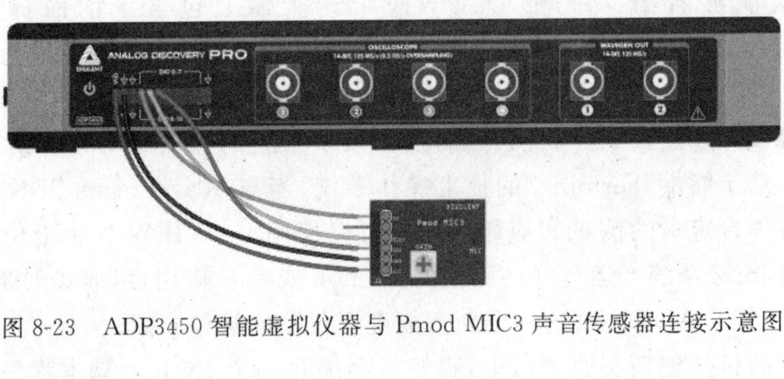

图 8-23　ADP3450 智能虚拟仪器与 Pmod MIC3 声音传感器连接示意图

Pmod MIC3 的 SS,MISO 以及 SCK 分别连接到 ADP3450 的 DIO 0、DIO 1 及 DIO 2。Pmod MIC3 的 VCC 连接到 ADP3450 的 VIO 上,同时 Pmod MIC3 与 ADP3450 需要共地连接。

其次,在嵌入式软件部分：我们所设计的 Python 脚本将调用 Waveforms SDK 来完成数据采集,数据处理以及数据上传等功能。具体的 Python 脚本实现如下：

```
"""import modules"""
import sys  #This module provides access to some objects used or maintained by the interpreter and to functions that interact strongly with the interpreter
import time    # This module provides various functions to manipulate time values
from ctypes import *   #C data types in Python
import signal    #This module provides mechanisms to use signal handlers
import requests   #Requests HTTP Library

#----------------------------------------------------------------------------------------------------------------

"""variables for communication with ThingSpeak"""
url = "https://api.thingspeak.com/update? api_key=E**************7"

#----------------------------------------------------------------------------------------------------------------

"""variables for connections and SPI"""
#define the communication frequency in Hz
spi_frequency = 1e6
#pin used for chip select (DIO 24 on Digital Discovery)
spi_CS = 0
#pin used for master in - slave out (DIO 25 on Digital Discovery)
spi_MISO = 1
#pin used for serial clock (DIO 26 on Digital Discovery)
spi_SCK = 2
#samples to average
AVERAGE = 1000

#----------------------------------------------------------------------------------------------------------------

"""load the WaveForms SDK"""
if sys.platform.startswith("win"):
    dwf = cdll.LoadLibrary("dwf.dll")                    #on Windows
```

```
elif sys.platform.startswith("darwin"):
    dwf = cdll.LoadLibrary("/Library/Frameworks/dwf.framework/dwf")
                                                                   #on macOS

else:
    dwf = cdll.LoadLibrary("libdwf.so")                            #on Linux
```

上面的代码主要是完成库导入，定义 ThingSpeak 通道的地址，定义与 Pmod MIC3 通信的数字 DIO 通道等功能。

```
"""function to reset all instruments, close the device and quit"""


def close_device(signum=0, frame=0):
    signum = frame   #dummy
    frame = signum   #dummy
    print("Device disconnected \n ")
    dwf.FDwfDigitalSpiReset(hdwf)
    dwf.FDwfDigitalOutReset(hdwf)
    dwf.FDwfDigitalInReset(hdwf)
    dwf.FDwfAnalogIOEnableSet(hdwf, c_int( False ))
    dwf.FDwfDeviceClose(hdwf)
    sys.exit()

#----------------------------------------------------------------------
----------------------------------------------------------


"""function to display the last error message"""


def display_error(err_msg="No error"):
    if err_msg == "No error":
        err_msg = create_string_buffer(512)
        dwf.FDwfGetLastErrorMsg(err_msg)
        err_msg =  str (err_msg.value)[2:-1]
        if err_msg == "":
            err_msg = "unknown error"
    print("Error: " + err_msg + " \n ")
    return err_msg

#----------------------------------------------------------------------
----------------------------------------------------------
```

```
"""function to read spi data"""


def spi_read():
    lsb = c_int()
    msb = c_int()
    dwf.FDwfDigitalSpiSelect(hdwf, spi_CS, LOW)   #activate
    time.sleep(.001)   #millisecond
    spi_command = c_int(0)
    dwf.FDwfDigitalSpiWriteRead(hdwf, spi_mode, c_int(8), byref(
        spi_command), c_int(1), byref(lsb), c_int(1))   #read 1 byte
    dwf.FDwfDigitalSpiWriteRead(hdwf, spi_mode, c_int(8), byref(
        spi_command), c_int(1), byref(msb), c_int(1))   #read 1 byte
    time.sleep(.001)   #millisecond
    dwf.FDwfDigitalSpiSelect(hdwf, spi_CS, HIGH)   #deactivate
    return lsb.value | (msb.value <<8)

#-------------------------------------------------------------
----------------------------------------------


"""keyboard interrupt handler and keywords"""
signal.signal(signal.SIGINT, close_device)

HIGH = c_int(1)
LOW = c_int(0)
DwfDigitalOutIdleZet = c_int(3)
```

上面这部分代码用于定义“重置”仪器，“关闭”仪器，显示错误信息，SPI 数据读取及部分终端功能。

```
"""open the connected T&M device"""
device_count = c_int()
dwf.FDwfEnum(c_int(0), byref(device_count))   #count devices

if device_count.value == 0:
    #terminate the program if no devices are connected
    display_error("No connected device detected")
    sys.exit()

for device_index in  range (device_count.value):
    #get the name of the device
    device_name = create_string_buffer(64)
```

```
    dwf.FDwfEnumDeviceName(device_index, device_name)

    #connecting the device
    hdwf = c_int()
    dwf.FDwfDeviceOpen(device_index, byref(hdwf))

    #check for success
    if hdwf.value != 0:
        break

if hdwf.value == 0:
    #terminate the program if the device can't be connected
    display_error()
    sys.exit()

#display message
device_name = str(device_name.value)[2:-1]
print(device_name + " is connected \n")
```

以上这部分确保仪器被正确打开。

```
"""start the power supply"""
if device_name == "Digital Discovery" or device_name == "Analog Discovery Pro
3450" or device_name == "Analog Discovery Pro 3250":
    dwf.FDwfAnalogIOChannelNodeSet(hdwf, c_int(0), c_int(
        0), c_double(3.3))      #set digital voltage to 3.3V
elif device_name == "Analog Discovery 2" or device_name == "Analog Discovery
Studio":
    dwf.FDwfAnalogIOChannelNodeSet(hdwf, c_int(0), c_int(
        0), c_double(True))  #enable positive supply
    dwf.FDwfAnalogIOChannelNodeSet(hdwf, c_int(0), c_int(
        1), c_double(3.3))      #set voltage to 3.3V
elif device_name == "Analog Discovery":
    dwf.FDwfAnalogIOChannelNodeSet(hdwf, 0, 0, 1)       #enable positive supply
else:
    display_error("Can't start the power supply. The device is incompatible.")
    close_device()
dwf.FDwfAnalogIOEnableSet(hdwf, c_int(True))           #master enable
print("Power supply started \n")
time.sleep(5)                                          #seconds

#--------------------------------------------------------------
---------------------------------------------
```

```
"""initialize the spi communication"""
dwf.FDwfDigitalSpiFrequencySet(hdwf, c_double(
    spi_frequency))                                      #set clock frequency
dwf.FDwfDigitalSpiClockSet(hdwf, spi_SCK)                #SCK pin
dwf.FDwfDigitalSpiDataSet(hdwf, c_int(1), spi_MISO)      #MISO pin
dwf.FDwfDigitalSpiIdleSet(hdwf, c_int(1), DwfDigitalOutIdleZet)
                                                         #idle state
spi_mode = c_int(1)                                      #MOSI/MISO mode
dwf.FDwfDigitalSpiModeSet(hdwf, c_int(0))                #CPOL=0 CPHA=0 mode
dwf.FDwfDigitalSpiOrderSet(hdwf, c_int(1))               #MSB first
dwf.FDwfDigitalSpiSelect(hdwf, spi_CS, HIGH)             #CS pin

#dummy read to start driving the channels, clock and data
dwf.FDwfDigitalSpiReadOne(hdwf, c_int(1), c_int(0), c_int(0))

print("SPI interface initialized \n ")
time.sleep(1)                                            #seconds
```

以上这部分脚本确保在与 Pmod MIC3 声音传感器接口工作前，Pmod 传感器被正确地通电，对于 ADP3450 来说，我们使用 VIO 口对 Pmod 进行 VCC 供电，并将电压设置为 3.3V。之后初始化 SPI 通信接口，在设置完通信参数后通过一个 Dummy 读动作来启动串行时钟。

```
"""measure and send data to ThingSpeak"""
print("Measuring and uploading data. Press ctrl+c to stop... \n ")

while  True :
    try:
        #receive initial data
        level = 0

        #average data
        for index in  range (AVERAGE):
            level += (spi_read() / 10) / AVERAGE

        #calculate noise level
        db = 729.0532027 - level * 0.4239354122 + \
            pow (level, 2) * 0.8875384813 * 1e-4 - \
            pow (level, 3) * 0.6195715088 * 1e-8

        #send data and check for errors
        send_state = requests.get(url+"&field1="+str (db))
        if send_state.status_code != 200:
```

```
            display_error("Can't communicate with ThingSpeak")
            close_device()
    except  KeyboardInterrupt :   #exit if Ctrl+C is pressed
        break

#-----------------------------------------------------------------------
-------------------------------------------------

"""reset and close the device"""
close_device()
```

最后这部分确保在 Ctrl+C 组合键被按下前，程序时钟循环运行，通过 ADP3450 采集到的噪声数据被平均后被转换成对数 dB，最后将得到的结果推送到云端的 ThingSpeak 对应通道中。如果期间出现通信错误，则启动终端进程。

将上面的 Python 脚本文件在 PC 端编辑完后命名为 hellocloud.py 复制到 U 盘根目录当中，并将 U 盘插入 ADP3450 背后四个 USB A 口中的一个。

在 PC 端上打开 Putty 或使用其他终端软件与 ADP3450/3250 对应的 IP 地址建立一个全新的 Secure Shell (SSH)连接。在登录 Linux 时使用默认的用户名和密码，均为小写的 digilent。

在运行脚本前，我们还需要确保已经正确安装了 Python3，使用如下命令：

```
sudo apt-get install python3-requests
```

在必要时输入 sudo password，依旧是全小写的 digilent。

将刚刚插入的 U 盘正确 mount 并运行我们编写的脚本：

```
sudo mount /dev/sda1 /mnt
cd /mnt
sudo python3 ./hellocloud.py
```

关于如何在 ThingSpeak.com 上创建通道在此处就不再赘述。当我们正常连接网络并正确推送数据后，就能够在云端读取相应的数据并进行多种形式的数据呈现了。如图 8-24 所示。

本项目完全独立地使用 ADP 的嵌入式 Linux 模式脱离上位机完成了传感器数据获取、数据处理、数据通信及数据呈现，这些环节是开展创新实践的典型步骤，读者可以根据自己的项目定制传感器接口、设计自己的数据处理机制、通信模式及呈现方式，当然加上 LabVIEW 在上位机上的界面设计使人机界面更加丰富。

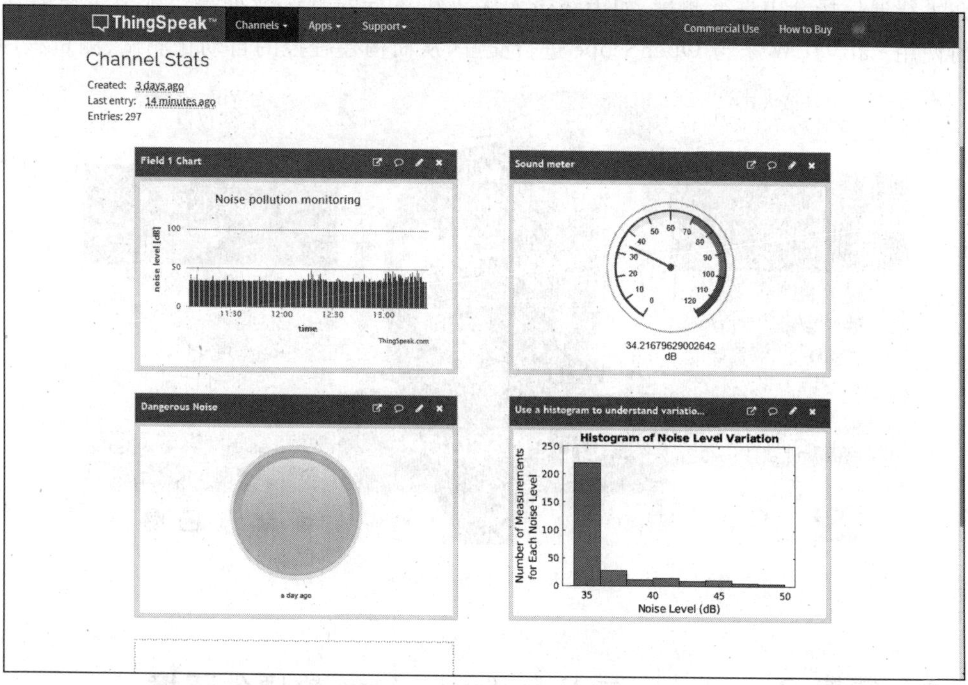

图 8-24　在 ThingSpeak 云端呈现经过处理的数据

第二节　LabVIEW 与 WiFi 无线手机伴侣口袋仪器 OpenScope 互联

一、无线开源口袋仪器 OpenScope 概述

由第一节可知，Analog Discovery 2 是一个采样率高达 100MSPS 的多功能虚拟仪器，基于 Waveforms 软件及 LabVIEW 可以完成多种不同的自动化测试与测量应用。如果我们希望测量仪器能够使用浏览器来显示波形，从而达到天然跨平台使用的目的，是否有更好的选择？开源硬件仪器 OpenScope 就是一个十分不错的选择，基于 Waveforms Live 软件，OpenScope 能够借助任意浏览器来显示和配置仪器波形，这就意味着它能配合包括 Windows、Linux、苹果 MacOS、iPadOS、iOS 及 Android 等在内的手机操作系统来完成项目测量和验证。如图 8-25 所示，在不对其进行编程时，它就是一个开盒即用的口袋仪器实验室，包含双通道示波器、任意信号发生器、逻辑分析仪、数字信号发生器、程控可调电源及数据采集器。当使用 C 语言或者 Arduino 对其重编程之后，它就变成一块嵌入式开发 MCU 硬件开发板，借助其上丰富的模拟和数字 I/O、SD 卡模块及丰富的开源软件生态，用户可以构建无穷的有趣应用。另外，OpenScope 板载有 WiFi 通信模块，可

以在无线通信场合中进行测量，如无线录入无人机飞行的测试数据等。本节主要专注于如何使用 LabVIEW 来与 OpenScope 进行交互，从而构建程控的自动化测试、测量程序。

图 8-25　OpenScope

二、配置 OpenScope 与 Waveforms Live 软硬件环境

首先配置 OpenScope 与计算机的连接。打开本书配套网盘的 Agent_for_OpenScope 文件夹，选择符合自己计算机操作系统的安装包进行 Agent 软件及驱动的安装。这里以 Windows 操作系统为例进行介绍，安装完成后双击 Agent，启动该程序，如图 8-26 所示。

此时在 Windows 任务栏的系统托盘中能够看到一个绿色的 Agent 图标，右击 Agent 图标，在弹出的快捷菜单中选择 Launch Waveforms Live 命令，如图 8-27 所示。

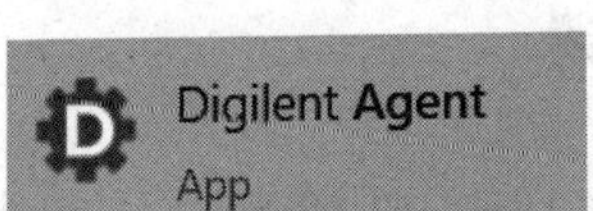

图 8-26　Digilent Agent 软件

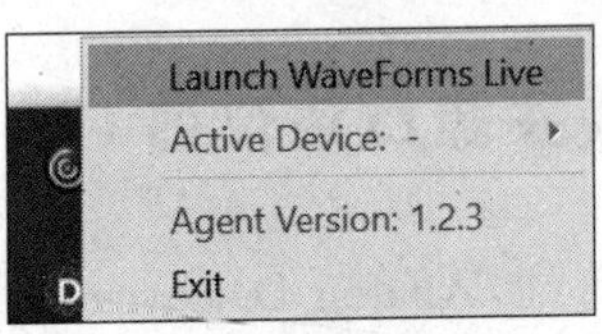

图 8-27　选择 Launch Waveforms Live 命令

在打开的界面中单击 AGENT 按钮，如图 8-28 所示，添加硬件设备。

单击图 8-29 中的加号按钮，Waveforms Live 会列出当前计算机上与 OpenScope 连接的 USB 串口号，此例中为 COM10，如图 8-30 所示。

单击 OPEN 按钮，便可以通过如图 8-31 所示的界面对 OpenScope 进行固件升级（UPDATE FIRMWARE）或是对 OpenScope 上的各个采集通道进行精确度校准（CALIBRATE），这里不再赘述。单击 SETUP WIFI 按钮，对其无线连接参数进行配置。

选择可连接的 WiFi SSID，如图 8-32 所示。

输入对应 WiFi 的密码，如图 8-33 所示，单击 OK 按钮。

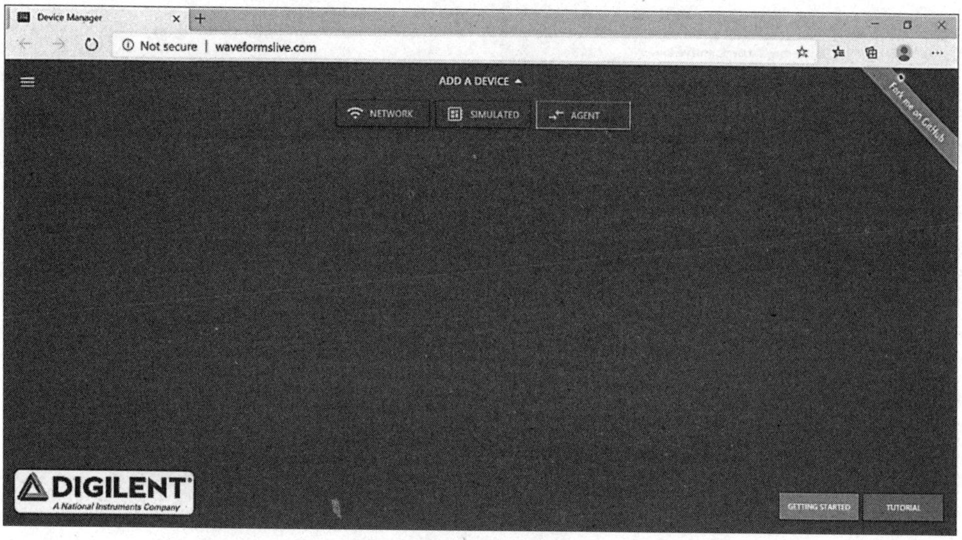

图 8-28　添加硬件设备

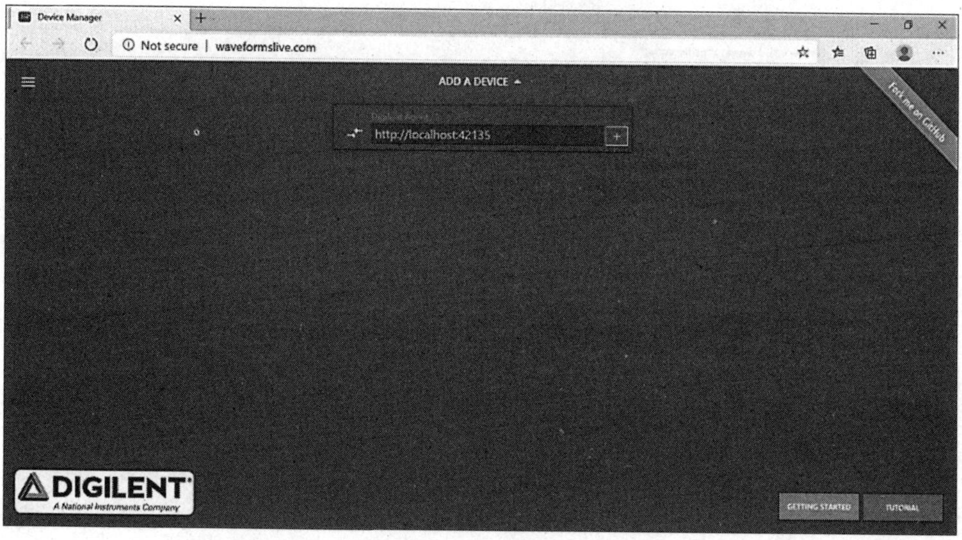

图 8-29　单击加号按钮

如果 OpenScope 正确地连接到上述 WiFi 网络，那么板载的绿色和橙色 LED 灯将开始轮流闪烁。不难发现 OpenScope 将得到一个本 WiFi 网段的有效 IP 地址，如图 8-34 所示，本例中的 IP 地址为 192.168.8.12。

为了验证此时已经能够正常使用 OpenScope，可以回到 Waveforms Live 的初始界面，单击如图 8-35 所示的 NETWORK 按钮，在弹出的 IP 地址框中输入 192.168.8.12，单击加号，如图 8-36 所示。

成功添加已经配置好 WiFi 的 OpenScope 到 Waveforms Live 之后，为了验证连接正确，可以将 OpenScope 上的信号源 Wavegen 输出与其示波器 Osc 通道短接，即如图 8-37

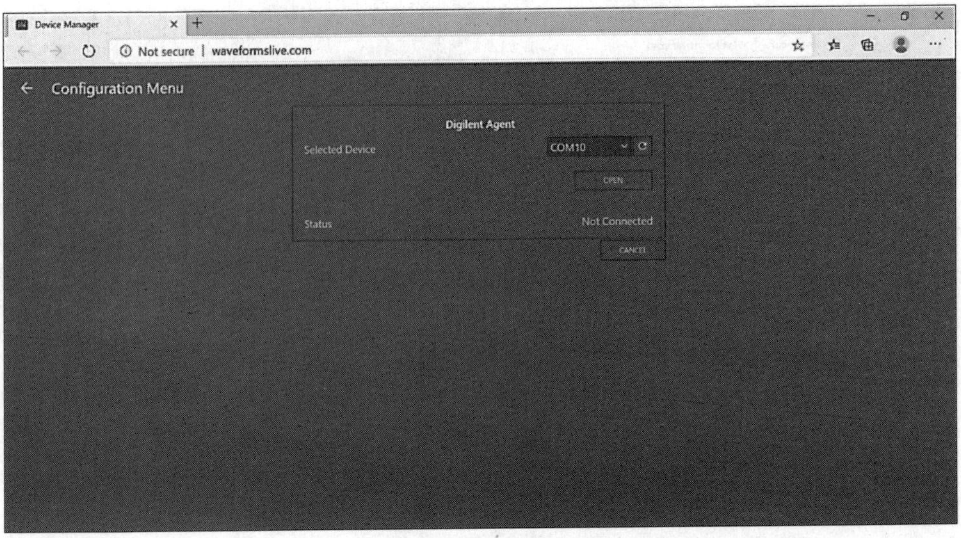

图 8-30　选择对应 OpenScope 的串口号连接

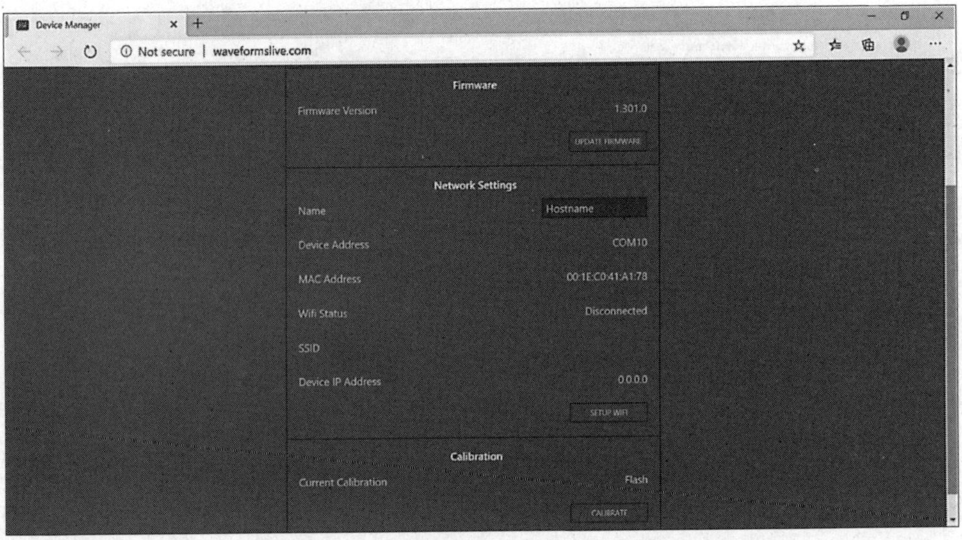

图 8-31　对 OpenScope 进行固件升级或校准

所示的 OpenScope 引脚中的 1＋与 W1 短接，1－与 GND 短接。

运行 Wavegen 输出激励波形后，可以在图 8-38 所示的示波器界面中实时采集到 Wavegen 输出的波形，此时 OpenScope 板载的红色 LED 将快速闪烁。

以上配置完毕后，就能确保 OpenScope 与计算机端 Waveforms 软件正常无线通信。

三、OpenScope 与 LabVIEW 的 JSON 交互 API

由于所有的数据传输均经过浏览器，因此 OpenScope 的所有命令都基于 JSON

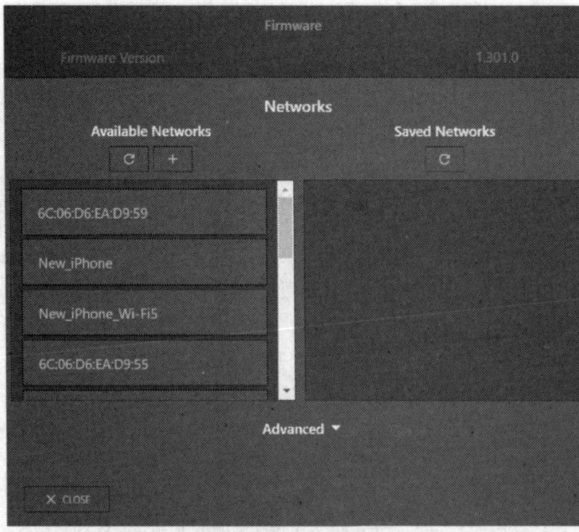

图 8-32　当前可连接的 WiFi 网络列表

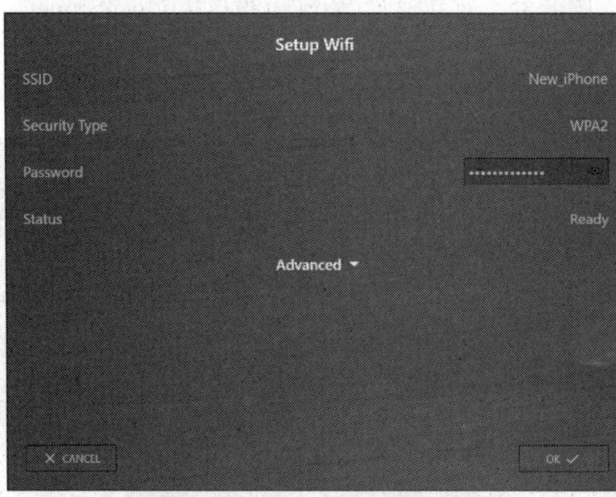

图 8-33　输入 WiFi 密码

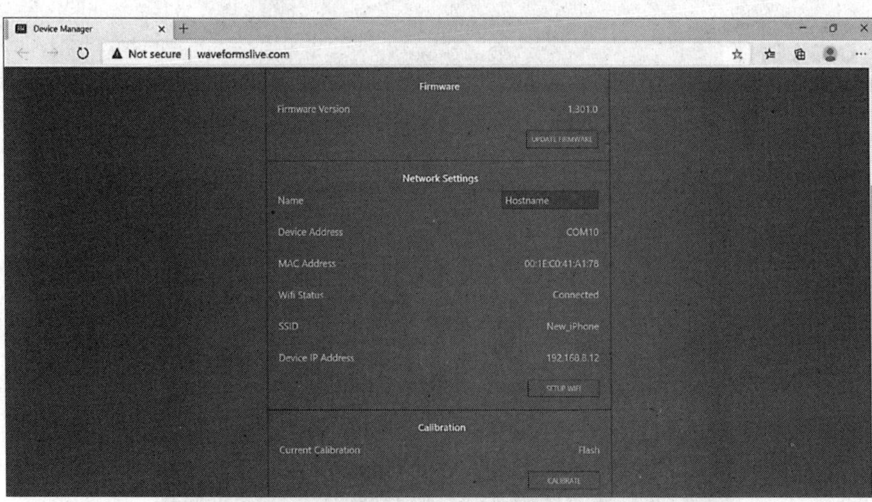

图 8-34　OpenScope 成功连接后分配到的 IP 地址

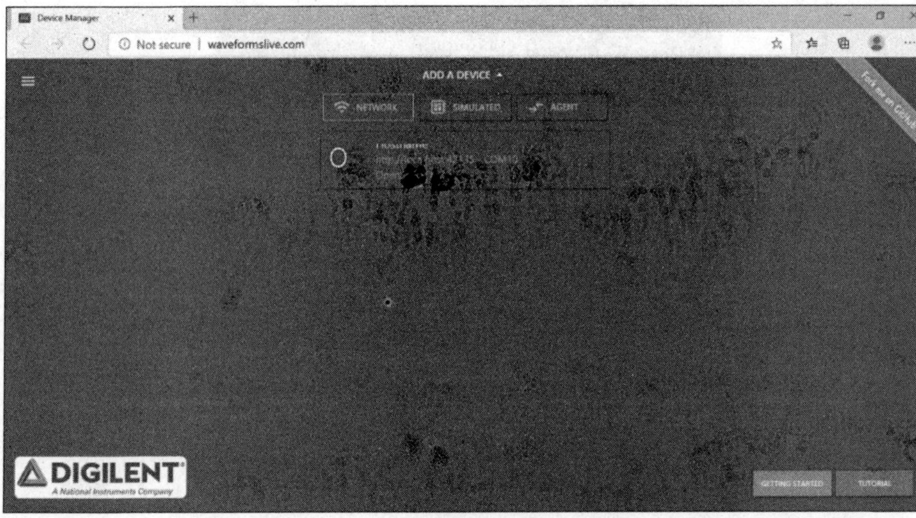

图 8-35　重新通过 WiFi 无线连接 OpenScope

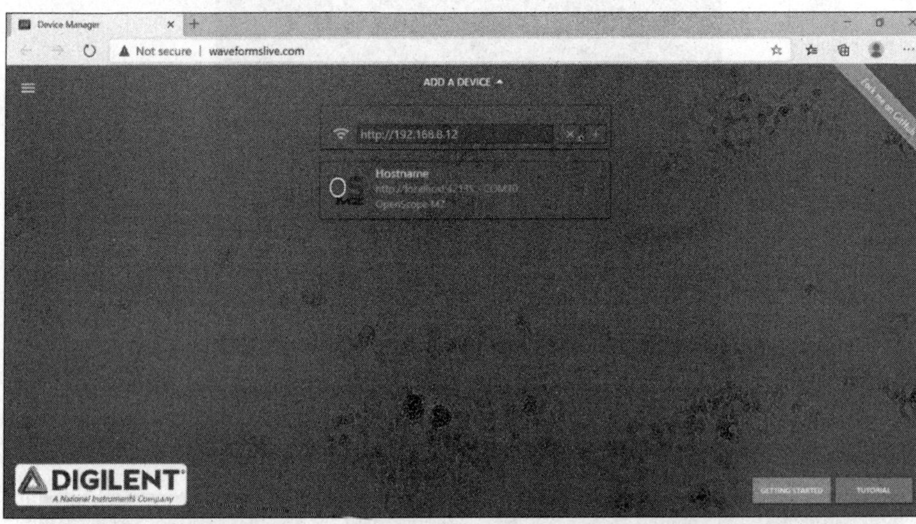

图 8-36　输入 OpenScope 的无线 IP 地址后添加该设备

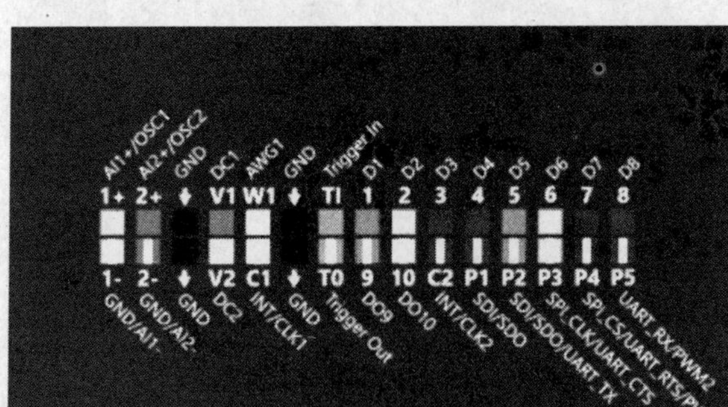

图 8-37　OpenScope 硬件引脚连接

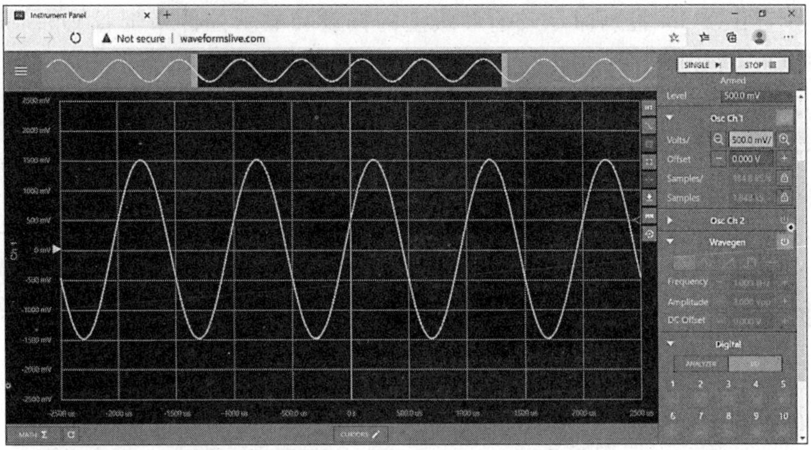

图 8-38　网页端 Waveforms Live 中显示信号源激励下的示波器波形

(JavaScript Object Notation)对象，当使用 LabVIEW 程序代替 Waveforms Live 与 OpenScope 进行交互时也不例外。其中，最常用的即为图 8-39 所示的 HTTP Client Post.vi，所有需要传递给 OpenScope 的命令都将以 JSON 的方式通过 HTTP Client Post.vi 传送，函数的输出反馈信息将被放置到 Response 输出控件中。

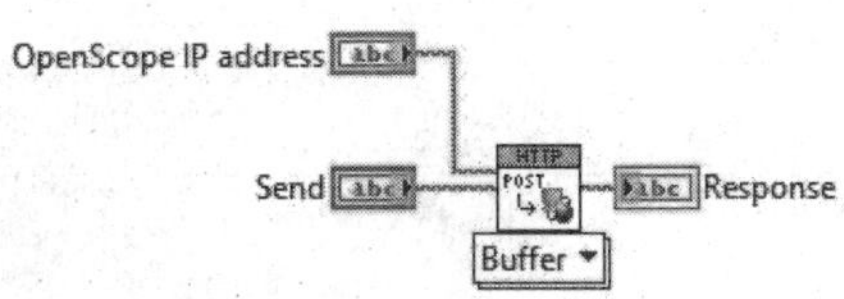

图 8-39　HTTP Client Post.vi 的输入/输出

了解了 LabVIEW 与 OpenScope 的交互机理，就可以利用 OpenScope 的命令集来根据项目应用需要编写对应的 LabVIEW 程序。找到本书配套网盘 LabVIEW_OpenScope 文件夹下的 GPIO.vi，打开前面板，如图 8-40 所示。

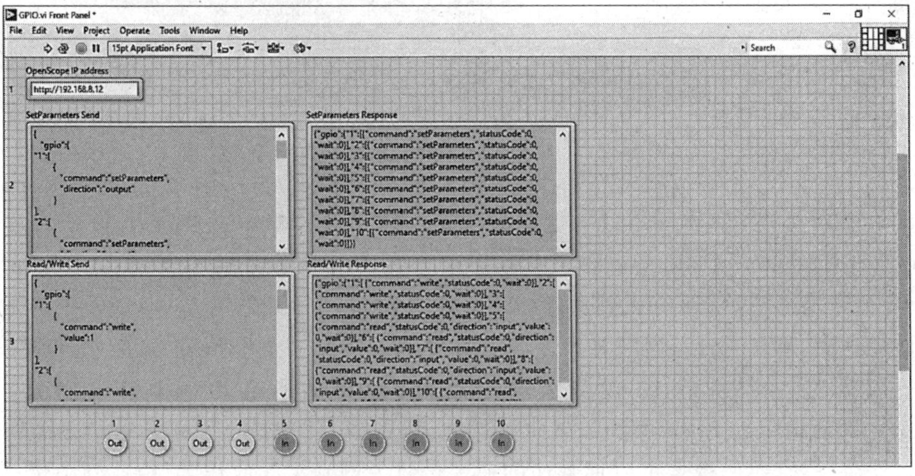

图 8-40　通过 JSON 与 OpenScope 交互的 GPIO 程序

该程序使用JSON控制命令及前面板上的按键和显示控件来配置OpenScope上各个数字GPIO。其程序框图如图8-41所示。

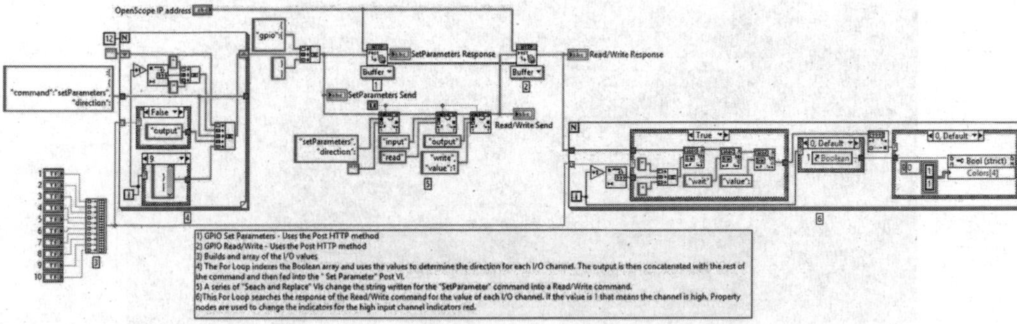

图8-41 OpenScope GPIO交互程序框图

仔细分析程序内容会发现，绝大多数的项目重点工作在使用各种字符串处理函数来根据前面板操作配置相应的JSON command，之后通过HTTP Client Post.vi与OpenScope进行交互。再找到本书配套网盘LabVIEW_OpenScope文件夹下的LogicAnalyzer.vi，打开其前面板，如图8-42所示。

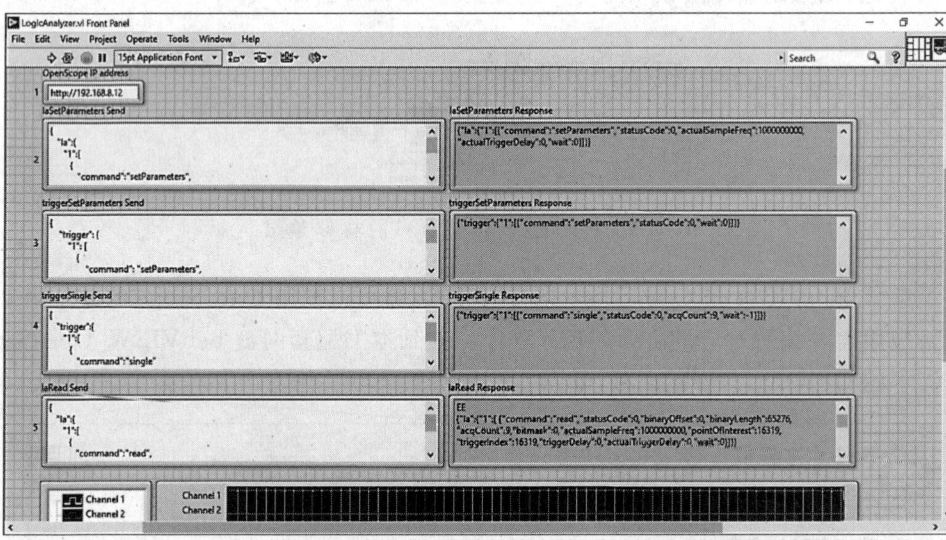

图8-42 OpenScope逻辑分析仪交互程序

这个使用LabVIEW来配置OpenScope逻辑分析仪的示例程序主要是通过调整triggerSetParameters Send中的触发参数值来改变OpenScope的触发模式。OpenScope上的10个数字通道(从通道1到通道10)对应的triggerSetParameters Send中的数字值分别是$2^0 \sim 2^9$，即1～512，当配置为上升沿触发时对应的二进制值变为1。举例来说，如果希望仅通道1和通道10设为上升沿触发，而其他通道均为下降沿触发，那么triggerSetParameters Send中的值就应该是2^0加上2^9，等于513。对于OpenScope上更多JSON命令的信息，读者可以搜索访问迪芝伦官方网站来获取相关信息，其中烦琐细节此处不再赘述。OpenScope 上逻辑分析仪的触发配置程序框图如图 8-43 所示。

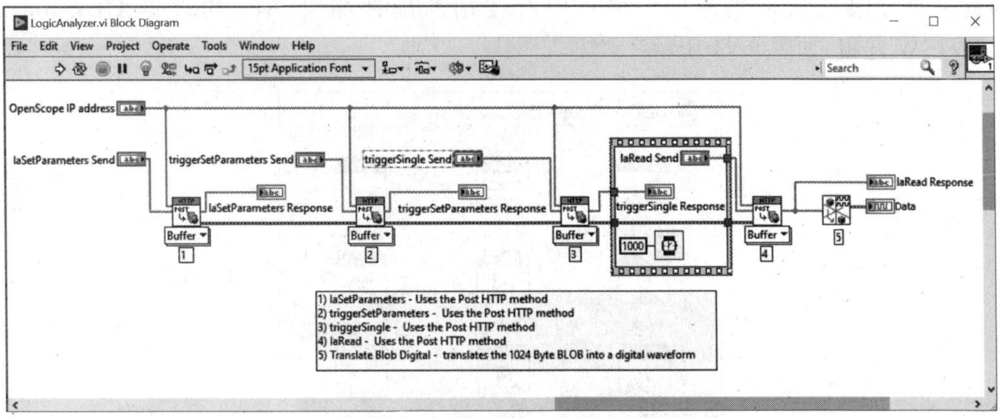

图 8-43 OpenScope 逻辑分析仪触发配置程序框图

不出意料，其核心依旧是使用 HTTP Client Post.vi 来与 OpenScope 进行通信。

至此，除了掌握如何使用 Analog Discovery 2 硬件和 LabVIEW 来进行自动化数据采集之外，还可以充分利用跨平台的无线开源口袋仪器 OpenScope 及 LabVIEW+JSON 命令来完成“无线”+“跨平台”的更多创新型自动化测试测量应用。

第三节 LabVIEW 与 MCC DAQ 数据采集设备互联

在开展数据采集类的学生创新实践活动时，通常我们都会考虑使用性价比高，成本低的数采 DAQ 解决方案，Measurement Computing(简称 MCC)品牌下的一系列数据采集产品非常符合我们的需求，它们不仅可用于高校教学与研究，还被广泛应用于成本可控的各类工业数据采集当中。

与使用 NI 数据采集设备类似，为了能够让 MCC 的高性价比 DAQ 设备能够与 LabVIEW 互联，我们需要安装额外的驱动和 API 包。MCC ULx for NI LabVIEW 是我们将 MCC 硬件设备连接至 LabVIEW 必不可少的软件包。它的使用体验与 NI LabVIEW DAQmx VI 类似，能够助力我们快速搭建基于 LabVIEW 的 MCC DAQ 应用。

通常在正确安装了 LabVIEW 及 MCC 提供的 InstaCal 软件后，我们只需要在 MCC 官方网站上下载并安装 ULx for NI LabVIEW，就可以在 LabVIEW 的程序框图 User Libraries 选板中找到一系列 ULx 的数据采集相关 VI 了。

与使用 NI 数据采集硬件略有不同的是，MCC DAQ 的硬件设备号并不会出现在 MAX 当中，使用时，需要先退出 LabVIEW 界面，将 MCC 硬件与上位机连接，运行 InstaCal，在弹出的对话框中选中需要后续在 LabVIEW 中使用的硬件设备，这样当前的 DAQ 硬件信息就会被写入到 InstaCal 的配置文件当中，并且在 InstaCal 的主窗口中会显示对应的板卡号(如 Board#0)，这个板卡号就是将在 LabVIEW 中引用的硬件设备名。

本节的例子即使用了 ULx for LabVIEW 及 MCC USB-1608GX-2AO 设备完成一个最简单的有限数据采集应用。项目中所使用的硬件相关 API 均来自 ULx for NI LabVIEW 选板，如图 8-44 所示。

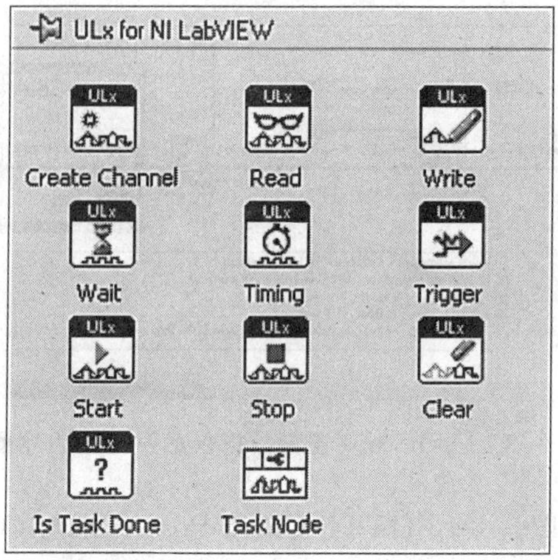

图 8-44　MCC ULx for NI LabVIEW API 选板

ULx for LabVIEW API 的使用体验与经典的 NI DAQmx 数据采集流程十分类似，本例中包含了创建虚拟通道(ULx Create Virtual Channel.vi)，设置采样定时与缓冲区(ULx Timing.vi)，开始任务(ULx Start Task.vi)，读取数据（ULx Read.vi)，清除任务(ULx Clear Task.vi)经典五步。如图 8-45 所示。

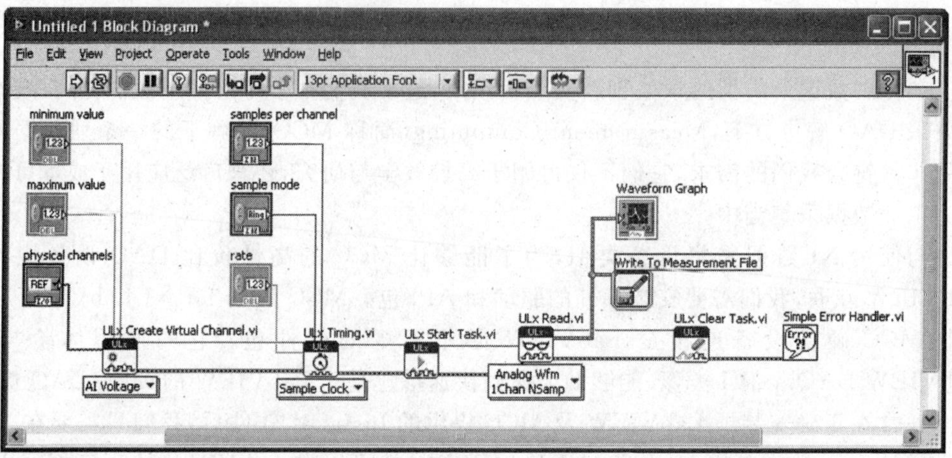

图 8-45　使用 ULx for LabVIEW API 编写的类似于 NI DAQmx 的经典数据采集程序框图

详细的关于 NI DAQmx 及数据采集的细节在这里就不再赘述，感兴趣的读者可以从《基于项目的工程创新学习入门》一书中来获取更多 DAQ 相关的信息。

本项目运行采集后的 LabVIEW 前面板如图 8-46 所示。

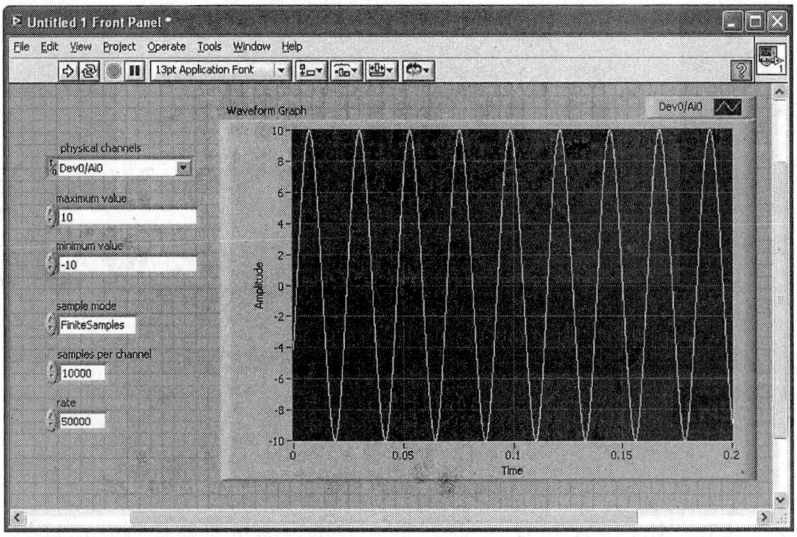

图 8-46　使用 MCC USB-1608GX-2AO 进行 DAQ 的 LabVIEW 前面板

我们还可以通过 Microsoft Excel 来打开采集完成后的数据文件并进行后续的离线数据分析与处理，如图 8-47 所示。

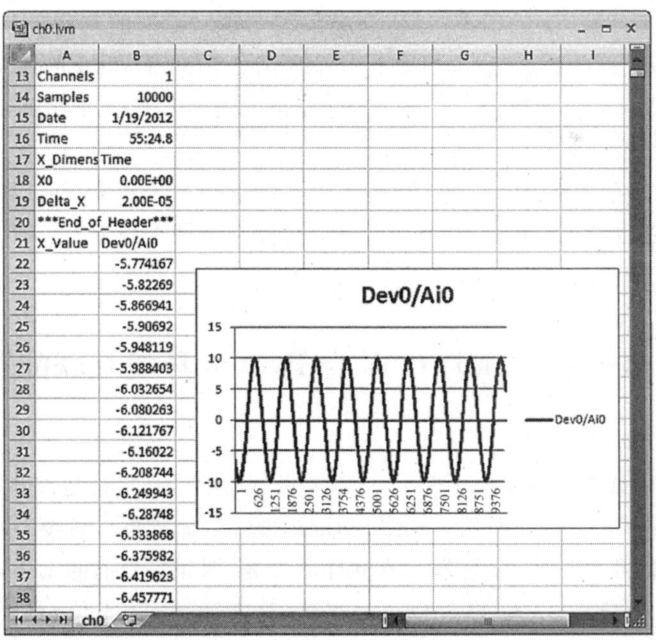

图 8-47　通过微软 Excel 打开刚采集到的数据文件

第九章 LabVIEW 与 Python 连接 AI 机器学习和深度学习

随着人工智能的持续火热，基于 Python 的生态变得更加丰富。充分利用 Python 的强大功能并将其和 LabVIEW 结合，会帮我们开发出更多更有趣的创新项目与应用。

从技术角度来说，LabVIEW 与 Python 交互的方式有很多种，如可以选择使用第三方 Enthought 公司出品的 Python Integration Toolkit for LabVIEW，抑或使用 VIPM 中的 OpenGLab Python Library，再或使用 LabVIEW 中自带的 System Exec 来运行 Python 脚本等。

从 2018 版本开始，LabVIEW 自身添加了 Python Node 的支持，在稳定性和运行效率上都进入了一个新的高度，这也使得 Python Integration Toolkit for LabVIEW 在 2020 年 8 月宣告正式退出历史舞台。以下 Python 相关项目均使用 LabVIEW 2020 自带的 Python Node 展开。

LabVIEW 官方支持调用的 Python 版本为 Python 2.7 和 Python 3.6，虽然其他的 Python 版本可能也能正常运行，但本书仍建议使用以上两个版本。

第一节 LabVIEW 与 Python 环境互联配置

在使用 LabVIEW 与 Python 程序前，需要做好必要的环境搭建准备工作。

首先访问 Python 官方网站，下载 Python 3.6.8 安装包。需要注意的是，安装的 Python 环境需要和 LabVIEW 环境具有同样的位数，即如果当前的 LabVIEW 版本是 32 位，那么需要对应安装 32 位的 Python 3.6.8；反之如果是 64 位，则需要确保安装的 Python 版本也是 64 位。

双击 Python 3.6.8 安装包开始安装，如图 9-1 所示。该安装包中包含 pip、IDLE 开发环境、Python 标准库测试包、py launcher 及配套的技术文档。

Python 成功安装后的窗口提示如图 9-2 所示。

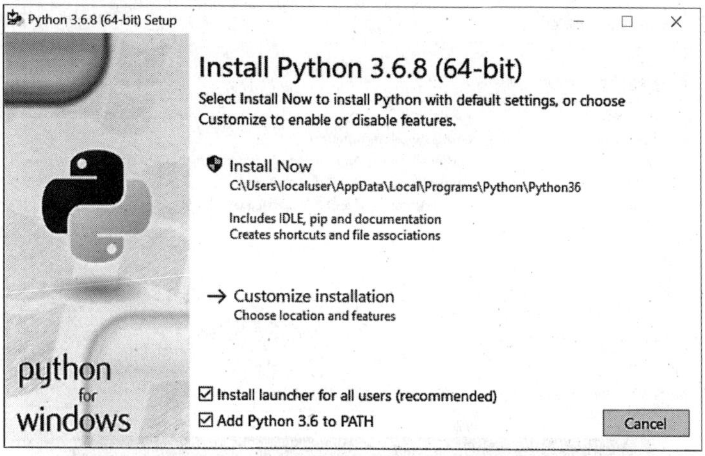

图 9-1 Python 3.6.8 安装欢迎界面

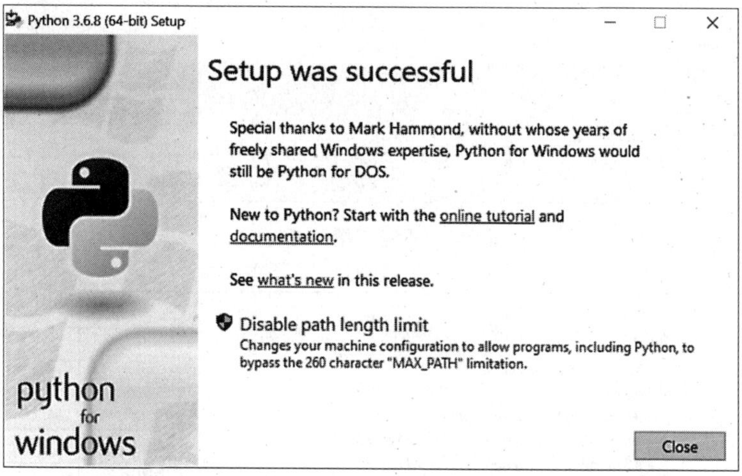

图 9-2 Python 安装成功提示

为了让 LabVIEW 中的 Python 节点能够正确找到安装的 Python 环境，需要手动为 Windows 添加两个 Path 环境变量的值。在 Windows 10 环境下，默认情况为 Python 3.6.8 会被安装在 C:\Users\localuser\AppData\Local\Programs\Python\Python36，Pip 则会被默认放置在 C:\Users\localuser\AppData\Local\Programs\Python\Python36\Scripts。搜索并找到环境变量配置对话框，选择图 9-3 中的 Path 环境变量，单击 Edit...按钮。

弹出 Edit environment variable 对话框，单击 New 按钮，将上述路径 C:\Users\localuser\AppData\Local\Programs\Python\Python36 及 C:\Users\localuser\AppData\Local\Programs\Python\Python36\Scripts 分别添加到 Path 环境变量中，如图 9-4 和图 9-5 所示。

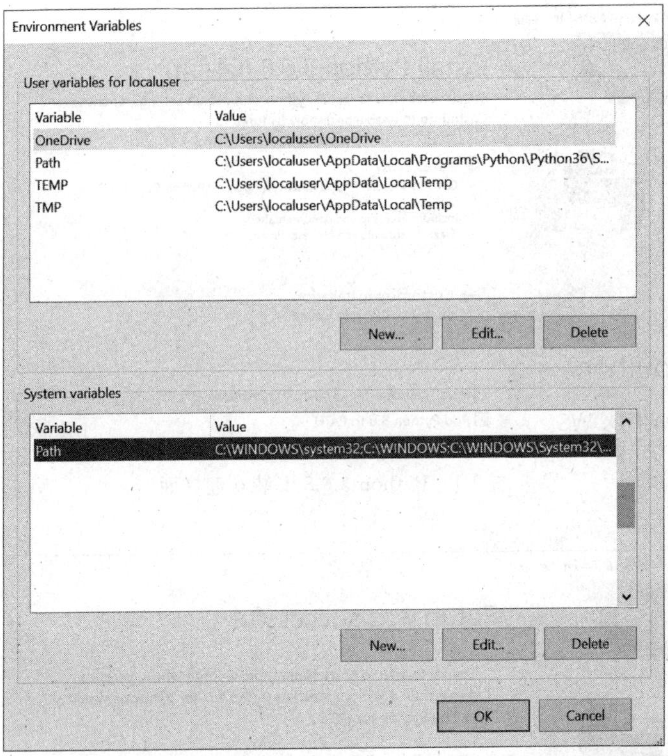

图 9-3　环境变量一览窗口

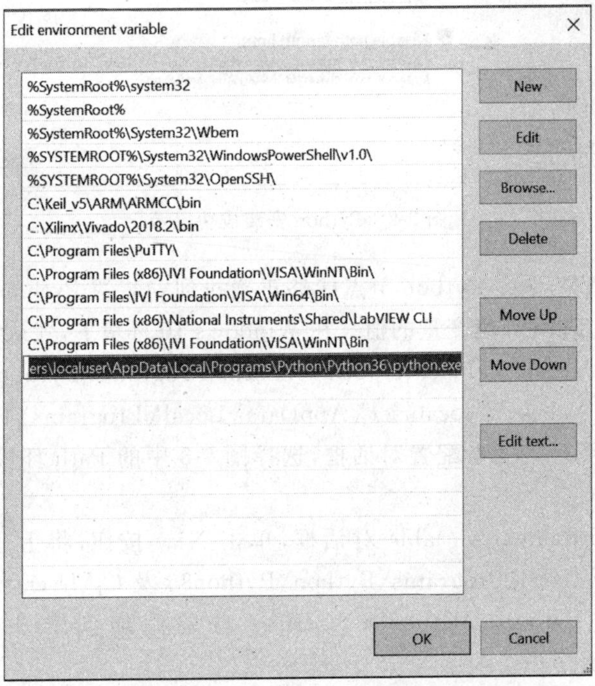

图 9-4　设置 Python36 环境变量

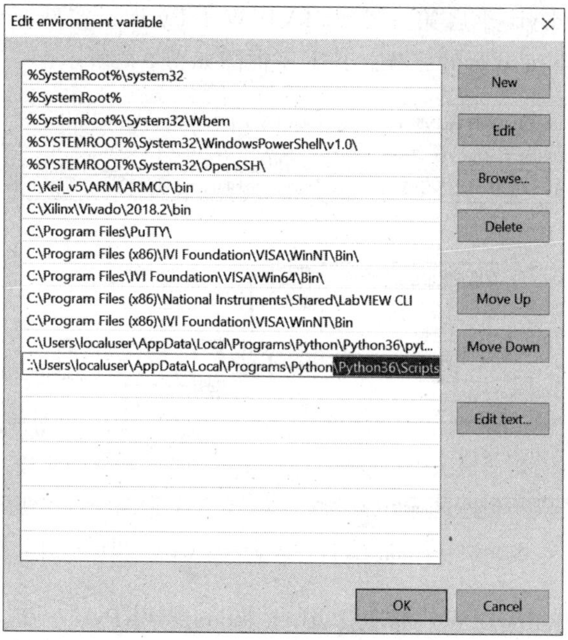

图 9-5　设置 Pip 环境变量

第二节　LabVIEW 与 Python 的 Hello World 应用

环境变量配置完毕后，即可打开本书配套网盘中名为 PythonExamples_Solution.lvproj 的 LabVIEW 工程文件，如图 9-6 所示。

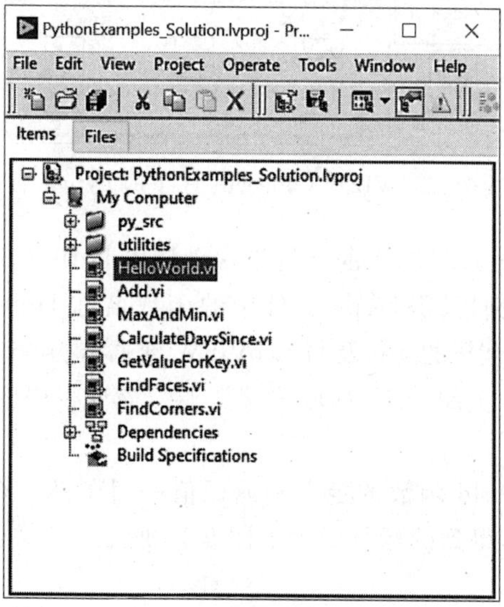

图 9-6　Python 示例程序 LabVIEW 项目

双击 HelloWorld.vi，开启第一个 LabVIEW＋Python 实践项目，利用 Python 在 LabVIEW 中输出 Hello World 字样。其程序框图如图 9-7 所示。

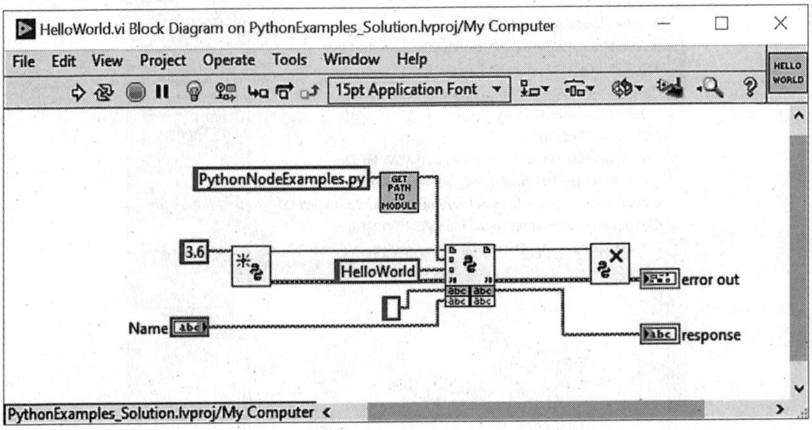

图 9-7　Python LabVIEW Hello World 程序框图

不难发现，使用 LabVIEW 自带的 Python Node 调用 Python 程序的方式十分简洁，其分别使用了图 9-8 中 Connectivity/Python 选板下的 Open Python Session、Python Node 及 Close Python Session 这三个 VI。

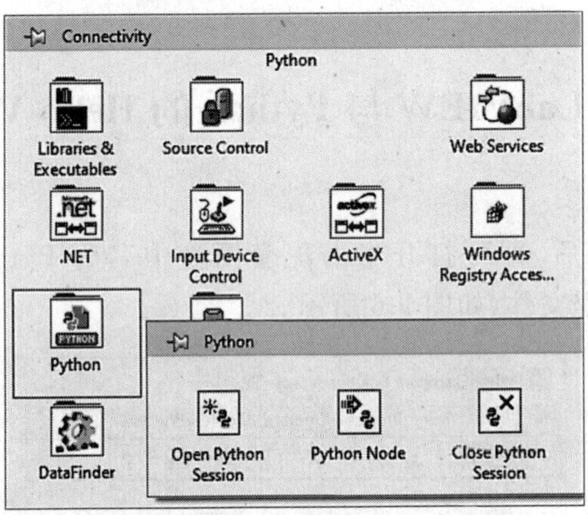

图 9-8　LabVIEW Connectivity 下的 Python 选板

Open Python Session 通过输入的字符串常量调用 Python 3.6 环境，将生成的会话句柄送入 Python Node。我们只需将.py 文件中的函数名称 HelloWorld 及输入参数送至 Python Node 即可，Python 代码的运行及与 LabVIEW 数据结构的转换均在后台完成，最后使用 Close Python Session.vi 关闭会话，释放连接资源。该项目中的 PythonNodeExamples.py 源文件如图 9-9 所示。

图 9-9 中的 HelloWorld 函数的定义和返回值一目了然。在 LabVIEW 前面板上输入自己的名字后运行 VI，得到的运行效果如图 9-10 所示。

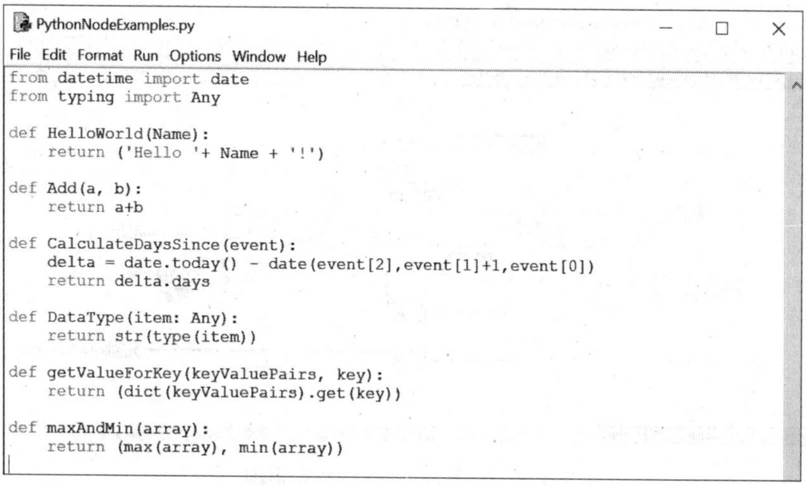

图 9-9 Python Node Examples.py 源文件

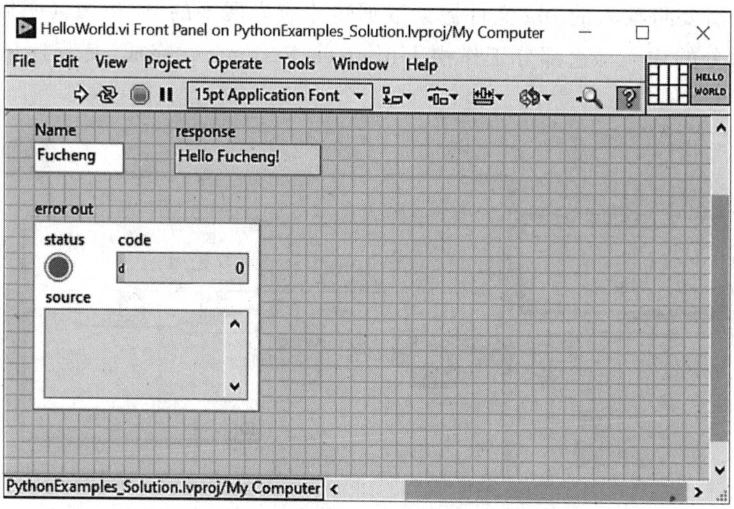

图 9-10 运行效果

第三节 LabVIEW+Python 之机器学习人脸识别项目

LabVIEW 在工业界被广泛应用于机器视觉相关应用中，其中借助 Python 生态中的各类机器学习算法能够高效地进行特征提取及目标识别。其中，人脸识别是十分经典的应用。本项目将借助经典的 Haar 级联机器学习算法来对给定的输入图像进行人脸识别。我们有多种向机器学习算法输入图像的方式，本项目中使用未展平的 24 位像素图作为输入。双击打开 FindFaces.vi，其程序框图如图 9-11 所示。

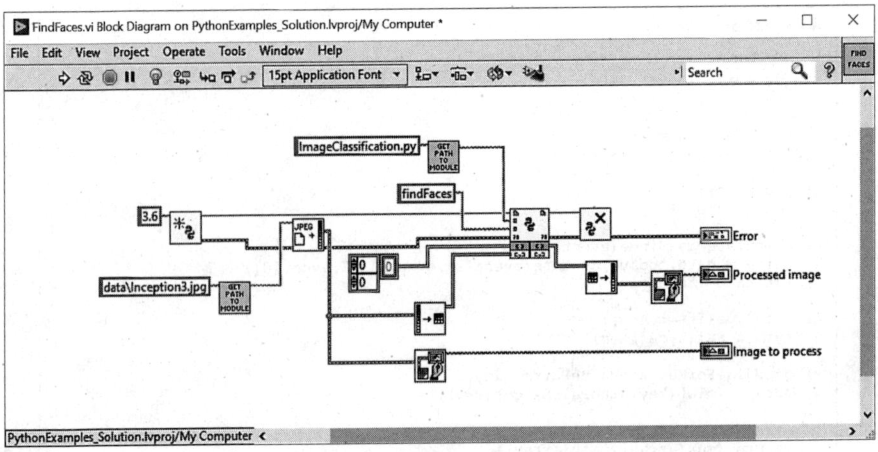

图 9-11 FindFaces.vi 程序框图

不难发现，借助 Python Node 后，整个 LabVIEW 的程序框图十分简洁易懂。其中值得注意的是，需要将输入的.jpg 文件像素数据转化成未展平的 24 位像素图后作为机器学习 Python 部分的输入。这部分工作由 Unflatten Pixmap.vi 完成，其程序框图如图 9-12 所示。

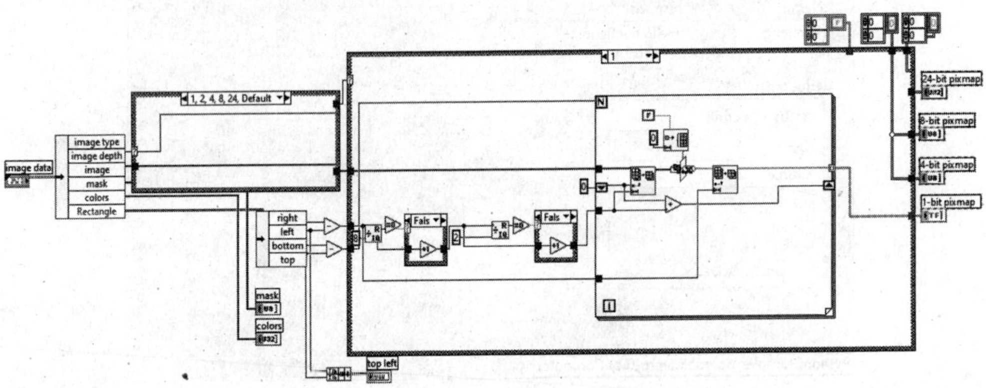

图 9-12 Unflatten Pixmap.vi 程序框图

以上对.jpg 数据像素的数据结构处理本节不再赘述。

打开 ImageClassification.py，其人脸识别机器学习代码如下：

```
import numpy as np
import cv2
import os

def convertToCV (image):
npimage = np.array(image)
    ##Convert array to R, G and B Arrays ##
rArray = npimage//65536
```

```
gbArray = npimage%65536
gArray = gbArray//256
bArray = gbArray%256

    ##Convert R, G and B Arrays to one (3D) RGB Array ##
rgbArray = np.dstack((bArray,gArray,rArray))

    image_array = np.uint8(rgbArray)
    return image_array

def convertToLV (npImage):
    ##Convert Numpy Array back to LabVIEW Color Image
    b = npImage[:, :, 0]
    g = npImage[:, :, 1]
    r = npImage[:, :, 2]

    r = r*65536
    g = g*256

    image = r+g+b

    return (image.tolist())

def findFaces(lvimage, scalefactor = 1.1, neighbors = 5):

    #Convert image to OpenCV image
    image_array = convertToCV(lvimage)

    #just making a copy of image passed, so that passed image is not changed
img_copy = image_array.copy()

    #get path for the classifier to use
    training_set = os.path.dirname(os.path.abspath(__file__)) + '\data\
haarcascade_frontalface_alt.xml'

    #get the training set
    face_cascade = cv2.CascadeClassifier(training_set)

    # convert the test image to gray image as opencv face detector expects
gray images
    gray = cv2.cvtColor(img_copy, cv2.COLOR_BGR2GRAY)

    # let's detect multiscale (some images may be closer to camera than
others) images
```

```
    faces = face_cascade.detectMultiScale(gray, scaleFactor=scalefactor,
minNeighbors=neighbors);

    #go over list of faces and draw them as rectangles on original colored img
    for (x, y, w, h) in faces:
       cv2.rectangle(img_copy, (x, y), (x+w, y+h), (0, 255, 0), 2)


    return (convertToLV(img_copy))

def findCorners (lvimage):
    #Convert image to OpenCV image
img = convertToCV(lvimage)

    #make it black and white
    gray = cv2.cvtColor(img,cv2.COLOR_BGR2GRAY)

    #find Harris corners
    gray = np.float32(gray)
dst = cv2.cornerHarris(gray,2,3,0.04)
dst = cv2.dilate(dst,None)
    ret, dst = cv2.threshold(dst,0.01*dst.max(),255,0)
dst = np.uint8(dst)

    #find centroids
    ret, labels, stats, centroids = cv2.connectedComponentsWithStats(dst)

    #define the criteria to stop and refine the corners
    criteria = (cv2.TERM_CRITERIA_EPS + cv2.TERM_CRITERIA_MAX_ITER, 100, 0.
001)
    corners = cv2.cornerSubPix(gray,np.float32(centroids),(5,5),(-1,-1),
criteria)

    #Now draw them
    res = np.hstack((centroids,corners))
    res = np.int0(res)
img[res[:,1],res[:,0]]=[0,0,255]
img[res[:,3],res[:,2]] = [0,255,0]

    # Package the corner locations as lists of tuples (arrays of clusters in
LabVIEW)
    X = res[:,1]
    Y = res[:,0]
```

```
    oneCornerSet = list(zip(X, Y))
    otherCornerSet = list(zip(res[:,3],res[:,2]))

        #return to LabVIEW
        return (convertToLV(img), oneCornerSet, otherCornerSet)
```

显然其中用到了 openCV 及 numpy 的函数库。为了能够让程序正常执行，需要通过 Pip 来安装以上函数库。打开 windows command prompt，在命令行中输入 pip install opencv-python，进行 opencv 库的安装，如图 9-13 所示。

图 9-13　通过 Pip 安装 openCV

在确保互联网可靠连接的情况下，库函数将被正确安装，其提示如图 9-14 所示。

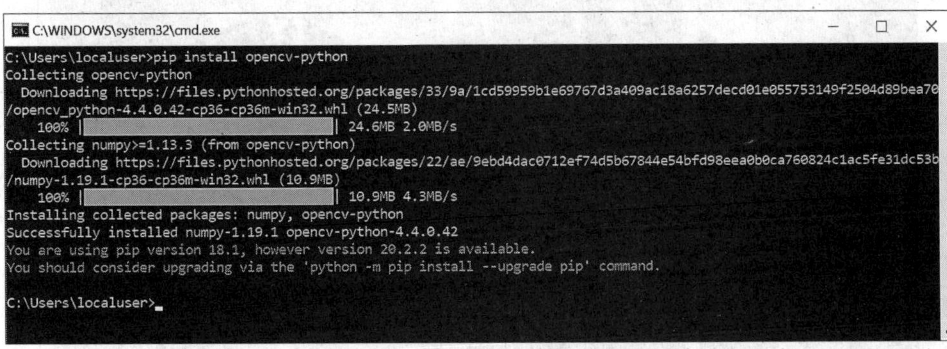

图 9-14　openCV 正确安装提示

熟悉 Python 开发的读者可以直接在 Python 环境中调试和运行上述 openCV 函数。

本项目在 LabVIEW 中调用的是 findFaces 函数，由于该函数的输出数据是未展平的 24 位像素数据，为了在 LabVIEW 中正常显示进行人脸标识后的输出结果，还需要将未展平的像素数据调整为展平的像素数据。本项目中使用了 Flatten Pixmap.vi，其程序框图如图 9-15 所示。最后使用 Draw Flatten Pixmap.vi 将识别结果图片显示在 LabVIEW 前面板上。

回到顶层 VI 的前面板，运行 FindFaces.vi。窗口左侧会显示原始输入图片，右侧则显示被标识了人脸的结果图片，如图 9-16 所示。读者可以任意选取自己的照片或其他带有人脸的.jpg 图片进行识别，只需要将程序中指定的 data 文件夹下的.jpg 文件进行替换即可。在本项目中使用了电影《盗梦空间》的主题图片，该电影的主题即为 Go Deeper。在深度学习已经深入我们生活方方面面的今天，各种基于深度神经网络的创新应用层出不穷，借助于 LabVIEW＋Python 相结合的强大功能，我们可以在避免重复“造轮子”的同

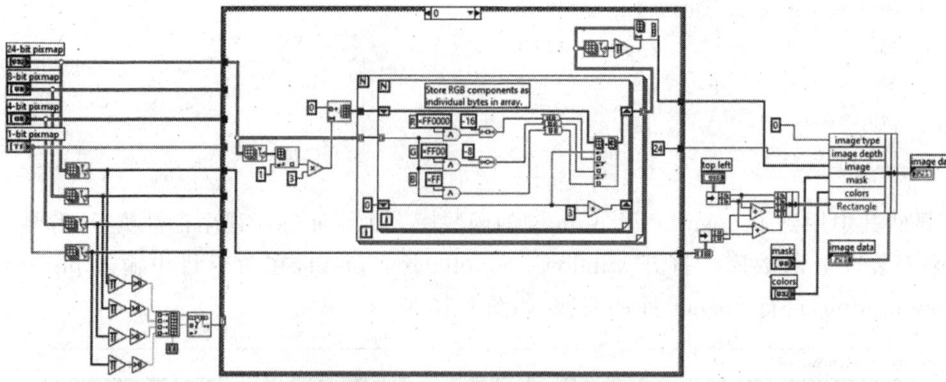

图 9-15　Flatten Pixmap.vi 程序框图

时极大地利用 Python 的生态系统，从而以更高的效率搭建出更深层次创新的应用。

图 9-16　LabVIEW 人脸识别 FindFaces.vi 运行结果

附录 常见问题及解答

(1) 问：当打开某个 LabVIEW 工程时提示某个 VI 找不到，应该如何处理？

答：由于某些原因，LabVIEW 如果无法找到某个具体的 VI，在程序框图上显示为问号“?”，那么可以手动在 Windows Explorer 中搜索该 VI。这里以 PWM Set Duty Cycle N Chans.vi 为例，当找到该 VI 后，在程序框图中右击，在弹出的快捷菜单中选择 select a VI...命令，并找到该 VI 对应的 Windows 下路径即可。默认情况下，PWM Set Duty Cycle N Chans.vi 会被放置在 C:\Program Files (x86)\National Instruments\LabVIEW 2020\vi.lib\MakerHub\LINX\Public\Peripherals\PWM。

(2) 问：VIPM 报 Batch Process Error，could not connect to LabVIEW 2020 错误(见附图 1)时应该如何处理？

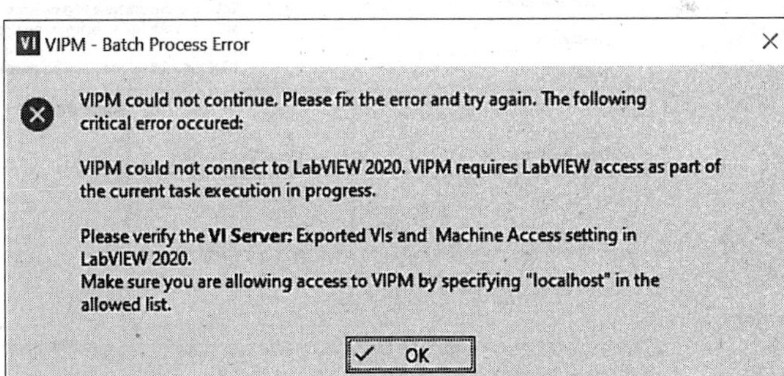

附图 1

答：在 LabVIEW 界面中选择 Tools→Options 命令，打开 Options 窗口，在左侧列表中选择 VI Server，在右侧 Machine access list 列表框中添加“*”及 localhost，单击 OK 按钮以使配置生效，如附图 2 所示。完全关闭 LabVIEW 后，再双击.vip 文件进行安装。

(3) 问：当安装了 DIGILENT LINX v3.0.1.192 后尝试使用 LabVIEW 连接树莓派时出现如附图 3 所示的提示该如何处理？

答：由于 LabVIEW 2020 版本(20.0)中自带的 LINX 工具包，与 WF32 的连接问题可以由 DIGILENT LINX v3.0.1.192 修复。然后会引入上面的这个问题。解决方法是尝

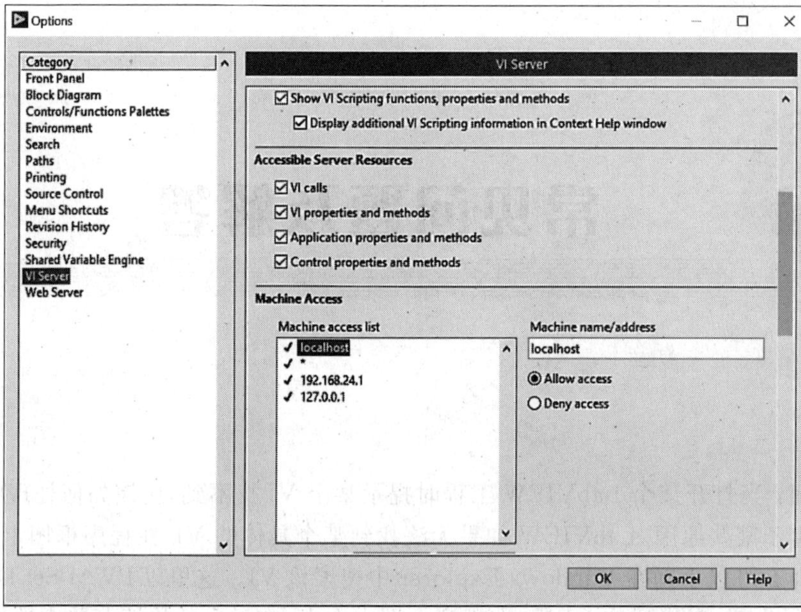

附图 2

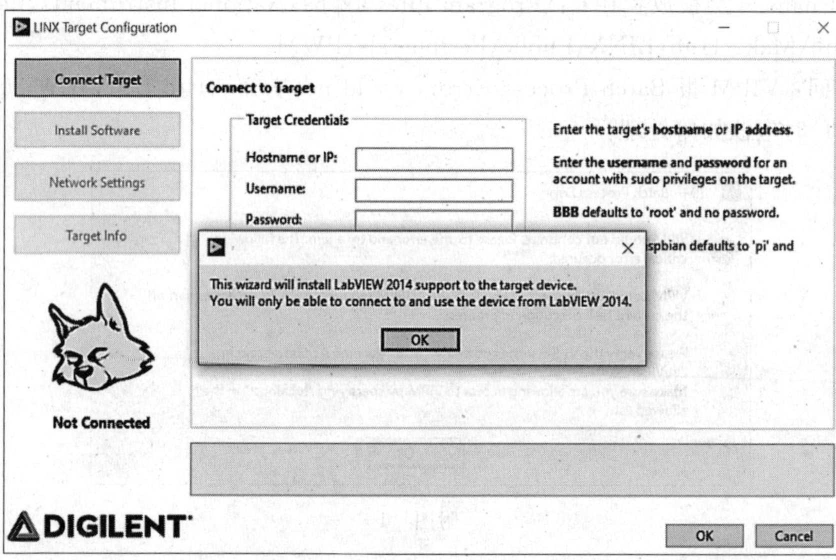

附图 3

试重新安装 LabVIEW 2020，以恢复到默认 LabVIEW 20.0 版本下的 LINX 版本。

（4）问：当尝试用 LINX Target Configuration 工具来更新树莓派上的相应 LabVIEW 配置文件时，如果一直无法成功更新到 20.0.0-3（无法得到如附图 4 所示的结果）该如何处理？

答：可以通过直接在树莓派的 Terminal 中通过 command line 的形式对需要的组件进行更新。其具体指令顺序执行如下：

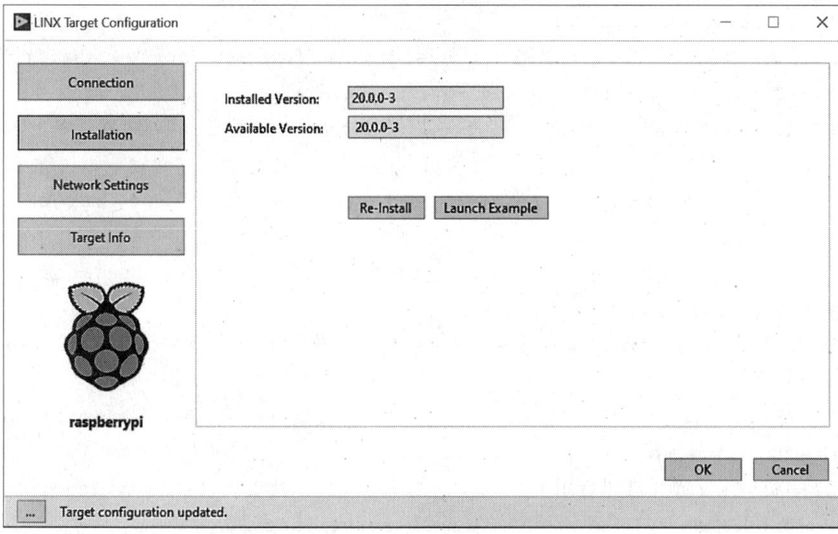

附图 4

```
pi@RPI-4B:~$#启用 i2c and spi 接口
pi@RPI-4B:~$sudo raspi-config nonint do_i2c 0
pi@RPI-4B:~$sudo raspi-config nonint do_spi 0
pi@RPI-4B:~$#更新 Raspbian 系统
pi@RPI-4B:~$sudo apt-get update
Get:1 http://raspbian.raspberrypi.org/raspbian buster InRelease [15.0 kB]
...
Reading package lists... Done
pi@RPI-4B:~$sudo apt-get dist-upgrade -y
...
Processing triggers for initramfs-tools (0.133+deb10u1) ...
pi@RPI-4B:~$#添加 LINX 库
pi@RPI-4B:~$sudo sh -c 'echo "deb [trusted=yes] http://feeds.
labviewmakerhub.com/debian/ binary/">>/etc/apt/sources.list'
pi@RPI-4B:~$#显示/etc/apt/sources.list 中的内容
pi@RPI-4B:~$cat /etc/apt/sources.list
deb http://raspbian.raspberrypi.org/raspbian/ buster main contrib non-
free rpi
#取消下面这一行的注释,即启用该行,然后用 apt-get update 来启用 apt-get source
#deb-src http://raspbian.raspberrypi.org/raspbian/ buster main contrib non-
free rpi
deb [trusted=yes] http://feeds.labviewmakerhub.com/debian/ binary/
pi@RPI-4B:~$
pi@RPI-4B:~$sudo apt-get update
Fetched 410 B in 2s (164 B/s)
```

```
Reading package lists... Done
pi@RPI-4B:~$#安装 LINX 包，忽略 nisysserver.service and labview.service error
pi@RPI-4B:~$sudo apt-get install -y lvrt-schroot
pi@RPI-4B:~$#将 nisysserver.service 以及 labview.service 文件放置到 systemctl 文件夹中
pi@RPI-4B:~$sudo mv /etc/systemd/system/multi-user.target.wants/nisysserver.service /lib/systemd/system
pi@RPI-4B:~$sudo mv /etc/systemd/system/multi-user.target.wants/labview.service /lib/systemd/system
pi@RPI-4B:~$#将 liblinxdevice.so 链接到树莓派设备驱动文件 liblinxdevice_rpi2.so
pi@RPI-4B:~$sudo schroot -c labview -d /usr/lib --ln -s liblinxdevice_rpi2.so liblinxdevice.so
pi@RPI-4B:~$#设置开机即启用 nisysserver.service 及 labview.service
pi@RPI-4B:~$sudo systemctl enable nisysserver.service
pi@RPI-4B:~$sudo systemctl enable labview.service
pi@RPI-4B:~$#启用 nisysserver.service 及 labview.service
pi@RPI-4B:~$sudo systemctl start nisysserver.service
pi@RPI-4B:~$sudo systemctl start labview.service
```

本书配套的网盘中提供了已经配置好的树莓派 microSD 卡镜像文件，读者可以不用操作上述烦琐的命令，直接通过 Win32DiskImager 烧写镜像文件至 microSD 卡，并启动树莓派即可。

(5) 问：本书中使用到的常用 Pmod 模块都使用哪种通信方式与主控板通信？

答：列举如下。

```
Pmod ACL2   --SPI   CS
Pmod ALS      --SPI   CS
Pmod BT2     --UART
Pmod CMPS    --I2C
Pmod GPS      --UART
Pmod GYRO    --I2C
Pmod JSTK      --SPI
Pmod MIC3    --SPI CS
Pmod SONOR  --UART
Pmod TC1       --SPI CS
Pmod TMP3    --I2C
Pmod ACL -I2C
```

参考文献

[1] LabVIEW forLEGO MINDSTORMS NXT 论坛(http://forums.ni.com/t5/LabVIEW-Education-Edition/bd-p/460).

[2] LabVIEW 在中学(http://bbs.gsdzone.net/showforum-47.aspx).

[3] 乐高教育(www.legoeducation.com).

[4] Vernier (http://engineering.vernier.com).

[5] 美国塔夫斯大学工科教育拓展中心(www.ceeo.tufts.edu).

[6] ProjectLead theWay(www.pltw.org).

[7] www.ni.com/academic/education_edition/zhs.

[8] www.digilentinc.com.

[9] www.instructables.com.

[10] www.ni.com/en-us/shop/labview/select-edition/labview-community-edition.html.

[11] blog.digilentinc.com.

[12] www.digilent.com.cn.

参考文献

[illegible]